Machine Learning
ENGINEERING

机器学习工程实战

[加] 安德烈·布可夫（Andriy Burkov）◎ 著

王海鹏 丁静 ◎ 译

U0381896

人民邮电出版社

北 京

图书在版编目（ＣＩＰ）数据

　　机器学习工程实战 ／（加）安德烈·布可夫
(Andriy Burkov) 著；王海鹏，丁静译. -- 北京：人
民邮电出版社，2021.11
　　ISBN 978-7-115-57050-5

　　Ⅰ．①机… Ⅱ．①安… ②王… ③丁… Ⅲ．①机器学
习 Ⅳ．①TP181

　　中国版本图书馆CIP数据核字(2021)第152860号

版 权 声 明

　◆　著　　　 ［加］安德烈·布可夫（Andriy Burkov）
　　　译　　　 王海鹏　丁　静
　　　责任编辑　秦　健
　　　责任印制　王　郁　焦志炜
　◆　人民邮电出版社出版发行　　北京市丰台区成寿寺路 11 号
　　　邮编　100164　电子邮件　315@ptpress.com.cn
　　　网址　https://www.ptpress.com.cn
　　　北京宝隆世纪印刷有限公司印刷
　◆　开本：720×960　1/16
　　　印张：17.5
　　　字数：304 千字　　　　　　　 2021 年 11 月第 1 版
　　　印数：1 – 2 000 册　　　　　　2021 年 11 月北京第 1 次印刷
　　　著作权合同登记号　图字：01-2021-2459 号

定价：119.00 元
读者服务热线：(010)81055410　印装质量热线：(010)81055316
反盗版热线：(010)81055315
广告经营许可证：京东市监广登字 20170147 号

内 容 提 要

  本书侧重于对机器学习应用和工程实践的关注，是对机器学习工程实践和设计模式的全面回顾。全书共 10 章，在概述之后，分别从项目开始前的准备，数据收集和准备，特征工程，监督模型训练，模型评估，模型部署，模型服务、监测和维护方面进行讲解，最后做了简短的总结。

  本书适合想要从事机器学习项目的数据分析师、机器学习工程师以及机器学习相关专业的学生阅读，也可供需要处理一些模型的软件架构师参考。

"理论上，理论和实践没有区别。但实践上，有区别。"

—— *Benjamin Brewster*

"如果先写下所有未知因素的清单，完美的项目计划就是可能的。"

—— *Bill Langley*

"当你融资的时候，是 *AI*；当你招聘的时候，是 *ML*；当你实施的时候，是线性回归；当你调试的时候，是 *printf()*。"

—— *Baron Schwartz*

序 /FOREWORD

我想告诉你一个秘密：当人们说"机器学习"（Machine Learning，ML）时，听起来好像这只是一个学科。吃惊吧！其实有两种机器学习，它们就像创新食谱和发明新的厨房电器一样不同。两者都是崇高的职业，只要你不把它们混为一谈。试想一下，请糕点师为你打造一个烤箱，或者请电气工程师为你烤面包，那该是怎样的情形！

坏消息是，几乎每个人都会把这两种机器学习混为一谈。难怪那么多企业在机器学习上失败。似乎没有人告诉初学者，大多数机器学习课程和教科书都是关于机器学习研究的内容——如何从零开始打造烤箱（还有微波炉、搅拌机、烤面包机、水壶……厨房水槽），而不是如何利用食谱来烹饪美食和大规模创新。换言之，如果你正在寻找机会，为业务问题创造基于 ML 的创新解决方案，那么你需要的学科名为"应用机器学习"，而不是"机器学习研究"，所以大多数书籍无法满足你的需求。

现在告诉你一个好消息！你正在看的是为数不多的、真正的应用机器学习书籍之一。没错，你找到了一本！在面向研究的书海中，你找到了一根"针"，一本真正的应用型书籍。干得好，亲爱的读者……除非你真的想要找一本书来学习设计通用算法的技能，如果是这样的，建议你现在就去买其他机器学习的书，几乎任何一本都行。我希望作者不会因此而太生气。这本书不一样。

2016 年，我开设了谷歌应用机器学习课程"Making Friends with Machine Learning"，该课程受到一万多名工程师和技术领导者的喜爱。当时，我给它设计的结构和本书的结构非常相似。这是因为在应用领域，按照正确的顺序做事情是至关重要的。当你利用新发现的数据能力时，在完成其他步骤之前先处理某些步骤，会导致任何可能的结果，也许是白费力气，也许是破坏项目的"智力拆迁"（kablooie）。事实上，这本书和我的课程在目录上相似，这是最初说服我阅读这本书的原因。这显然是一个趋同进化的案例：我从作者身上看到一个因为缺乏应用机器学习的可用资源而彻夜难眠的思考者。应用机器学习是最可能有用，却又被误解得可怕的工程领域之一，足以让我想为它做点什么。所以，如果你即将合上这本书，不如帮我一个忙，至少思考一下为什么目录是这样安排的。你会从中学到一些好东西，我保证。

那么，这本书的其他部分有什么呢？它相当于机器学习的盛宴，指导我们从食谱创新到规模化交付食物。由于你还没有读过这本书，所以我用烹饪术语来说明。你需要弄清楚什么值得烹饪／目标是什么（决策和产品管理），了解供应商和客户（领域专业知识和商业头脑），如何大规模处理食材（数据工程和分析），如何快速尝试许多不同的食材和设备组合以生成潜在的食谱（原型阶段 ML 工程），如何检查菜谱的质量是否足够好（统计学），如何将一个潜在的菜谱变成数以百万计的菜品，并有效地提供给大家（生产阶段 ML 工程），以及如何确保你的菜品保持一流，即使送货车给你送来的是一吨土豆而不是你订购的米饭（可靠性工程）。这本书是市面上为数不多的对端到端流程的每一步都提供深刻见解的书。

现在是我对你直言不讳的好时机，亲爱的读者。这本书相当不错。确实如此。真的很好。但它并不完美。它偶尔会偷工减料（就像一个专业的机器学习工程师惯常所做的那样），不过总体来说，它的信息是正确的。而且，由于它涵盖的领域具有快速发展的实践，所以它并没有假装提供关于这个主题的最新结论。即便如此，它也非常值得一读。鉴于应用机器学习的综合指南如此之少，对这些主题的连贯介绍是有价值的。我很高兴拥有这本书！

关于这本书，我最喜欢的就是它完全拥抱了你需要知道的关于机器学习的重要的事情：错误是可能的……有时它们会伤害到你。正如我的现场可靠性工程的同事们喜欢说的那样，"希望不是一种策略"。希望不会出现错误是你能采取的最糟糕的方法。这本书做得更好。它迅速粉碎了你对构建一个比你更"聪明"的人工智能系统所产生的任何虚假的安全感。（嗯，不会比你更聪明，就是不会。）然后它勤奋地带你调查在实践中各种可能出错的事情，以及如何预防、发现和处理它们。本书很好地概述了监控的重要性，如何处理模型维护，事情出错时该怎么做，如何考虑针对你无法预料的错误的后备策略，如何对付试图利用你的系统的对手，以及如何管理人类用户的期望（呃，还有一节介绍如果用户是机器时该怎么做）。这些都是实用机器学习中重要的话题，但在其他书籍中却常常被忽视。在这里就不一样了。

如果你打算利用机器学习来大规模地解决业务问题，我很高兴你能拿起这本书。好好享受吧！

Cassie Kozyrkov[1]，**2020 年 9 月**

---

1 Cassie Kozyrkov是谷歌首席决策科学家，她也是谷歌云平台上"Making Friends with Machine Learning"课程的作者。

前言/PREFACE

在过去的几年里，对许多人来说，机器学习已经成为人工智能的同义词。尽管机器学习作为一个科学领域，已经存在几十年，但世界上只有少数组织机构完全发掘了它的潜力。尽管有现代的开源机器学习库、软件包和框架，并且得到了领先组织机构和广泛的科学家与软件工程师社区的支持，但大多数组织机构仍在努力应用机器学习来解决实际的业务问题。

其中一个困难在于人才稀缺。然而，即使能够获得有才华的机器学习工程师和数据分析师，在 2020 年，大多数组织[1]仍然需要花费 31 ~ 90 天的时间来部署一个模型，而 18% 的公司花费的时间超过 90 天——有些公司花费了一年多的时间实现生产化部署。组织在开发 ML 能力时面临的主要挑战，如模型版本控制、可重复性和扩展性，与其说是科学，不如说是工程。

关于机器学习的好书有很多，既有理论上的，也有实践上的。从一本典型的机器学习书籍中，你可以了解机器学习的类型、算法的主要家族是如何工作的，以及如何使用算法基于数据建立模型。

一本典型的机器学习书籍不太关注实现机器学习项目的工程方面。诸如数据收集、存储、预处理、特征工程，以及模型的测试和调试、模型部署到生产环境中以及从生产环境中退出、运行时和投入生产后的维护等问题，常常被排除在机器学习书籍的范围之外。

本书意在这些方面提供可供参考的实践与想法。

目标读者

我假设本书的读者了解机器学习的基础知识，并且在给定一个正确格式化的数据集时，有能力使用最喜欢的编程语言或机器学习库来建立一个模型。如果你对机器学习算法应用于数据感到不太明白，不太清楚逻辑斯谛回归、支

1　"2020 state of enterprise machine learning", Algorithmia, 2019.

持向量机和随机森林之间的区别，我建议你从《机器学习精讲》[1]（*The Hundred-Page Machine Learning Book*）开始学习，然后再转向本书。

本书的目标读者是倾向于机器学习工程角色的数据分析师、希望让工作更有条理的机器学习工程师、机器学习工程专业的学生，以及正好要处理一些模型（由数据分析师和机器学习工程师提供）的软件架构师。

如何使用本书

本书是对机器学习工程实践和设计模式的全面回顾。我建议你从头到尾阅读它。不过，你可以按照任意顺序阅读各章，因为它们涵盖了机器学习项目生命周期的不同方面，没有直接的依赖关系。

现在你已经准备好了。祝你阅读愉快！

Andriy Burkov

---

[1] 《机器学习精讲》是本书作者的另一本介绍机器学习的图书，由人民邮电出版社于2020年引进出版，ISBN是978-7-115-51853-8。——编辑注

资源与支持

本书由异步社区出品，社区（https://www.epubit.com/）为您提供相关资源和后续服务。

提交勘误

作者和编辑尽最大努力来确保书中内容的准确性，但难免会存在疏漏。欢迎您将发现的问题反馈给我们，帮助我们提升图书的质量。

当您发现错误时，请登录异步社区，按书名搜索，进入本书页面，单击"提交勘误"，输入勘误信息，单击"提交"按钮即可，如下图所示。本书的作者和编辑会对您提交的勘误进行审核，确认并接受后，您将获赠异步社区的 100 积分。积分可用于在异步社区兑换优惠券、样书或奖品。

与我们联系

我们的联系邮箱是 contact@epubit.com.cn。

如果您对本书有任何疑问或建议，请您发邮件给我们，并请在邮件标题中注明本书书名，以便我们更高效地做出反馈。

如果您有兴趣出版图书、录制教学视频，或者参与图书翻译、技术审校等工作，可以发邮件给我们；有意出版图书的作者也可以到异步社区投稿（直接访问 www.epubit.com/contribute 即可）。

如果您所在的学校、培训机构或企业想批量购买本书或异步社区出版的其他图书，也可以发邮件给我们。

如果您在网上发现有针对异步社区出品图书的各种形式的盗版行为，包括对图书全部或部分内容的非授权传播，请您将怀疑有侵权行为的链接通过邮件发送给我们。您的这一举动是对作者权益的保护，也是我们持续为您提供有价值的内容的动力之源。

关于异步社区和异步图书

"异步社区"是人民邮电出版社旗下 IT 专业图书社区，致力于出版精品 IT 图书和相关学习产品，为作译者提供优质出版服务。异步社区创办于 2015 年 8 月，提供大量精品 IT 图书和电子书，以及高品质技术文章和视频课程。更多详情请访问异步社区官网 https://www.epubit.com。

"异步图书"是由异步社区编辑团队策划出版的精品 IT 专业图书的品牌，依托于人民邮电出版社几十年的计算机图书出版积累和专业编辑团队，相关图书在封面上印有异步图书的 LOGO。异步图书的出版领域包括软件开发、大数据、人工智能、测试、前端、网络技术等。

异步社区

微信服务号

目录/CONTENTS

第 1 章　概述

虽然本书的读者应该对机器学习有基本的了解，但从定义开始还是很重要的，这样才能保证我们对全书所使用的术语有一致的理解。

在本章中我将复述《机器学习精讲》(*The Hundred-Page Machine Learning Book*) 第 2 章中的一些定义，同时给出几个新的定义。如果你读过我的第一本书，本章的某些部分可能看起来很熟悉。

读完这一章，我们将以同样的方式理解监督学习和无监督学习等概念。我们会对数据术语达成一致，比如直接和间接使用的数据、原始数据和规整数据、训练数据和留出数据。

我们将知道什么时候使用机器学习，什么时候不用，以及机器学习的各种形式，如基于模型和基于实例、深度和浅层、分类和回归，等等。

最后，我们将定义机器学习工程的范围，并介绍机器学习项目的生命周期。

1.1　符号和定义

我们先来说明一下基本的数学符号，并定义一下术语和概念，本书中会经常用到它们。

1.1.1　数据结构

标量（scalar）是一个简单的数值，如 15 或 -3.25。取标量值的变量或常量用斜体字母表示，如 x 或 a。

向量（vector）是一个有序的标量值列表，这些值称为属性。我们用黑斜体来表示向量，例如 x 或 w。向量可以用可视化的方式表示为箭头，指向某种方向，以及多维空间中的点。图 1.1 展示了 3 个二维向量，$a = [2, 3]$，$b = [-2, 5]$，$c = [1, 0]$。我们将向量的一个属性表示为一个带索引的斜体值，比如 $w^{(j)}$ 或 $x^{(j)}$。索引 j 表示一个向量的特定**维度**（dimension），即属性在列表中的位置。例如，图 1.1 中红色所示的向量 a 中，$a^{(1)} = 2$，$a^{(2)} = 3$。

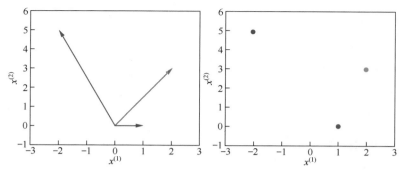

图 1.1　三个向量分别展示为方向和点

$x^{(j)}$ 这个符号不应该与幂运算符混淆，比如 x^2 中的 2（平方）或 x^3 中的 3（立方）。如果想将幂运算符（比如平方）应用于一个向量的索引属性，我们可以这样写：$(x^{(j)})^2$。

一个变量可以有两个或更多的索引，像这样 $x_i^{(j)}$，或像这样 $x_{i,j}^{(k)}$。例如，在神经网络中，第 l 层中单元 u 的输入特征 j 表示为 $x_{l,u}^{(j)}$。

矩阵（matrix）是一个以行和列排列的矩形数字阵列。下面是一个 2 行 3 列的矩阵的例子：

$$A = \begin{bmatrix} 2 & -2 & 1 \\ 3 & 5 & 0 \end{bmatrix}$$

矩阵用黑斜体大写字母表示，如 A 或 W。从上面矩阵 A 的例子中可以注意到，矩阵可以看作由向量组成的规则结构。事实上，上面矩阵 A 的列是图 1.1 所示的向量 a、b、c。

集合（set）是唯一元素的无序集。我们把一个集合表示为一个手写体大写字母，例如 $\mathcal{S}$。一个数集可以是有限的（包括固定数量的值）。在这种情况下，用花括号来表示，例如，$\{1, 3, 18, 23, 235\}$ 或 $\{x_1, x_2, x_3, x_4, \cdots, x_n\}$。另外，一个集合可以是无限的，包括某个区间的所有值。如果一个集合包括 a 和 b 之间的所有值，包括 a 和 b，那么这个集合用方括号表示为 $[a, b]$。如果集合不包括值 a 和 b，这样的集合用圆括号来表示：(a, b)。例如，集合 $[0, 1]$ 包含了 0、0.000 1、0.25、0.784、0.999 5 和 1.0 等值。有一个特殊的集合表示为 $\mathbb{R}$，包括从负无穷到正无穷的所有实数。

当一个元素 x 属于一个集合 $\mathcal{S}$ 时，可以写成 $x \in \mathcal{S}$。作为两个集合 $\mathcal{S}_1$ 和 $\mathcal{S}_2$ 的**交集（intersection）**，我们可以得到一个新的集合 $\mathcal{S}_3$。在这种情况下，我们写为

$\mathcal{S}_3 \leftarrow \mathcal{S}_1 \cap \mathcal{S}_2$。例如，$\{1, 3, 5, 8\} \cap \{1, 8, 4\}$ 得到新集合 $\{1, 8\}$。

作为两个集合 $\mathcal{S}_1$ 和 $\mathcal{S}_2$ 的**并集**（**union**），我们可以得到一个新的集合 $\mathcal{S}_3$。在这种情况下，我们写为 $\mathcal{S}_3 \leftarrow \mathcal{S}_1 \cup \mathcal{S}_2$。例如 $\{1, 3, 5, 8\} \cup \{1, 8, 4\}$ 得到新的集合 $\{1, 3, 5, 8, 4\}$。

记号 $|\mathcal{S}|$ 表示集合 $\mathcal{S}$ 的大小，也就是它所包含的元素数量。

1.1.2　大写西格玛记法

对集合 $\mathcal{X}=\{x_1, x_2, \cdots, x_{n-1}, x_n\}$ 或对向量的属性 $\boldsymbol{x} = [x^{(1)}, x^{(2)}, \cdots, x^{(m-1)}, x^{(m)}]$ 求和是这样表示的：

$$\sum_{i=1}^{n} x_i \stackrel{\text{def}}{=\!=} x_1 + x_2 + \cdots + x_{n-1} + x_n$$

或

$$\sum_{j=1}^{m} x^{(j)} \stackrel{\text{def}}{=\!=} x^{(1)} + x^{(2)} + \cdots + x^{(m-1)} + x^{(m)}$$

$\underline{\text{def}}$ 的意思是"定义为"。

向量 $\boldsymbol{x}$ 的**欧氏范数**（**Euclidean norm**），用 $\|\boldsymbol{x}\|$ 表示，表示向量的"大小"或"长度"。通过计算 $\sqrt{\sum_{j=1}^{D}(x^{(j)})^2}$ 得到。

两个向量 $\boldsymbol{a}$ 和 $\boldsymbol{b}$ 之间的距离由**欧氏距离**（**Euclidean distance**）给出：

$$\| \boldsymbol{a}-\boldsymbol{b} \| \stackrel{\text{def}}{=\!=} \sqrt{\sum_{i=1}^{N}\left(a^{(i)} - b^{(i)}\right)^2}$$

1.2　什么是机器学习

机器学习（**machine learning**）是计算机科学的一个子领域，它关注的是建立一些算法，这些算法想发挥作用，就要依靠一组现象的例子。这些例子可以来自自然界，也可以由人类手工制作，或由其他算法生成。

机器学习也可以定义为通过以下方式解决实际问题的过程：

（1）收集数据集；

（2）根据该数据集，通过算法训练一个**统计模型**（**statistical model**）。

该统计模型被假定为以某种方式来解决实际问题。在不引起误会的情况下，我交替使用"学习"和"机器学习"这两个术语。出于同样的原因，我常用"模型"来指一个统计模型。

学习可以是监督式、半监督式、无监督式和强化式。

1.2.1 监督学习

在**监督学习**（**supervised learning**）中，数据分析师使用的是**有标签样本**（**labeled example**）集合 $\{(x_1, y_1), (x_2, y_2), \cdots, (x_N, y_N)\}$。$N$ 以内的每个元素 x_i 称为**特征向量**（**feature vector**）。在计算机科学中，向量是一个一维数组。而一维数组则是一个有序的、有索引的数值序列。该数值序列的长度 D 称为该向量的**维度**（**dimensionality**）。

特征向量是一个向量，在这个向量中，从 1 到 D 的每个维度 j 都包含一个描述该样本的值。每一个这样的值都被称为**特征**（**feature**），表示为 $x^{(j)}$。例如，如果我们收集的每个样本 x 代表一个人，那么第一个特征 $x^{(1)}$ 可以包含身高（cm），第二个特征 $x^{(2)}$ 可以包含体重（kg），$x^{(3)}$ 可以包含性别，以此类推。对于数据集中的所有样本，特征向量中 j 位置的特征总是包含相同的信息。这意味着，如果 $x_i^{(2)}$ 在某个样本 x_i 中包含了以 kg 为单位的体重，那么在每个样本 x_k 中 $x_k^{(2)}$ 也包含以 kg 为单位的体重，对于从 1 到 N 的所有 k 都是这样的。**标签**（**label**）y_i 可以是有限**类**（**class**）集 $\{1, 2, \cdots, C\}$ 的一个元素，或一个实数，或一个更复杂的结构，如一个向量、一个矩阵、一个树或一个图。除非另有说明，在本书中，y_i 是有限类集中的一个元素或一个实数[1]。你可以将类看作一个样本所属的类别。

例如，如果样本是电子邮件信息，问题是垃圾邮件检测，那么你有两个类：垃圾邮件和非垃圾邮件。在监督学习中，预测一个类的问题称为**分类**（**classification**），而预测一个实数的问题称为**回归**（**regression**）。要由监督模型预测的值称为**目标**（**target**）。回归的例子：根据员工的工作经验和知识预测其工资。分类的例子：医生将一个病人的特征输入一个软件应用程序中，该程序返回诊断结果。

分类和回归的区别如图 1.2 所示。在分类中，学习算法寻找一条线（或者更一般地说，一个超曲面），将不同类别的样本彼此分开。而在回归中，学习算法寻找的是紧密跟随训练样本的线或超曲面。

1　实数是指能沿一条线表示距离的量。例如：0, −256.34, 1 000, 1 000.2。

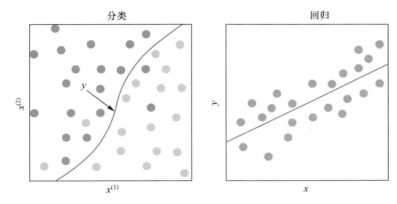

图 1.2　分类和回归的区别

　　监督学习算法（**supervised learning algorithm**）的目标是利用一个数据集来产生一个模型，它以一个特征向量 x 作为输入，并输出信息，该信息允许推导出这个特征向量的标签。例如，使用患者数据集创建的模型可以将描述患者的特征向量作为输入，并输出患者患癌症的概率。

　　即使模型是典型的数学函数，在思考模型对输入所做的事时，也可以方便地认为模型"看"到输入中一些特征的值，并根据类似样本的经验，输出一个值。这个输出值是一个数字或一个类，与过去在特征值相似的样本中看到的标签"最相似"。这看起来很简单，但决策树模型和 k-最近邻算法的工作原理几乎就是这样的。

1.2.2　无监督学习

　　在**无监督学习**（**unsupervised learning**）中，数据集是**无标签样本**（**unlabeled example**）$\{x_1, x_2, \cdots, x_N\}$ 的集合。同样，x 是一个特征向量，**无监督学习算法**（**unsupervised learning algorithm**）的目标是创建一个模型，它以一个特征向量 x 作为输入，并将其转化为另一个向量，或转化为一个可用于解决实际问题的值。例如，在**聚类**（**clustering**）中，模型返回数据集中每个特征向量的聚类 ID。对于在图像或文本文档等大型对象集合中寻找相似对象的群体，聚类非常有用。例如，通过使用聚类，分析师可以从一个大型的样本集合中，抽取足够有代表性但又很小的无标签样本子集进行人工标记：从每个聚类中抽取几个样本，而不是直接从大型集合中抽样（这样有可能只抽取到彼此非常相似的样本）。

　　在**降维**（**dimensionality reduction**）中，模型的输出是一个比输入维度更小的特征向量。例如，科学家有一个太复杂而无法可视化的特征向量（它有三个以上的维度）。降维模型可以将该特征向量转化为只有两个或三个维度的新特征向量（通过在一定程度上保留信息）。这个新的特征向量可以绘制在一张图上。

在**离群值检测**（**outlier detection**）中，输出是一个实数，表示输入的特征向量与数据集中的一个"典型"样本有多大的不同。对于解决网络入侵问题（通过检测与"正常"流量中的典型数据包不同的异常网络数据包）或检测新奇性（如文档与集合中现有文档不同），离群值检测非常有用。

1.2.3 半监督学习

在**半监督学习**（**semi-supervised learning**）中，数据集包含有标签样本和无标签样本。通常情况下，无标签样本的数量远高于有标签样本的数量。**半监督学习算法**（**semi-supervised learning algorithm**）的目标和监督学习算法的目标是一样的。这里的希望是，通过使用许多无标签样本，学习算法可以找到（可以说是"产生"或"计算"）一个更好的模型。

1.2.4 强化学习

强化学习（**reinforcement learning**）是机器学习的一个子领域，在这个子领域中，机器（称为代理）"生活"在一个环境中，并且能够将该环境的状态感知为特征向量。机器可以在非终结状态下执行动作。不同的行动带来不同的回报，也可以将机器移动到该环境的另一种状态。强化学习算法的一个共同目标是学习一个最优**策略**（**policy**）。

一个最优策略是一个函数（类似于监督学习中的模型），它以一个状态的特征向量作为输入，并输出一个在该状态下执行的最优动作。如果该行动能使预期的平均长期报酬最大化，那么它是最优的。

强化学习解决一个特定问题，其中决策是顺序的、目标是长期的，如游戏、机器人、资源管理或物流。

在本书中，为了简单起见，大部分解释仅限于监督学习。然而，书中介绍的所有材料都适用于其他类型的机器学习。

1.3 数据和机器学习术语

现在我们来介绍一下常用的数据术语（如直接和间接使用的数据、原始数据和规整数据、训练数据和留出数据）以及与机器学习相关的术语（如基线、超参数、流水线，等等）。

1.3.1 直接和间接使用的数据

在机器学习项目中，你使用的数据可以**直接**（**directly**）或**间接**（**indirectly**）地用于构成样本 x。

设想我们建立一个命名实体识别系统。模型的输入是一个单词序列，输出是与输入序列相同长度的标签序列[1]。为了让数据能被机器学习算法读取，我们必须将每个自然语言单词转化为一个机器可读的属性数组，我们称之为特征向量[2]。特征向量中的一些特征可能包含将该特定单词与字典中其他单词区分开来的信息。其他特征可以包含该特定序列中单词的附加属性，如其形状（小写、大写、首字母大写等）。或者可以是二值属性，表示这个单词是不是某个人名的第一个词，或某个地点或组织名称的最后一个词。为了创建后面这些二值特征，我们可能会决定使用某些字典、查找表、地名词典或其他机器学习模型对单词进行预测。

你可能已经注意到，单词序列的集合是直接用来形成训练样本的数据，而字典、查找表和地名词典中包含的数据是间接使用的：我们可以用它来扩展特征向量，增加额外的特征，但我们不能用它来创建新的特征向量。

1.3.2 原始数据和规整数据

正如刚才讨论的那样，直接使用的数据是一个实体集合，构成了数据集的基础。该集合中的每一个实体都可以转化为一个训练样本。**原始数据**（**raw data**）是实体的自然形式的集合，它们并不总是可以直接用于机器学习。例如，一个 Word 文档或一个 JPEG 文件都是原始数据的片段，它们不能直接被机器学习算法使用[3]。

要想在机器学习中使用，数据有一个必要（但不充分）的条件，即规整。**规整数据**（**tidy data**）可以看作一个电子表格，其中每一行代表一个样本，列代表一个样本的**各种属性**（**attribute**），如图 1.3 所示。有时，原始数据也可以是规整的，例如，以电子表格的形式提供给你。然而，在实际工作中，为了从原始数据中获得规整数据，数据分析师通常会借助于一个过程，即所谓的**特征工程**（**feature**

1　标签可以是来自集合的值，例如{"位置"，"组织"，"人员"，"其他"}。

2　术语"属性"（attribute）和"特征"（feature）经常交替使用。在本书中，使用术语"属性"来描述一个样本的特定属性，而术语"特征"指的是机器学习算法使用的特征向量 x 中 j 位置的值 $x^{(j)}$。

3　术语"非结构化数据"通常用于指定包含类型未正式定义的信息的数据元素。非结构化数据的例子有照片、图像、视频、文本信息、社交媒体帖子、PDF文件、文本文档和电子邮件等。术语"半结构化数据"是指数据元素，其结构有助于推导出这些数据元素中编码的一些信息的类型。半结构化数据的例子包括日志文件、以逗号和标签分隔的文本文件以及JSON和XML格式的文档等。

engineering）。该过程应用于直接数据和可选的间接数据，其目标是将每个原始样本转化为特征向量 x。第 4 章用一整章讨论特征工程。

	属性					样本		
国家	人口/百万	地区	GDP/万亿美元		国家	人口/百万	地区	GDP/万亿美元
France	67	Europe	2.6		France	67	Europe	2.6
Germany	83	Europe	3.7		Germany	83	Europe	3.7
…	…	…	…		…	…	…	…
India	1 299	Aisa	2.7		India	1 299	Aisa	2.7

图 1.3 规整数据——样本为行，属性为列

需要注意的是，对于某些任务，学习算法使用的样本可以具有向量序列、矩阵或矩阵序列的形式。对于这类算法，数据规整的概念也有类似的定义：你只需要将"电子表格中固定宽度的一行"替换为固定宽度和高度的矩阵，或将矩阵泛化为更高的维度，称为**张量**（**tensor**）。

"规整数据"这个术语由 Hadley Wickham 在他的同名论文中创造[1]。

正如本节开始时提到的，数据可以是规整的，但仍然不能被特定的机器学习算法使用。事实上，大多数机器学习算法只接受数字特征向量集合形式的训练数据。考虑图 1.3 所示的数据，属性"区域"是分类项，而不是数值项。决策树学习算法可以处理属性的分类值，但大多数学习算法不能。4.2 节将介绍如何将分类属性转化为数值特征。

需要注意的是，在机器学习的学术文献中，"样本"这个词通常指的是一个规整的数据样本，并带有一个可选的指定标签。然而，在第 3 章考虑的数据收集和标签阶段，样本仍然可以是原始形式：图像、文本或电子表格中带有分类属性的行。在本书中，如果需要强调两者的区别，会用**原始样本**（**raw example**）来表示一段数据还没有转化为特征向量，否则假设样本具有特征向量的形式。

1.3.3 训练集和留出集

在实际工作中，数据分析师要处理三组不同的样本集：
- 训练集；
- 验证集[2]；

---

1 Wickham, Hadley. "Tidy data." Journal of Statistical Software 59.10 (2014): 1-23.

2 在一些文献中，验证集也可以称为"开发集"。有时，当有标签样本稀少时，分析师可以决定在没有验证集的情况下工作，5.6.5 节将详细介绍。

● 测试集。

一旦以样本集合的形式得到数据，在机器学习项目中要做的第一件事就是对样本进行洗牌，并将数据集分成三个不同的集：训练集（training）、验证集（validation）和测试集（test）。训练集通常是最大的一个，学习算法使用训练集产生模型。验证集和测试集的规模大致相同，比训练集的规模小很多。学习算法不允许使用验证集和测试集的样本来训练模型。所以这两个集也称为留出集（holdout set）。

有三个集而不是一个集的原因很简单：训练一个模型时，我们不希望模型只是在预测学习算法已经见过的样本的标签上做得好。一个意义不大的算法可以简单地记住所有的训练样本，然后用记忆来“预测”它们的标签。如果要求它预测训练样本的标签，就不会出错。但这样的算法在实践中是没有用的。我们真正想要的是一个模型，它擅长预测学习算法没有看到的样本。换言之，我们希望它在一个留出集上有良好的表现[1]。

我们需要两个留出集，而不是一个，这是因为使用验证集可以：①选择学习算法；②为该学习算法找到最佳配置值〔称为超参数（hyperparameter）〕。在交付给客户或投入生产之前，使用测试集来评估模型。这就是要确保验证集或测试集的任何信息都不会暴露给学习算法的原因。否则，验证和测试结果很可能会过于乐观。这确实可能会因为数据泄露（data leakage）而发生，3.2.8 节和后续章节中会介绍这个重要现象。

1.3.4 基线

在机器学习中，基线（baseline）是解决一个问题的简单算法，通常它是基于启发式、简单的摘要统计、随机化或非常基本的机器学习算法。例如，如果问题是分类，你可以选择一个基线分类器并测量它的表现。这个基线表现将成为你比较所有未来模型的依据（通常，该模型通过更复杂的方法建立）。

1.3.5 机器学习流水线

机器学习流水线（pipeline）是对数据集从初始状态到模型的一系列操作。

一个流水线可以包括数据分割、缺失数据填补、特征提取、数据增强、类不平衡降低、降维和模型训练等阶段。

---

1 准确地说，我们希望模型在数据所属的统计分布的大多数随机样本上表现良好。我们假设，如果模型在从数据的未知分布中随机抽取的留出集上有良好的表现，那么它很有可能在数据的其他随机样本上表现良好。

在生产环境中部署一个模型，通常会部署整个流水线。此外，在对超参数进行调整时，通常会对整个流水线进行优化。

1.3.6 参数与超参数

超参数是机器学习算法或流水线的输入，它们影响模型的表现。它们不属于训练数据，不能从训练数据中学习。例如，决策树学习算法中树的最大深度、支持向量机中的误分类罚分、k-最近邻算法中的 k、降维中的目标维度，以及缺失数据填补技术的选择都是超参数的例子。

而**参数**（**parameter**）则是定义学习算法所训练的模型的变量。参数是由学习算法根据训练数据直接修改的。学习的目标是找到这样的参数值，使模型在一定意义上达到最优。参数的例子有线性回归方程 $y = wx + b$ 中的 w 和 b。在这个方程中，x 是模型的输入，y 是它的输出（预测）。

1.3.7 分类与回归

分类是一个自动给一个无标签样本分配一个标签的问题。垃圾邮件检测是分类的典型例子。

在机器学习中，分类问题是通过**分类学习算法**（**classification learning algorithm**）来解决的，它以一个**有标签样本**（**labeled example**）集合作为输入，并产生一个**模型**（**model**），这个模型可以以一个无标签样本作为输入，并直接输出一个标签或输出一个数，分析师可以用它来推断标签。这种数字的一个例子是输入数据元素具有特定标签的概率。

在分类问题中，一个标签是有限类集的一个成员。如果类集的大小是 2（"生病的"/"健康的"，"垃圾邮件"/"非垃圾邮件"），我们探讨的就是**二分类**（**binary classification**），在某些资料中也称为 **binomial**。**多类分类**（**multiclass classification**，也称为 **multinomial**）是有三个或更多类的分类问题[1]。

虽然一些学习算法默认允许两个以上的类，但其他算法的本质是二分类算法。通过一些策略可以将二分类学习算法变成多分类算法。6.5 节中谈到其中的一种，即**一对其余**（**one-versus-rest**）。

回归是给定一个无标签样本，预测一个实数值的问题。根据房子的特征（如面积、卧室数、位置等）来估计房价，这是回归的一个著名例子。

回归问题是通过**回归学习算法**（**regression learning algorithm**）来解决的，该

---

1 虽然每个样本还是有一个标签。

算法以一个有标签样本集合作为输入，并产生一个模型，该模型以一个无标签样本作为输入，并输出一个目标值。

1.3.8 基于模型学习与基于实例学习

大多数监督学习算法都是**基于模型**（**model-based**）的。一个典型的模型是**支持向量机**（**Support Vector Machine，SVM**）。基于模型的学习算法使用训练数据来创建一个模型，其参数是从训练数据中学习的。在 SVM 中，两个参数是 w（一个向量）和 b（一个实数）。模型训练完成后，可以将它们保存在磁盘上，而丢弃训练数据。

基于实例的学习算法（**instance-based learning algorithm**）使用整个数据集作为模型。实践中经常使用的一种基于实例的算法是 k-**最近邻**（k-**Nearest Neighbors，kNN**）。在分类中，为了预测一个输入样本的标签，kNN 算法会在特征向量的空间中寻找输入样本的近邻，并输出在这个近邻中最常看到的标签。

1.3.9 浅层学习与深度学习的比较

浅层学习（**shallow learning**）算法直接从训练样本的特征中学习模型的参数。大多数机器学习算法都是浅层的。著名的例外情况是**神经网络**（**neural network**）学习算法，特别是那些在输入和输出之间建立超过一层（**layer**）的神经网络工程。这种神经网络称为**深度神经网络**（**deep neural network**）。在深度神经网络学习中（或者说深度学习），与浅层学习相比，大多数模型参数不直接从训练样本的特征中学习，而是从前几层的输出中学习。

1.3.10 训练与评分

将机器学习算法应用于一个数据集以获得一个模型，就是我们所说的**模型训练**（**model training**），或者说是训练。

将训练好的模型应用到一个输入样本（或者有时是一个样本序列）上，以获得一个预测（或多个预测），或以某种方式转换一个输入时，我们称为**评分**（**scoring**）。

1.4 何时使用机器学习

机器学习是解决实际问题的强大工具。然而，像任何工具一样，它应该在正确的背景下使用。试图用机器学习解决所有问题是不对的。

你应该考虑在以下情况中使用机器学习。

1.4.1 如果问题太复杂，无法进行编程

如果问题非常复杂或非常庞大，无法写出所有规则来解决，而一个部分解决方案可行且有趣，那么你可以尝试用机器学习来解决这个问题。

垃圾邮件检测就是一个例子：不可能写出实现这种逻辑的代码——既能有效地检测垃圾邮件，又能让真正的邮件到达收件箱。要考虑的因素实在太多。例如你将垃圾邮件过滤器编程为拒绝所有不在你的联系人中的发件人的邮件，就有可能失去在会议上拿到你的名片的人的邮件。如果你对包含与你工作相关的特定关键词的信息进行例外处理，很可能会错过你孩子的老师的邮件，等等。

如果你还是决定直接编程解决这个复杂的问题，随着时间推移，你的编程代码中会有很多条件以及这些条件的例外，以致维护这段代码最终会变得不可行。在这种情况下，在"垃圾邮件"/"非垃圾邮件"的例子上训练一个分类器似乎是符合逻辑的，也是唯一可行的选择。

编写代码解决问题的另一个困难在于，人类很难处理基于参数过多的输入的预测问题。如果这些参数以未知的方式相关，则尤其如此。例如，以预测借款人是否会还款的问题为例。数百个数字代表着每个借款人的年龄、工资、账户余额、过去还款频率、是否结婚、孩子数量、汽车品牌和年份、抵押贷款余额等信息。这些数字中的一些可能对做出决定很重要，一些可能单独考虑不那么重要，但如果与其他一些数字结合起来考虑，就会变得更加重要。

编写能做出这种决定的代码是很困难的，因为即使是专家，也不清楚如何以最佳方式将描述一个人的所有属性组合成一个预测。

1.4.2 如果问题不断变化

有些问题可能会随着时间的推移而不断变化，因此必须定期更新编程代码。这就导致了软件工程师在处理问题时的挫折感，引入错误的机会增加，"以前的"和"新的"逻辑难以兼容，以及测试和部署更新的解决方案的巨大开销。

例如，你有一个从网页集合中抓取特定数据元素的任务。对于该集合中的每个网页，你写了一组固定的数据提取规则，具体形式是"从 <body> 中提取第三个 <p> 元素，然后从 <p> 的第二个 <div> 中提取数据"。如果网站所有者改变了网页的设计结构，你抓取的数据可能最终会出现在第二个或第四个 <p> 元素中，使得你

的提取规则出现错误。如果你抓取的网页集合很大（成千上万个 URL），每天都会有规则报错，你将无休止地修正这些规则。不用说，很少有软件工程师喜欢每天做这样的工作。

1.4.3 如果它是一个感知问题

今天，很难想象有人在不使用机器学习的情况下试图解决语音、图像和视频识别等**感知问题**（**perceptive problem**）。考虑一幅图像。它由数百万个像素表示。每个像素由三个数字给出——红、绿、蓝通道的强度。过去，工程师们试图通过将手工制作的"滤镜"应用于像素的方块上来解决图像识别（检测图像上的内容）的问题。例如，如果一个过滤器被设计为"检测"草，将它应用于许多像素块时产生了一个高值，而另一个过滤器被设计为检测棕色毛皮，对许多像素块也返回了高值，那么我们可以说，图像很有可能代表了田野里的一头牛（这里为举例简化问题）。

如今，利用机器学习模型，比如神经网络，可以有效解决感知问题。第 6 章将探讨神经网络训练的问题。

1.4.4 如果它是一种未曾研究过的现象

如果我们需要对某些现象进行预测，而这些现象在科学上并没有得到很好的研究，但它的样本是可以观察到的，那么机器学习可能是一个合适的选择（在某些情况下，也是唯一可用的选择）。例如，机器学习可以基于患者的基因和感官数据来生成个性化的心理健康用药方案。医生可能不一定能够解释这些数据，从而提出一个可行的建议，而机器可以通过分析数千名患者的数据，发现数据中的模式，并预测哪种方案对特定患者的帮助更大。

另一个可观察但未被研究的现象的例子是复杂计算系统或网络的日志。这种日志是由多个独立或相互依赖的过程产生的。对人类来说，如果没有每个过程的模型及其相互依存关系，很难仅仅根据日志对系统的未来状态做出预测。如果历史日志记录的样本数量足够多（通常情况下是这样的），机器可以学习隐藏在日志中的模式，并能够在不了解每个过程的情况下进行预测。

根据观察到的行为对人进行预测是很难的。在这个问题上，我们显然不可能拥有一个人的大脑模型，但我们有现成的样本来表达这个人的想法（以在线帖子、评论和其他活动的形式）。仅仅根据这些表达方式，部署在社交网络中的机器学习模型就可以推荐内容或其他要联系的人。

1.4.5　如果问题的目标简单

机器学习特别适用于解决那些可以制定一个简单目标的问题，比如是或否的决定，或一个单一的数字。相比之下，你不能使用机器学习来建立一个一般的视频游戏模型（如马里奥），或文字处理软件（如 Word）。这是因为要做的决定太多：显示什么，在什么地方和什么时候，对用户的输入应该产生什么反应，向硬盘写什么或从硬盘读什么，等等，得到能说明所有（甚至大部分）这些决定的样本实际上是不可行的。

1.4.6　如果它有成本效益

机器学习中成本的三个主要来源包括：
- 收集、准备、清洗数据；
- 训练模型；
- 构建和运行基础设施来服务和监测模型，以及维护它的劳动力资源。

资源训练模型的成本包括人力，在某些情况下，还包括训练深度模型所需的昂贵的硬件。模型维护包括持续监测模型，以及收集额外的数据以维持模型更新。

1.5　何时不使用机器学习

很多问题是无法用机器学习解决的，很难对所有的问题进行定性。这里我们只考虑几个提示。

在以下情况中，你可能不应该使用机器学习。
- 系统的每一个动作或它所做的决定都必须是可以解释的。
- 在类似情况下，系统行为与过去行为相比的每一个变化都必须是可以解释的。
- 系统犯错的成本太高。
- 想尽快进入市场。
- 获取正确的数据太难或不可能。
- 可以用传统的软件开发以较低的成本解决问题。
- 简单的启发式方法会有相当好的效果。
- 现象有太多的结果，而你却无法通过足够多的样本来表示它们（就像在视频游戏或文字处理软件中）。
- 系统不必随着时间的推移而频繁改进。

- 可以通过为所有输入提供预期的输出（即可能的输入值的数量不是太大，或者获得输出是快速和廉价的），手动填充一个详尽的查找表。

1.6 什么是机器学习工程

机器学习工程（MLE）是利用机器学习的科学原理、工具和技术以及传统的软件工程，来设计和构建复杂的计算系统。MLE包括从数据收集到模型训练，再到将模型提供给产品或客户使用的所有阶段。

通常情况下，数据分析师[1]关注的是理解业务问题，建立模型来解决问题，并在有限的开发环境中评估模型。而机器学习工程师则关注从不同系统和地点取得数据，并对数据进行预处理，编程计算特征，训练一个有效的模型，使它能在生产环境中运行，与其他生产流程共存，稳定、可维护，并能被不同类型的用户以不同的使用方式轻松访问。

换言之，MLE包括让机器学习算法作为有效生产系统的一部分来实施的所有活动。

在实践中，机器学习工程师可能会受雇完成这样的活动，比如将数据分析师的代码从运行速度相当慢的R和Python[2]改写成更高效的Java或C++，扩展这些代码并使其更健壮，将代码打包成易于部署的版本包，优化机器学习算法，以确保它生成的模型与组织的生产环境兼容并正确运行。

在许多组织中，数据分析师执行一些MLE任务，如数据收集、转换和特征工程等。另外，机器学习工程师通常执行一些数据分析任务，包括学习算法选择、超参数调整和模型评估等。

在机器学习项目中工作与在典型的软件工程项目中工作是不同的。与传统软件不同的是，传统软件中的程序行为通常是具有确定性的，而机器学习应用包含的模型的行为可能会随着时间的推移而自然退化，或者它们可能会开始出现异常行为。模型的这种异常行为可以由各种原因解释，包括输入数据的根本变化或更新的特征提取器现在返回不同的值分布或不同类型的值。人们常说，机器学习系统"无声无息地失效"。一个机器学习工程师必须有能力防止这种失效，或者在无法完全防止时，知道如何在失效发生时进行检测和处理。

---

1 大约从2013年开始，数据科学家已经成为一个热门的工作头衔。遗憾的是，公司和专家对这个词的定义并没有达成一致。相反，这里使用"数据分析师"一词，指的是能够将数字或统计分析应用于准备分析的数据的人。

2 Python中的很多科学模块确实是用运行速度快的C/C++实现的，但是数据分析师自己开发的Python代码的运行速度还是会很慢。

1.7　机器学习项目生命周期

就一个机器学习项目而言首先要了解业务目标。通常，业务分析师与客户[1]和数据分析师合作，将业务问题转化为工程项目。工程项目可能有也可能没有机器学习的部分。当然，在本书中，我们探讨的是一些机器学习参与的工程项目。

一旦确定工程项目，这就是机器学习工程范围的开始。在更广泛的工程项目范围中，机器学习首先必须有一个明确的**目标（goal）**。机器学习的目标是一份规格说明，指定统计模型作为输入接收什么，作为输出生成什么，以及模型可接受（或不可接受）行为。

机器学习的目标不一定与业务目标相同。业务目标是组织想要实现的目标。例如，谷歌与Gmail的业务目标可以是让Gmail成为世界上使用最多的电子邮件服务。谷歌可能会创建多个机器学习工程项目来实现这个业务目标。其中一个机器学习工程的目标可以是区分重要邮件和推销邮件，准确率在90%以上。

总的来说，如图1.4所示，机器学习项目的生命周期包括：①目标定义；②数据收集和准备；③特征工程；④模型训练；⑤模型评估；⑥模型部署；⑦模型服务；⑧模型监测；⑨模型维护。

在图1.4中，机器学习工程的范围（也是本书的范围）由蓝色区域圈定。实线箭头表示项目阶段的典型流程。虚线箭头表示在某些阶段可以决定回到流程中收集更多的数据或收集不同的数据，并修改特征（通过停用其中的一些特征并设计新特征）。

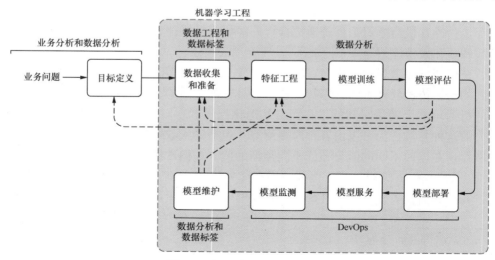

图1.4　机器学习项目生命周期

1　如果机器学习项目支持的是组织开发和销售的产品，那么业务分析师会和产品所有者一起工作。

上面提到的每一个阶段都会在本书的某一章中进行探讨。第 2 章将讨论一下如何确定机器学习项目的优先级并定义项目的目标，以及构建一个机器学习团队。

1.8　小结

基于模型的机器学习算法以一组训练样本作为输入，并输出一个模型。基于实例的机器学习算法将整个训练数据集作为模型。训练数据会暴露给机器学习算法，则不会留出数据。

监督学习算法建立一个模型，它需要一个特征向量，并输出一个关于该特征向量的预测。无监督学习算法建立一个模型，以一个特征向量作为输入，并将其转化为有用的东西。

分类是针对一个输入样本预测有限类集中的一个类的问题，而回归则是预测一个数值目标的问题。

数据可以直接使用，也可以间接使用。直接使用的数据是形成样本数据集的基础。间接使用的数据是用来丰富这些样本数据集的。

机器学习的数据必须是规整的。一个规整的数据集可以看作一个电子表格，每一行都是一个样本，每一列都是样本的一个属性。除了规整之外，大多数机器学习算法需要的是数值数据，而不是分类数据。特征工程是将数据转化为机器学习算法可以使用的形式的过程。

为了确保模型比简单的启发式方法更好，基线是必不可少的。

在实践中，机器学习是以流水线的形式实现的，它包含了数据转换的链式阶段，从数据分割到缺失数据填补，到类不平衡和降维，再到模型训练。整个流水线的超参数通常是优化过的，整个流水线可以部署并用于预测。

模型的参数由学习算法根据训练数据进行优化。超参数的值不能由学习算法学习，而要通过使用验证数据集进行调整。测试集仅用于评估模型的表现，并向客户或产品所有者报告。

浅层学习算法训练的是一个直接从输入特征进行预测的模型。深度学习算法训练的是一个分层模型，其中每一层都通过将前一层的输出作为输入来产生输出。

你应该考虑使用机器学习来解决业务问题的情况包括：问题太复杂，不适合编写代码；问题是不断变化的；它是一个感知问题；它是一种未曾研究过的现象；问题的目标简单；它有成本效益。

可能不应该使用机器学习的情况包括：需要可解释性；错误无法容忍；传统的软件工程是成本较低的选择；所有的输入和输出都可以被枚举并保存在数据库中；

数据难以获得或者获取成本太昂贵。

MLE 是利用机器学习和传统软件工程的科学原理、工具和技术来设计和构建复杂的计算系统。MLE 包括从数据收集，到模型训练，到使模型可供产品或消费者使用的所有阶段。

一个 ML 项目的生命周期包括：①目标定义；②数据收集和准备；③特征工程；④模型训练；⑤模型评估；⑥模型部署；⑦模型服务；⑧模型监测；⑨模型维护。

每个阶段都将在本书的某一章中探讨。

第 2 章　项目开始前

在机器学习项目开始之前，必须对它进行优先级排序。确定优先级是不可避免的：团队和设备能力是有限的，而组织机构待办项目清单可能会非常长。

要确定一个项目的优先级，就必须估计其复杂度。对机器学习来说，由于存在重大的未知数，比如所需的模型质量在实践中是否可以达到，需要多少数据，以及需要什么、多少特征，不太可能进行准确的复杂度估计。

此外，一个机器学习项目必须有一个明确的目标。根据项目的目标，可以对团队进行充分调整，并提供资源。

本章将探讨这些方面和相关的活动，这些活动在机器学习项目开始之前必须处理好。

2.1　机器学习项目的优先级排序

在机器学习项目的优先级排序中，主要考虑的是影响和成本。

2.1.1　机器学习的影响

在范围较广的工程项目中使用机器学习的影响是很大的：①机器学习可以取代工程项目中的复杂部分；②在获得廉价（但可能不完美）的预测方面有很大的好处。

例如，现有系统的复杂部分可以是基于规则的，有许多嵌套规则和例外。构建和维护这样的系统可能非常困难、耗时，而且容易出错。要求软件工程师维护这部分系统时，也会让他们感到非常沮丧。能否用学习规则来代替编程？能否利用现有的系统轻松生成标签数据？如果能，这样的机器学习项目将具有很大的影响和较低的成本。

廉价且不完美的预测可能是有价值的，例如，在一个系统中，它可以对大量的请求进行拆分。我们假设许多这样的请求是"容易的"，可以使用一些现有的自动化快速解决。其余的请求被认为是"困难的"，必须手动处理。

基于机器学习的系统可以识别"容易"的任务，并将它们分配给自动化系统，这将为处理者节省大量时间，因为处理者会将精力和时间只集中在困难的请求上。即使调度程序预测错误，困难的请求也会到达自动化系统，自动化系统对它的处理会失败，而处理者最终会收到这个请求。如果处理者错误地得到了一个容易的请求，也没有问题：这个容易的请求仍然可以发送给自动化系统或由处理者处理。

2.1.2 机器学习的成本

三个因素严重影响机器学习项目的成本：
- 问题的难度；
- 数据的成本；
- 准确率的需求。

获取正确数量的正确数据的成本可能非常高，特别是在涉及人工标注的情况下。对高准确率的需求可以转化为要求获得更多的数据或训练更复杂的模型，例如深度神经网络的独特**架构**（**architecture**）或有用的**集成**（**ensembling**）架构。

考虑问题的难度时，主要是考虑：
- 是否存在能够解决这个问题的算法或软件库（如果有，问题就会大大简化）；
- 是否需要大量的算力来建立模型或在生产环境中运行模型。

成本的第二个驱动因素是数据。必须考虑以下问题：
- 数据是否可以自动生成（如果可以，问题就大大简化了）；
- 对数据进行人工**标注**（**annotation**）的成本（即给无标签样本贴标签）；
- 需要多少样本（通常情况下，不能事先知道，但可以从已知的公开结果或组织机构自身的经验中估计）。

最后，影响成本最大的因素之一是模型的期望准确率。如图 2.1 所示，机器学习项目的成本随着准确率要求的提高而超线性增长。当模型部署在生产环境中时，低准确率也会成为重大损失的来源。需要考虑的问题是：
- 每一个错误的预测代价有多大；
- 模型不实用的最低准确率水平是多少。

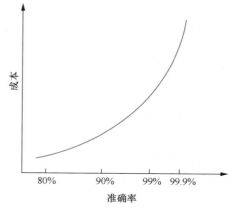

图 2.1 成本随准确率要求的提高而超线性增长

2.2 估计机器学习项目的复杂度

对于 ML 项目，除了与组织机构执行的其他项目或文献报道的项目进行比较外，没有标准的复杂度估计方法。

2.2.1 未知因素

有几个主要的未知因素几乎是不可能有信心去猜测的，除非你过去曾参与过类似的项目，或者阅读过关于这类项目的报道。这些未知因素包括：

- 所要求的质量是否能在实践中达到；
- 需要多少数据才能达到要求的质量；
- 什么特征和多少特征是必要的，这样模型才能充分学习和泛化；
- 模型应该有多大（特别是与神经网络和集成架构相关）；
- 训练一个模型需要多长时间〔换言之，运行一次**实验（experiment）**需要多少时间〕，以及需要多少次实验才能达到预期的表现水平。

有一件事你几乎可以肯定：如果所需的模型**准确率（accuracy）**水平（5.5 节中讨论的流行模型质量指标之一）高于 99%，你预期将遇到与标签数据数量不足有关的并发症。在某些问题中，甚至 95% 的准确率也被认为是很难达到的。当然，这里我们假设数据是平衡的，也就是说，不存在**类不平衡（class imbalance）**。3.9 节将讨论类不平衡的问题。

另一个有用的参考是人类在该任务上的表现。如果你想让模型表现得和人类一样好，这通常是一个很难的问题。

2.2.2 简化问题

有一种方法是将问题简单化，先解决一个比较简单的问题，从而做出比较有根据的推测。例如，假设问题是将一组文档分类为 1 000 个主题。运行一个试点项目，先专注于 10 个主题，将属于其他 990 个主题的文档视为 "其他"[1]，手动为这 11 个类（10 个真实的主题，加上 "其他"）的数据贴上标签。这里的逻辑是，与记忆 1 000 个主题之间的区别相比，人类要记住只有 10 个主题的定义要简单得多[2]。

当你把问题简化为 11 个类后，就解决它，并测量每个阶段的时间。一旦看到

---

1 将属于 990 个类的例子放在一个类中，很可能会创建一个高度不平衡的数据集。如果是这样的，你最好对 "其他" 类中的数据进行**欠采样（undersample）**。3.9 节中将介绍数据欠采样的问题。

2 为了节省更多的时间，对整个无标签文档集合应用聚类，只对属于一个或几个聚类的文档进行手动标记。

11个类的问题是可以解决的，你就可以合理地希望它对1 000个类也是可以解决的。然后，保存的测量结果可以用来估计解决全部问题所需的时间，不过你不能简单地将这个时间乘以100来得到准确的估计。学习区分更多类所需的数据量通常会随着类的增加而超线性增长。

从一个潜在的复杂问题中获得一个更简单的问题的另一种方法是，通过利用现有数据中的自然切片将问题分割成几个简单的问题。例如，假定一个组织在多个地点有客户。如果我们想训练一个模型，预测客户的一些情况，可以尝试只针对一个地点，或者针对特定年龄范围内的客户解决这个问题。

2.2.3　非线性进展

机器学习项目的进展是非线性的。预测误差在开始时通常会快速下降，但随后进展逐渐放缓[1]。有时，你看到没有进展，于是决定添加额外的特征，这些特征有可能依赖于外部数据库或知识库。当你正在研究一个新的特征或标记更多的数据（或外包这个任务）时，模型表现没有任何进展。

由于这种进展的非线性，你应该确保产品所有者（或客户）了解限制和风险。仔细记录每一项活动，并跟踪它所花费的时间。这不仅有助于报告，而且有助于估计未来类似项目的复杂度。

2.3　确定机器学习项目的目标

机器学习项目的**目标**是建立一个能够解决或帮助解决业务问题的模型。在一个项目中，模型通常被看作一个黑盒子，由其输入和输出的结构，以及最低可接受的表现水平〔由预测的准确率或其他**表现指标（performance metric）**来衡量〕来描述。

2.3.1　模型能做什么

模型通常作为系统的一部分使用，该系统服务于某种目的。具体来说，模型可以在一个更广泛的系统中使用，以实现：

- 自动化（例如，代表用户采取行动，或者启动或停止服务器上的特定活动）；
- 告警或提示（例如，询问用户是否应该采取某项行动，或询问系统管理员是否有可疑的流量）；

1　经常适用80/20经验法则：80%的进展是利用前20%的资源取得的。

- 组织，通过按照对用户有用的顺序展示一组项目（例如，通过按照与查询相似的顺序，或根据用户的偏好，对图片或文档进行排序）；
- 注释（例如，通过在显示的信息中添加上下文注释，或通过在文本中突出显示与用户任务相关的短语）；
- 提取（例如，通过检测较大输入中较小的相关信息，如文本中的命名实体——专名、公司或地点）；
- 推荐（例如，根据物品的内容或用户对过去推荐的反应，检测并向用户展示一组物品中高度相关的物品）；
- 分类（例如，通过将输入的样本分配到一个或几个预先确定的名称明确的组中）；
- 量化（例如，给某一物体赋予一个数字，如给房子赋予价格）；
- 合成（例如，通过生成新的文本、图像、声音或其他与集合中的对象相似的对象）；
- 回答一个明确的问题（例如，"这段文字是否描述了那张图片？"或"这两张图片是否相似？"）；
- 转变它的输入（例如，通过减少其维度来实现可视化的目的，将一个长的文本解读为一个简短的摘要，将一个句子翻译成另一种语言，或通过应用一个过滤器来增强图像）；
- 检测新颖性或异常。

几乎所有可以用机器学习解决的业务问题，都可以用类似于上述列表中的一种形式来定义。如果你不能以这样的形式定义你的业务问题，很可能机器学习并不是你的场景中的最佳解决方案。

2.3.2　成功模型的属性

成功的模型具有以下 4 个特性。
- 它尊重输入和输出规格说明以及表现要求。
- 它对组织机构有利（通过降低成本、增加销售或利润来衡量）。
- 它对用户有帮助（通过生产力、参与度和情感来衡量）。
- 它在科学上是严谨的。

一个科学严谨的模型的特点是具有可预测的行为（对于与训练用例相似的输入样本）和可重复性。前一个属性（可预测性）意味着，如果输入特征向量与训练数据具有相同的值分布，那么平均而言，必须观察到模型犯相同比例的错误，就像训练模型时在留出数据上一样。后一个属性（可重复性）指的是，使用相同的算法和超参数值，从相同的训练数据中可以很容易地再次建立一个具有类似属性的模型。所谓"容易"是指重建模型不需要额外的分析、标注或编码，只需要算力。

定义机器学习的目标时，要确保你解决的问题是正确的。举一个错误定义目标的例子，设想你的客户有一只猫和一只狗，需要一个系统，让他们的猫进屋但不让他们的狗进屋。你可能会决定训练这个模型来区分猫和狗。然而，这个模型也会让任何猫进入，而不仅仅是他们的猫。另外，你可能会决定，由于客户只有两只动物，你将训练一个区分这两只动物的模型。在这种情况下，因为你的分类模型是二元的，浣熊将被归类为狗或猫。如果它被归类为猫，也会被放进屋[1]。

为机器学习项目定义一个单一的目标可能是一个挑战。通常，在一个组织中，会有多个利益相关者对你的项目感兴趣。一个明显的利益相关者是产品所有者。假定他们的目标是让用户在一个在线平台上花费的时间至少增加15%。同时，执行副总裁希望增加20%的广告收入。此外，财务团队希望将每月的云账单减少10%。在定义机器学习项目的目标时，你应该在这些可能存在冲突的需求之间找到合适的平衡点，并将其转化为模型的输入和输出、**成本函数**（**cost function**）和**表现指标**（**performance metric**）的选择。

2.4　构建机器学习团队

根据组织的不同，机器学习团队的结构有两种文化。

2.4.1　两种文化

有一种文化说，机器学习团队必须由数据分析师组成，他们与软件工程师密切协作。在这样的文化中，软件工程师不需要在机器学习方面有很深的专业知识，但必须理解数据分析师同事的词汇。

另一种文化说，机器学习团队中的所有工程师必须具备机器学习和软件工程技能的组合。

每种文化都有优点和缺点。前者的支持者说，每个团队成员必须在他们所处的领域是最好的。数据分析师必须是许多机器学习技术的专家，并且对理论有深刻的理解，才能以最小的努力，快速地提出解决大多数问题的有效方案。同样，一个软件工程师必须对各种计算框架有深刻的理解，并且能够写出高效、可维护的代码。

---

[1] 这就是为什么让分类问题有"其他"类几乎总是一个好主意。

后者的支持者说，科学家很难与软件工程师团队融合。科学家们更关心的是他们的解决方案有多准确，而且经常提出一些不切实际的解决方案，无法在生产环境中有效执行。另外，由于科学家通常不会写出高效的、结构良好的代码，后者必须由软件工程师重写成产品代码，根据项目的不同，这可能会变成一项艰巨的任务。

2.4.2 机器学习团队的成员

除了机器学习和软件工程技能外，ML 团队还可能包括数据工程专家（也称为数据工程师）和数据标签专家。

数据工程师是负责 ETL（Extract，Transform，Load，即提取、转换、加载）的软件工程师。这三个概念性步骤是典型数据流水线的一部分。数据工程师使用 ETL 技术并创建一个自动化的流水线，在这个流水线中，原始数据转化为可分析的数据。数据工程师设计如何结构化数据，以及如何从各种资源中整合数据。他们对这些数据编写按需查询，或将最频繁的查询包装成快速的应用编程接口（API），以确保数据容易被分析师和其他数据消费者访问。通常情况下，数据工程师不需要懂任何机器学习。

在大多数大公司中，数据工程师与机器学习工程师在数据工程团队中独立工作。

数据标签方面的专家负责 4 项活动：
- 根据数据分析师提供的规范，手动或半自动地给没有标签的样本分配标签；
- 构建标签工具；
- 管理外包贴标员；
- 验证有标签样本的质量。

贴标员（labeler）是负责给无标签样本分配标签的人。同样，在大公司中，数据标签专家可能会被组织成两个或三个不同的团队：一个或两个贴标员团队（例如，一个本地团队和一个外包团队）和一个软件工程师团队，加上一个用户体验（UX）专家，负责构建标签工具。

在可能的情况下，邀请领域专家与科学家和工程师紧密合作。在你对模型的输入、输出和特征进行决策时，要聘请领域专家。询问他们认为你的模型应该预测什么。仅仅是你能获得的数据可以让你预测某个量，并不意味着这个模型对企业有用。

与领域专家讨论他们在数据中寻找什么来做出特定的业务决策，这将帮助你进行特征工程。同时讨论客户为什么付费，什么是他们的交易障碍，这将帮助你将业务问题转化为机器学习问题。

最后，还有 DevOps 工程师。他们与机器学习工程师密切合作，自动完成模型部署、加载、监测，以及偶尔或定期的模型维护。在小公司和初创公司中，DevOps 工程师可能是机器学习团队的一部分，或者机器学习工程师可能负责 DevOps 活动。在大公司中，机器学习项目中聘请的 DevOps 工程师通常在一个更大的 DevOps 团队中工作。一些公司引入了 MLOps 角色，其职责是在生产中部署机器学习模型，升级这些模型，并建立涉及机器学习模型的数据处理流水线。

2.5 机器学习项目为何失败

根据 2017—2020 年做出的各种估计，74% ~ 87% 的机器学习和高级分析项目都会失败或无法投入生产环境。失败的原因从组织到工程都有。本节将探讨其中影响最大的原因。

2.5.1 缺乏有经验的人才

截至 2020 年，数据科学和机器学习工程都是比较新的学科。目前仍然没有标准的方法来教授它们。一方面，大多数组织机构不知道如何聘请机器学习方面的专家，也不知道如何比较他们。市场上大多数可用的人才都是完成了一门或几门在线课程的人，他们并不具备丰富的实践经验。相当一部分劳动力在机器学习方面拥有肤浅的专业知识，这些知识是在课堂上的玩具数据集上获得的。许多人没有整个机器学习项目生命周期的经验。另一方面，组织机构中可能存在一些有经验的软件工程师，但他们不具备处理数据和机器学习模型的相应专业知识。

2.5.2 缺乏领导层的支持

正如 2.4 节关于两种文化的讨论，科学家和软件工程师常有不同的目标、动机和成功标准。一方面，他们的工作方式也非常不同。在一个典型的敏捷组织中，软件工程团队以短跑的方式工作，有明确的预期交付物，不确定性很小。

另一方面，科学家则是在高度不确定的情况下工作，并通过多个实验来推进工作。大多数这样的实验都不会产生任何可交付的成果，因此，没有经验的领导可能会认为没有进展。有时，在模型建立和部署后，整个过程不得不重新开始，因为模型并没有带来企业关心的指标的预期增长。这又会导致领导层认为科学家的工作是在浪费时间和资源。

此外，在许多组织机构中，负责数据科学和人工智能（AI）的领导，尤其是副总裁级别的领导，都具有非科学甚至非工程背景。他们不知道人工智能是如何运作的，或者对人工智能的理解来自于流行的资料，非常肤浅或过于乐观。他们可能会有这样的心态，认为只要有足够的资源、技术和人力，人工智能可以在短时间内解决任何问题。如果快速的进展没有发生，他们很容易责怪科学家，或者完全失去对人工智能的兴趣，认为人工智能是一种难以预测和不确定结果的无效工具。

很多时候，问题在于科学家无法将结果和挑战传达给上层管理人员。因为他们没有共同语言，而且技术专长水平也很不相同，即使是成功的成果，如果展现得不好，也会被视为失败。

这就是为什么在成功的组织机构中，数据科学家是很好的普及者，而负责人工智能和分析的高层管理者，往往具有技术或科学背景。

2.5.3　数据基础设施缺失

数据分析师和科学家与数据打交道。数据的质量对机器学习项目的成败至关重要。企业数据基础设施必须向分析师提供简单的方法来获取训练模型的高质量数据。同时，基础设施必须确保一旦模型在生产环境中部署，类似的高质量数据就可以得到。

然而在实践中，情况往往并非如此。科学家通过使用各种临时脚本来获取训练数据；他们还使用不同的脚本和工具来组合各种数据源。一旦模型准备好了，就会发现，通过使用现有的生产环境基础设施，不可能足够快地（或者根本不可能）为模型生成输入样本。第3章和第4章将广泛地讨论数据和特征的存储问题。

2.5.4　数据标签的挑战

在大多数机器学习项目中，分析师使用的是标签数据。这些数据通常是定制的，所以贴标签是针对每个项目专门执行的。一些报告[1]显示，截至2019年，多达76%的AI和数据科学团队自行对训练数据贴标签，而63%的团队自行构建标签和注释自动化技术。

这导致熟练的数据科学家在数据标签和标签工具开发上花费了大量时间。这对于人工智能项目的有效执行是一大挑战。

一些公司将数据标签外包给第三方供应商。然而，如果没有适当的质量验证，这种标签数据可能变得质量低下或完全错误。组织机构为了保持各数据集的质量和

1　Alegion and Dimensional Research, "What data scientists tell us about AI model training today," 2019.

一致性，必须投资于内部或第三方贴标员的正式和标准化培训。这反过来又会拖慢机器学习项目的进度。虽然根据同样的报告，外包数据标签的公司更有可能让他们的机器学习项目投入生产。

2.5.5 谷仓式组织和缺乏协作

机器学习项目所需的数据通常存在于一个组织机构内不同的地方，有不同的所有权、安全限制和不同的格式。在谷仓式组织中，负责不同数据资产的人员可能互不相识。当一个部门需要访问存储在不同部门的数据时，缺乏信任和协作会导致摩擦。此外，一个组织机构的不同分支有自己的预算，因此协作变得复杂，因为没有一方有兴趣将自己的预算用于帮助另一方。

即使在一个组织的一个分支中，也经常有几个团队在不同阶段参与到一个机器学习项目中。例如，数据工程团队提供对数据或单个特征的访问，数据科学团队致力于建模，ETL 或 DevOps 致力于部署和监测的工程方面，而自动化和内部工具团队则为持续的模型更新开发工具和流程。任何一对参与团队之间缺乏协作，都可能导致项目被长期冻结。团队之间不信任的典型原因是工程师对科学家使用的工具和方法缺乏了解，科学家对软件工程的良好做法和设计模式缺乏了解（或完全不了解）。

2.5.6 技术上不可行的项目

由于许多机器学习项目的成本很高（因为专业技术和基础设施成本很高），一些组织机构为了"收回投资"，可能会将目标定得非常远大：彻底改变组织或产品，或者提供不切实际的回报或投资。这就导致了非常大规模的项目，涉及多个团队、部门和第三方之间的合作，并将这些团队推向能力极限。

因此，这种过于雄心勃勃的项目可能需要几个月甚至几年的时间才能完成。一些关键人物，包括领导者和关键科学家，可能会对项目失去兴趣，甚至离开组织。项目最终可能会被取消优先级，或者，即使完成了，也会因为太晚而无法进入市场。至少在开始的时候，最好把重点放在能够实现的项目上，涉及团队之间的简单合作，容易确定范围，并针对一个简单的商业目标。

2.5.7 技术团队和业务团队之间缺乏协调

许多机器学习项目在开始时，技术团队对业务目标没有明确的理解。科学家通常将问题框定为分类或回归，并设定一个技术目标，如高准确率或低均方误差。如果没有来自业务团队对业务目标实现情况的持续反馈（如增加点击率或用户保留率），科学家通常会达到模型表现的初级水平（根据技术目标），然后他们不确定是否取得了任何有用的进展，以及额外的努力是否值得。在这种情况下，项目最终会被搁置，因为时间和资源都消耗了，但业务团队并不接受这个结果。

2.6　小结

在一个机器学习项目开始之前，必须确定其优先级，并建立项目的工作团队。在 ML 项目的优先级排序中，主要考虑的是影响和成本。

在以下情况下，使用机器学习的影响是很大的：①机器学习可以替代工程项目中的复杂部分；②在获得廉价（但可能不完美）的预测方面有很大的好处。

机器学习项目的成本受三个因素影响很大：①问题的难度；②数据的成本；③需要的模型表现质量。

除了与组织机构执行的其他项目或文献报道的项目进行比较外，没有标准的方法来估计机器学习项目的复杂程度。有几个主要的未知因素几乎是无法猜测的：所需的模型表现水平在实践中是否可以达到，需要多少数据才能达到这个表现水平，需要什么特征和多少特征，模型应该有多大，以及运行一次实验需要多长时间，需要多少次实验才能达到所需的表现水平。

一个比较有根据的推测方法是将问题简化，解决一个更简单的问题。机器学习项目的进展是非线性的。在开始的时候错误通常会快速减少，但后来进展就慢下来了。由于这种进展的非线性，最好确保客户了解制约因素和风险。仔细记录每一项活动，并跟踪它所花费的时间。这不仅有助于报告，也有助于估计未来类似项目的复杂度。

机器学习项目的目标是建立一个解决业务问题的模型。具体来说，该模型可以在一个更广泛的系统中使用，以实现自动化、告警、组织、注释、提取、推荐、分类、量化、合成、回答一个明确的问题、转变它的输入，以及检测新颖性或异常。如果你不能用这些形式之一来框定机器学习的目标，那么机器学习很可能不是最好的解决方案。

一个成功的模型：

- 尊重输入和输出规格说明以及最低表现要求；
- 有利于组织机构和用户；
- 是科学严谨的。

根据组织机构的不同，有两种构建机器学习团队的文化。一种文化认为，机器学习团队必须由与软件工程师紧密协作的数据分析师组成。在这样的文化中,软件工程师不需要有深厚的机器学习专业知识,但必须了解他们的数据分析师或科学家同事的语言词汇。根据另一种文化,机器学习团队中的所有工程师必须具备机器学习和软件工程技能的结合。

除了具备机器学习和软件工程技能外,机器学习团队还可能包括数据标签专家和数据工程专家。DevOps 工程师与机器学习工程师紧密协作,自动完成模型部署、加载、监测以及不定期或定期的模型维护。

机器学习项目可能会因为很多原因而失败,而实际上大多数都会失败。典型的失败原因包括:

- 缺乏有经验的人才;
- 缺乏领导层的支持;
- 数据基础设施缺失;
- 数据标签的挑战;
- 谷仓式组织和缺乏协作;
- 技术上不可行的项目;
- 技术团队和业务团队之间缺乏协调。

第3章　数据收集和准备

在所有机器学习活动开始之前，分析师必须收集和准备数据。分析师可用的数据并不总是"正确"的，也不总是机器学习算法可以使用的形式。本章重点介绍机器学习项目生命周期的第二个阶段，如图 3.1 所示。

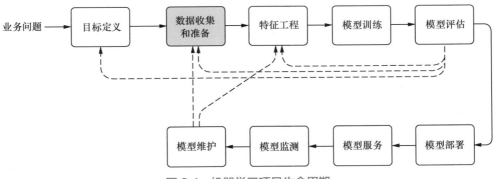

图 3.1　机器学习项目生命周期

特别是，我们会讲到优质数据的特性，数据集可能存在的典型问题，以及为机器学习准备和存储数据的方法。

3.1　关于数据的问题

既然你已经有了一个机器学习的目标，有了定义明确的模型输入、输出和成功标准，就可以开始收集训练模型所需的数据。然而，在开始收集数据之前，需要回答一些问题。

3.1.1　数据是否可获得

需要的数据是否已经存在？如果是，它是否可以获得（物理上、合同上、道德上或成本上）？如果购买或重新使用他人的数据源，是否考虑过如何使用或共享这些数据？是否需要与原始供应商协商新的许可协议？

如果数据可以获得，它是否受到版权或其他法律规范的保护？如果是这样，是否已经确定谁拥有数据的版权？是否存在共同版权？

数据是否敏感（例如，涉及你的组织机构的项目、客户或合作伙伴，或被政府列为机密）？是否存在任何潜在的隐私问题？如果有，是否与收集数据的受访者讨论过数据共享的问题？能否长期保存个人信息，以便将来使用？

是否需要将数据与模型一起共享？如果需要，是否需要获得所有者或受访者的书面同意？

在分析过程中或为共享做准备时，是否需要对数据进行匿名处理[1]，例如，删除**个人身份信息（Personally Identifiable Information，PII）**？

在上述所有问题得到解决之前，即使在物理上可以获得你所需要的数据，也不要使用这些数据。

3.1.2 数据是否相当大

有一个问题你希望有一个明确的答案，即是否有足够的数据。然而，正如我们已经发现的那样，通常不知道需要多少数据才能达到你的目标，特别是当最小模型质量要求很严格的时候。

如果你对是否能立即获得足够的数据有疑问，请了解新数据生成的频率。对于一些项目，可以从最初可用的数据开始，当你在进行特征工程、建模和解决其他相关的技术问题时，新的数据可能会逐渐出现。它可以是自然产生的，作为一些可观察或可测量过程的结果，或者逐步由你的数据标签专家或第三方数据提供商提供。

考虑完成该项目所需的估计时间。在这段时间内是否能收集到足够大的数据集[2]？根据你在类似项目上的工作经验或文献中报告的结果来回答。

确定你是否已经收集了足够数据的一个实用方法是绘制**学习曲线（learning curve）**。更具体地说，绘制不同数量的训练样本的学习算法的训练和验证得分，如图 3.2 所示。

---

1 一个说明性的例子是Twitter的内容再分发政策。该政策限制分享没有推文ID和用户ID的Twitter信息。Twitter希望分析师总是使用Twitter API提取新鲜数据。这种限制的一个可能的解释是，一些用户可能想删除某条推文，因为他们改变了主意或者觉得它太有争议。如果那条推文已经被撤下，并且被分享到公共领域，那么可能会让该用户受到影响。

2 不要忘记，在你的估计中，不仅需要训练，还需要留出数据来验证模型在它没有训练的样本上的表现。这些留出数据也必须是相当大的，以提供在统计意义上可靠的模型质量估计。

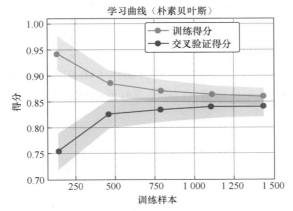

图 3.2　应用于 scikit-learn 标准"数字"数据集的朴素贝叶斯学习算法的学习曲线

通过观察学习曲线，你会发现模型在达到一定数量的训练样本后，其表现会趋于平缓。在达到这个训练样本数量后，就会开始遇到额外增加样本而收益递减。

如果你观察到学习算法的表现趋于平缓，这可能是一个信号，即收集更多的数据对训练更好的模型没有帮助。我说"可能是"，因为还有两种解释是可能的：

- 你没有足够包含信息的特征来建立一个表现更好的模型；
- 你使用的学习算法无法利用你所拥有的数据来训练一个足够复杂的模型。

在前一种情况下，你可以考虑通过一些巧妙的方式组合现有的特征，或者通过使用间接数据源（如查找表和地名词典）的信息来设计额外的特征。4.6 节将探讨综合特征的技术。

在后一种情况下，一种可能的方法是使用集成学习方法或训练深度神经网络。然而，与浅层学习算法相比，深度神经网络通常需要更多的训练数据。

一些从业者使用经验法则来估计一个问题所需的训练样本数量。通常，他们将缩放因子应用于以下数量之一：

- 特征的数量；
- 分类的数量；
- 模型中可训练参数的数量。

这样的经验法则通常是有效的，但对于不同的问题领域，它们是不同的。每个分析师都会根据经验调整这些数字。虽然你会通过经验发现那些对你有用的"神奇"缩放因子，但在各种在线资料中最常引用的数字是：

- 特征数量的10倍（这通常会夸大训练集的规模，但作为上限很有效）；
- 100或1 000倍的分类数量（这往往低估了规模）；

● 可训练参数数量的10倍（通常应用于神经网络）。

请记住，仅仅因为你有大数据，并不意味着应该使用所有的数据。较小的大数据样本可以在实践中给出良好的结果，并加速寻找更好的模型。不过，重要的是要确保样本能代表整个大数据集。**分层采样（stratified sampling）**和**系统采样**（**systematic sampling**）等采样策略可以带来更好的结果。3.10 节将探讨数据采样策略。

3.1.3 数据是否可用

数据质量是影响模型表现的主要因素之一。设想你要训练一个模型，给定一个人的名字，预测其性别。你可能会获得一个包含性别信息的人的数据集。然而，如果盲目地使用这个数据集，你可能会意识到，无论如何努力，你的模型在新数据上的表现仍然很差。表现如此之差的原因是什么？

答案可能是性别信息不是事实，而是使用质量相当低的统计分类器获得的。在这种情况下，你的模型所能达到的最好成绩就是那个低质量分类器的表现。

如果数据集以电子表格的形式出现，首先要检查的是电子表格中的数据是否规整。正如前言中所讨论的，用于机器学习的数据集必须是规整的。如果你的数据不是这样，就必须利用前面提到的特征工程将其转化为规整的数据。

规整的数据集可能会有**缺失值（missing value）**。考虑使用**数据填补（data imputation**）技术来填补缺失值。3.7 节将讨论几种这样的技术。

由人编辑的数据集经常出现一个问题：人们可以决定用一些**神奇数字（magic number**），如 9999 或 −1，来表示缺失值。这种情况必须在数据的可视化分析过程中被发现，并且必须使用适当的数据填补技术来替换这些神奇数字。

另一个需要验证的属性是数据集是否包含**重复（duplicate**）。通常情况下，重复的数据都会被删除，除非你是为了平衡一个**不平衡问题（imbalanced problem**）而故意添加的。3.9 节将探讨这个问题和缓解这个问题的方法。

数据可能是**过期的（expired**），或者明显不是最新的。例如，假设你的目标是训练一个模型，以识别一个复杂的电子设备（如打印机）的行为异常。你有在打印机正常和不正常工作期间进行的测量。然而，这些测量结果是为上一代打印机记录的，而新一代打印机从那时起已经进行了几次重大升级。使用老一代打印机的这些过期数据训练的模型，在部署到新一代打印机上时，可能会表现得更差。

最后，数据可能**不完整（incomplete**），或对现象代表性不足（**unrepresentative**）。例如，一个动物照片的数据集可能只包含夏季或特定地理环境下拍摄的照片。一个用于自动驾驶汽车系统的行人数据集，可能是由工程师冒充行人创建的。在这样的数据集中，大多数情况下只包括年轻男性，而儿童、女性和老人则代表性不足或完全没有。

一家从事面部表情识别的公司可能会在某种肤色的人占主导地位的地方设立研发办公室，因此数据集将只显示该肤色的男性和女性的面孔，而其他肤色的人的代表性不足。工程师在开发相机的姿势识别模型时，可能会通过拍摄室内的人的照片来建立训练数据集，而客户通常会在室外使用相机。

在实践中，数据只有在预处理后才能用于建模，因此在开始建模之前，对数据集进行可视化分析是非常重要的。假设你在研究一个预测新闻文章中的主题的问题。很可能会从新闻网站上抓取数据。也很可能下载日期会和新闻文章文本保存在同一个文档中。还可以想象一下，数据工程师决定在网站上提到的新闻主题上循环，每次抓取一个主题。所以，周一抓取艺术相关的文章，周二体育，周三科技，等等。

如果你不对这样的数据进行预处理，去掉日期，那么模型可能学习日期 - 主题的相关性，这样的模型没有实际用处。

3.1.4 数据是否可理解

正如在性别预测中所展示的那样，了解数据集中的每个属性从何而来是至关重要的。同样重要的是了解每个属性到底代表了什么。在实践中经常观察到一个问题是，分析师试图预测的变量在特征向量的特征中被发现了。这种情况怎么会发生呢？

设想你的工作是根据房子的属性，如卧室数量、表面、位置、建造年份等，来预测房子的价格。每套房子的属性都是由客户（大型的在线房地产销售平台）提供给你的。数据有 Excel 电子表格的形式。不需要花太多时间分析每一列，你只把属性中的成交价格去掉，并把这个值作为你要学习预测的目标。很快你就意识到，这个模型几乎是完美的：它预测交易价格的准确率接近 100%。你把模型交付给客户，他们在生产中部署它，而测试显示，模型在大多数时候都是错误的。到底发生了什么？

这种情况称为**数据泄露（data leakage）**，也称为**目标泄露（target leakage）**。在对数据集进行更仔细的检查后，你发现电子表格中的一列包含了房地产经纪人的佣金。当然，模型很容易学会将这个属性完美地转换成房价。然而，在房子出售之前，这个信息在生产环境中是无法获得的，因为佣金取决于售价。在 3.2.8 节，我们将更详细地探讨数据泄露的问题。

3.1.5　数据是否可靠

数据集的可靠性取决于收集该数据集的程序。你能相信标签吗？如果数据是由Mechanical Turk 上的工人（被称为 turker）产生的，那么这些数据的可靠性可能非常低。在某些情况下，分配给特征向量的标签可能是由几个 turker 的多数票（或平均值）获得的。如果是这种情况，可以认为这些数据比较可靠。然而，最好在数据集的小随机样本上做额外的质量验证。

另外，如果数据代表了一些测量设备所做的测量，你可以在相应测量设备的技术文档中找到每个测量准确率的细节。

标签的可靠性也会受到标签的**延迟（delayed）**或**间接（indirect）**特性的影响。如果标签指定的特征向量代表了某个事件，而它比标签观察到的时间明显较早，就可以认为标签是延迟的。

更具体地说，以客户**流失预测（churn prediction）**问题为例。在这里，我们有一个描述客户的特征向量，预测该客户是否会在未来的某个时间点（通常是 6 个月到一年后）离开。特征向量代表了我们现在对客户的了解，但标签（"离开"或"留下"）将在未来指定。这是一个重要的属性，因为在现在和未来之间，很多事件可能会发生，它们未反映在我们的特征向量中，这将影响客户的去留决定。因此延迟的标签会使我们的数据可靠性降低。

标签是直接的还是间接的也会影响可靠性，当然，这取决于我们要预测的内容。例如，假设我们的目标是预测网站访问者是否会对某个网页感兴趣。我们可能会获取某个数据集，其中包含了用户、网页的信息，以及"感兴趣"/"不感兴趣"的标签，反映了特定用户是否对某个网页感兴趣。直接的标签确实可以说明用户有兴趣，而间接的标签则可以说明用户有一定的兴趣。例如，如果用户按下了"喜欢"按钮，我们就有了直接的兴趣指标。然而，如果用户只点击了链接，这可能是有一定兴趣的指标，但这是一个间接指标。用户可能是误点了，或者因为链接文字是一个点击诱饵，我们无法确定。如果标签是间接的，这也使得这样的数据不太可靠。当然，对预测兴趣来说不太可靠，但对预测点击量来说却可以完全可靠。

数据不可靠的另一个来源是反馈环路。**反馈环路（feedback loop）**是系统设计中的一种属性，如果用于训练模型的数据是利用模型本身获得的。再设想一下，你从事的是一个预测网站特定用户是否会喜欢内容的问题，你只有间接的标签：点击。如果模型已经部署在网站上，用户点击了模型推荐的链接，这意味着新的数据不仅间接反映了用户对内容的兴趣，而且反映了模型推荐该内容的密集程度。如果模型决定某个链接足够重要，推荐给很多用户，那么更多的用户可能会点击这个链接，尤其是在几天或几周内反复推荐的情况下。

3.2　数据的常见问题

正如我们刚才所看到的，你要使用的数据可能会有问题。本节列举了这些问题中最重要的问题，以及做什么可以缓解这些问题。

3.2.1　高成本

获取无标签数据可能很昂贵，然而，标记数据是最昂贵的工作，特别是如果工作是手动完成的。

如果必须专门为你的问题收集无标签数据，获取无标签数据就会变得昂贵。假设你的目标是想知道一个城市中不同类型的商业在哪里。最好的解决方案是从政府机构购买这些数据。然而，由于各种原因，这可能是复杂的，甚至是不可能的：政府数据库可能是不完整的或过时的。为了获得最新的数据，你可以决定派装有摄像头的汽车在某个城市的街道上行驶。他们会对街道上的所有建筑物进行拍照。

正如你能想到的，这样的企业并不便宜。收集建筑物的图片是不够的。我们需要了解每栋建筑的商业类型。现在，我们需要标注的数据："咖啡馆""银行""杂货店""药店""加油站"等。这些必须手动指定，而付钱给别人做这些工作是很昂贵的。顺便说一下，谷歌有一项聪明的技术，通过免费的 reCAPTCHA 服务将贴标签工作外包给随机的人，reCAPTCHA 因此解决了两个问题：减少网络上的垃圾邮件和为谷歌提供廉价的标签数据。

在图 3.3 中，你可以看到给一张图片贴标签所需要的工作。这里的目标是通过给每一个像素分配以下标签来分割一张图片："重型卡车""汽车或轻型卡车""船""建筑物""集装箱""其他"。给图 3.3 中的图像贴标签，我花了大约 30 分钟。如果类型更多，比如"摩托车""树木""道路"，就需要更长的时间，贴标签成本也会更高。

精心设计的贴标签工具可以最大限度地减少鼠标的使用（包括鼠标点击激活的菜单），最大限度地利用热键，并通过提高数据贴标签的速度来降低成本。

只要有可能，请将决策归结为"是 / 否"的答案。如图 3.4 所示，不要问"查找这段文字中的所有价格"，而是提取所有数字，然后逐一显示，问"这个数字是价格吗？"。如果贴标员点击"Not Sure"（不确定），你可以将这个样本保存起来以后再分析，或者干脆不使用这种样本来训练模型。

原始照片   有标签照片

图 3.3 无标签和有标签的航拍照片（图片来源：Tom Fisk）

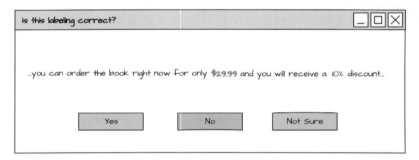

图 3.4 一个简单的贴标签界面的例子

  另一个允许加速标记的技巧是**有噪声预贴标**（**noisy pre-labeling**），即使用当前最佳模型对样本进行预贴标。在这种情况下，你先"从头开始"标注一定数量的样本（也就是说，不使用任何支持）。然后，你使用这组初始的标签化的样本，建立第一个工作得相当好的模型。接下来，使用当前的模型，并代替人工贴标员对每个新样本进行标注[1]。

  询问自动分配的标签是否正确。如果贴标员点击"Yes"（是），则照常保存这个样本。如果他们点击"No"（否），则要求手动给这个样本贴标签。请看图 3.5 中的工作流程图，它展示了这个过程。一个好的标签流程设计的目标是使标签尽可能简化。让贴标员参与进来也是关键。显示添加标签数量的进展，以及当前最佳模型的质量。这样可以吸引贴标员，并增加贴标任务的目的性。

---

1 这就是为什么它被称为"有噪声"预贴标：使用次优模型给样本分配的标签不会都是准确的，需要人工验证。

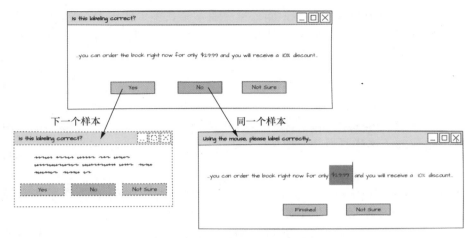

图 3.5　一个有噪声预贴标工作流程的例子

3.2.2　质量差

请记住，数据质量是影响模型表现的主要因素之一。我怎么强调都不过分。

数据质量有两个部分：原始数据质量和标签质量。

原始数据的一些常见问题是噪声、偏差、预测能力低、过时的样本、离群值和泄露。

3.2.3　噪声

数据中的**噪声**（noise）是样本的损坏。图像可能模糊或不完整。文本可能会失去格式化，这使得一些单词黏连或分断。音频数据可能在背景中存在噪声。民意调查的答案可能是不完整的，或者有缺失的属性，例如回答者的年龄或性别。噪声通常是一个随机过程，它破坏了单个样本，独立于集合中的其他样本。

如果规整的数据有缺失的属性，**数据填补**技术可以帮助猜测这些属性的值。3.7.1 节将探讨数据填补技术。

一方面，模糊的图像可以使用特定的图像去模糊算法进行去模糊，不过如果需要，深度机器学习模型（如神经网络）可以学习去模糊。音频数据中的噪声也是如此：它可以通过算法抑制。

当数据集相对较小（数千个样本或更少）时，噪声更是一个问题，因为噪声的存在会导致**过拟合**（overfitting）：算法可能会学习对训练数据中包含的噪声进行建模，这是不可取的。另一方面，在大数据背景下，如果噪声是随机应用于每个样本，独立于数据集中的其他样本，那么噪声通常是在多个样本上"平均"出来的。在后一种情况下，噪声可以带来正则化效果，因为它可以防止学习算法过于依赖一小部分输入特征的子集[1]。

3.2.4 偏差

数据的**偏差**（bias）是指与数据所代表的现象不一致。这种不一致可能是由于多种原因造成的（这些原因并不相互排斥）。

偏差的类型

选择偏差（selection bias）是指在选择数据源时，倾向于选择那些容易获得、方便或具有成本效益的数据源。例如，你可能想知道读者对你的新书的意见。你决定向你的前一本书的读者的邮件列表发送几个初始章节。很有可能这个选定的群体会喜欢你的新书。然而，这些信息并不能告诉你很多关于一般读者的信息。

一个现实生活中的选择偏差的例子是由"通过潜在空间探索的照片上采样"（Photo Upsampling via Latent Space Exploration，PULSE）算法生成的图像，该算法使用神经网络模型来放大图像（增加分辨率）。当互联网用户对其进行测试时，他们发现，在某些情况下，某个事物的放大图像可能代表了另一个事物。

因此，我们不能简单地认为机器学习模型是正确的，因为机器学习算法是公正的，训练出来的模型是基于数据的。如果数据有偏差，很可能会反映在模型中。

自选偏差（self-selection bias）是选择偏差的一种形式，你从"自愿"提供数据的来源获得数据。大多数民意调查数据都有这种类型的偏差。例如，你想训练一个预测成功企业家行为的模型。你决定先询问企业家是否成功。然后，你只保留从那些宣布自己成功的人那里获得的数据。这里的问题是，很有可能，真正成功的创业者没有时间回答你的问题，而那些宣称自己成功的人却可能在这个问题上搞错。

这里还有一个例子。假设你想训练一个模型，预测读者是否会喜欢某本书。你可以使用过去用户对类似书籍的评价。然而，事实证明，不开心的用户往往会提供不成比例的低评分。如图 3.6 所示，与中档评分的数量相比，数据会偏向于太多很低的评分。由于我们倾向于只在体验非常好或非常差的时候才进行评分，因此这种偏差更加严重。

1　顺便说一句，这就是**深度学习**中**丢弃**（dropout）正则化技术带来的表现提升的原理。

Customer reviews

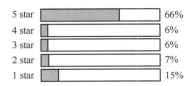

图 3.6　读者对亚马逊上一本热门 AI 书籍的评分分布

当包含特征的数据不具备准确预测所需的特征时，就会发生**遗漏变量偏差**（**omitted variable bias**）。例如，假设你正在研究一个客户流失预测模型，希望预测一个客户是否在 6 个月内取消订阅。你训练了一个模型，它足够准确，然而，在部署后的几个星期，你看到了许多意想不到的假负例结果。你调查了模型表现为什么下降，发现一个新的竞争对手现在以较低的价格提供了非常类似的服务。你的模型最初没有这个特征，因此缺少了准确预测的重要信息。

赞助偏差（**sponsorship bias**）或**资助偏差**（**funding bias**）会影响被赞助机构产生的数据。例如，假设一家著名的视频游戏公司赞助一家新闻机构提供有关视频游戏行业的新闻。如果你试图对视频游戏行业进行预测，你可能会在你的数据中包含这家赞助机构制作的报道。

然而，赞助的新闻机构往往会压制关于赞助商的坏消息，夸大其成就。因此，模型的表现就不是最好。

如果用于训练的样本分布并不能反映模型在生产中收到的输入的分布，就会发生**采样偏差**（**sampling bias**），也称为**分布偏移**（**distribution shift**）。这种类型的偏差在实践中经常看到。例如，你正在开发一个系统，根据几百个主题的分类法对文档进行分类。你可能会决定创建一个文档集合，其中同等数量的文档代表每个主题。完成了模型的工作后，你观察到 5% 的错误。部署后不久，你看到大约 30% 的文档被错误地分配。为什么会发生这种情况？

其中一个可能的原因是采样偏差：在生产数据中，一两个经常出现的主题可能占到所有输入的 80%。如果你的模型对这些频繁出现的主题没有很好的表现，那么你的系统在生产中的错误会比你最初预期的更多。

偏见 / 刻板印象偏差（**prejudice / stereotype bias**）常常出现在从历史资料中获得的数据中，如书籍或照片档案，或从在线活动中获得的数据，如社交媒体、在线论坛和对在线出版物的评论。

例如，使用照片档案来训练一个区分男性和女性的模型，可能会显示，男性更频繁地出现在工作或户外环境中，而女性更频繁地出现在室内的家中。如果我们使用这种有偏差的数据，我们的模型将更难识别户外的女性或家中的男性。

这种类型的偏差的一个著名例子是，使用 word2vec 这样的算法训练的**单词嵌入**（**word embedding**）来寻找单词的关联。该模型预测，国王 - 男人 + 女人≈女王，但同时，程序员 - 男人 + 女人≈家庭主妇。

系统性值失真（systematic value distortion）是指设备在进行测量或观测时通常会出现偏差。这会导致机器学习模型在生产环境中部署时做出不理想的预测。

例如，使用带有白平衡的相机收集训练数据，这使得白色看起来偏黄。然而，在生产中，工程师决定使用质量较高的摄像头时代，它将白色"看"成白色。因为你的模型是在低质量的图片上训练的，所以使用高质量输入的预测就会不理想。

这不应与噪声数据相混淆。噪声是扭曲数据的随机过程的结果。当你有一个足够大的数据集时，噪声就会变得不那么严重，因为它可能会被平均化。与此不同，如果测量结果一直向一个方向倾斜，那么它就会破坏训练数据，并最终导致模型质量差。

实验者偏差（experimenter bias）是指搜索、解释、偏爱或回忆信息的倾向，其方式肯定了一个人先前的信念或假设。应用到机器学习中，当数据集中的每一个样本都是从特定的人对调查的回答中获得的，每个人一个样本时，往往会出现实验者偏差。

通常，每个调查包含多个问题。这些问题的形式会明显地影响回答。一个问题影响回答的最简单的方法是提供有限的回答选项："你喜欢哪种比萨饼：辣香肠、全肉还是全素？"这样就不会让人选择给出不同的答案，甚至不能选择"其他"。

另外，调查问题的构造可能会有一个内在的倾向。一个带有实验者偏差的分析师可能会问："你是否回收？"而不是问："你是否躲避回收？"与后者相比，在前一种情况下，受访者更有可能给出一个诚实的答案。

此外，当分析师事先被告知要支持某个特定的结论时，实验者偏差可能会发生（例如，赞成"照常营业"的结论）。在这种情况下，他们可能会将特定的变量排除在分析之外，因为这些变量不可靠或有噪声。

如果一个有偏见的过程或人将标签分配给无标签样本，就会发生**贴标偏差**（**labeling bias**）。例如，如果你要求几位贴标员通过阅读文档来给文档分配一个主题，有些贴标员确实可以完全阅读文档，并分配经过深思熟虑的标签。相比之下，其他人可以只尝试快速"扫描"文本，发现一些关键词，并选择与所选关键词最对应的主题。由于每个人的大脑对特定领域或一些领域的关键词关注较多，而对其他领域的关键词关注较少，因此，不阅读而扫描文本的贴标员分配的标签会有偏差。

另外，有些贴标员会对阅读一些他们个人喜欢的主题的文档更感兴趣。如果是这样，贴标员可能会跳过不感兴趣的文档，那些文档在你的数据中的代表性就会不足。

避免偏差的方法

通常情况下，我们不可能确切地知道数据集中存在哪些偏差。此外，即使知道存在偏差，避免偏差也是一项具有挑战性的任务。首先，要有准备。

一个好的习惯是质疑一切：谁创建了数据，他们的动机和质量标准是什么，更重要的是，数据是如何和为什么创建的。如果数据是一些研究的结果，要对研究方法提出质疑，确保它不会造成上述的任何偏差。

选择偏差可以通过系统地质疑选择特定数据源的原因来避免。如果原因是简单或成本低，那么要仔细注意。回想一下特定客户是否会订阅你的新产品的例子。只用现有客户的数据来训练模型很可能是个坏主意，因为你现有的客户比随机的潜在客户对你的品牌更忠诚。你对模型质量的估计会过于乐观。

自选偏差无法完全消除。它通常出现在调查中；仅仅是回答者同意回答问题，这就代表了自选偏差。调查时间越长，受访者回答时注意力高度集中的可能性就越小。因此，请保持调查问卷的简短，并提供一个激励机制，以提供高质量的答案。

预先选择回答者以减少自选偏差。不要问企业家是否认为自己是成功人士。相反，根据专家或出版物的参考资料建立一个名单，并只与这些人联系。

遗漏变量偏差很难完全避免，因为正如人们所说的，"我们不知道我们不知道的东西"。一种方法是使用所有可用的信息，也就是说，在你的特征向量中包含尽可能多的特征，甚至是那些你认为不必要的特征。这可能会使你的特征向量变得非常宽（即有许多维度）和稀疏（即大多数维度的值为零）。不过，如果使用调整得好的正则化，你的模型会"决定"哪些特征重要，哪些不重要。

另外，假设我们怀疑一个特定的变量对准确的预判来说是重要的，而把它排除在我们的模型之外，可能会导致一个遗漏变量偏差。假设获取该数据是有问题的。试着用一个代理变量来代替被省略的变量。例如，如果我们要训练一个预测二手车价格的模型，而我们无法得到车龄，就用当前车主拥有该车的时间来代替。当前车主拥有该车的时间可以作为车龄的代表。

通过仔细调查数据来源，特别是来源所有者提供数据的动机，可以减少**赞助偏差**。例如，众所周知，关于烟草和药物的出版物往往是由烟草和制药公司或其对手赞助的。新闻公司也是如此，尤其是那些依靠广告收入或有不公开的商业模式的公司。

通过研究生产中会观察到的数据中各种属性的真实比例，然后在训练数据中保持类似的比例进行采样，就可以避免**采样偏差**。

可以控制**偏见／刻板印象偏差**。当开发训练模型来区分女性和男性的图片时，数据分析师可以选择对室内的女性数量进行欠采样，或者对家中的男性数量进行过采样。换句话说，通过将学习算法暴露在更均匀的样本分布中，可以减少偏见／刻板印象偏差。

系统性值失真偏差可以通过拥有多个测量设备，或者聘请经过训练的人员来比较测量或观察设备的输出来缓解。

实验者偏差可以通过让多人验证调查中提出的问题来避免。问问自己："我回答这个问题会不会觉得不舒服或受到限制？"

此外，尽管分析难度较大，但还是要选择开放式问题，而不是"是／否"或多项选择题。如果你仍然喜欢让答卷人选择答案，请在选项中加入"其他"，以及写不同答案的地方。

可以通过请几位贴标员识别同一个样本来避免**贴标偏差**。询问他们为什么决定给产生不同结果的样本分配一个特定的标签。如果你看到一些贴标员提到某些关键词，而不是试图解读整个文档，就可以识别那些快速扫描而不是阅读的人。

你还可以比较不同贴标员跳过文档的频率。如果你看到某个贴标员跳过文档的频率比平均水平高，可以询问他们是否遇到了技术问题，或者只是对某些主题不感兴趣。

你无法完全避免数据的偏差。没有什么灵丹妙药。作为一般规则，这个循环中留一个人参与，特别是当你的模型影响到人们的生活时。

回顾一下，在数据分析师中，有一种诱惑，认为机器学习模型本质上是公平的，因为它们基于证据和数学做出决策，而不是经常混乱或非理性的人类判断。遗憾的是，情况并非总是如此：不可避免，在有偏差的数据上训练的模型会产生有偏差的结果。

训练模型的人有责任确保输出的结果是公平的。但你可能会问，什么是公平的？遗憾的是，同样，也没有什么灵丹妙药可以一直检测到不公平的测量方法。选择一个合适的模型公平性定义总是针对具体问题的，需要人的判断。7.6 节探讨了机器学习中**公平性（fairness）**的几种定义。

人参与数据收集和准备的所有阶段，这是确保机器学习可能造成的损害最小化的最佳方法。

3.2.5　预测能力低

预测能力低（**low predictive power**）是一个你往往不会考虑的问题，直到你花费精力去训练一个模型而没有结果时。模型表现不佳是因为它的表现力不够吗？数据是否没有包含足够的信息来学习？你不知道。

假设我们的目标是预测一个听众是否会喜欢音乐流媒体服务上的一首新歌。你的数据是艺术家的名字、歌曲名称、歌词，以及这首歌是否在他们的播放列表中。你用这些数据训练的模型远未达到完美的水平。

一方面，不在听众播放列表中的艺术家不太可能从模型中获得高分。此外，许多用户只会将特定艺术家的一些歌曲添加到他们的播放列表中。他们的音乐喜好会受到歌曲编排、乐器选择、音效、语音语调以及调性、节奏和节拍的微妙变化的显著影响。这些都是歌曲的属性，无法在歌词、标题或艺术家的名字中找到，它们必须从声音文件中提取出来。

另一方面，从音频文件中提取这些相关特征是很有挑战性的。即使使用现代神经网络，根据歌曲的声音推荐歌曲也被认为是人工智能的一项艰巨任务。通常情况下，歌曲推荐是通过比较不同听众的播放列表并找到那些具有相似作曲的歌曲来形成的。

考虑另一个预测能力低的例子。假设我们想训练一个模型，它可以预测将望远镜指向哪里，观察到一些有趣的东西。我们的数据是过去拍摄到不寻常的东西的天空各个区域的照片。仅仅根据这些照片，我们不太可能训练出一个能够准确预测这种事件的模型。然而，如果我们在这些数据中加入各种传感器的测量结果，比如测量不同区域的射频信号或者粒子爆的数据，我们就更有可能做出更好的预测。

第一次使用数据集时，你的工作可能特别具有挑战性。如果你无法获得可接受的结果，无论模型变得多么复杂，可能都要考虑预测能力低的问题了。尽可能多地设计额外的特征（运用你的创造力）。请考虑用间接数据源来丰富特征向量。

3.2.6　过时的样本

一旦你建立了模型并将其部署在生产环境中，模型通常会在一段时间内表现良好。这段时间完全取决于你所建模的现象。

通常，正如我们将在 9.4 节中讨论的那样，在生产环境中会部署某种模型质量监测程序。一旦检测到不稳定的行为，就会添加新的训练数据来调整模型，然后重新训练并重新部署模型。

通常，错误的原因由训练集的有限性来解释。在这种情况下，额外的训练样本将巩固模型。然而，在许多实际场景中，由于**概念漂移（concept drift）**，模型开始出错。概念漂移是特征和标签之间的统计关系发生了根本性的变化。

设想你的模型预测用户是否会喜欢网站上的某些内容。随着时间的推移，一些用户的喜好可能会开始改变，可能是由于年龄增加，或者因为用户发现了一些新的东西（三年前我不听爵士乐，现在我听了）。过去添加到训练数据中的样本不再反映一些用户的偏好，并开始伤害模型的表现，而不是对其有所贡献。这就是概念漂移。如果你看到新数据上的模型表现有下降趋势，请考虑一下。

通过从训练数据中删除过时的样本来纠正模型。对你的训练样本进行排序，最近的样本优先。定义一个额外的超参数（用最近的样本的多少百分比来重新训练模型），并使用**网格搜索（grid search）**或其他超参数调整技术来调整它。

概念漂移是更广泛的**分布偏移**问题的一个例子。我们在 5.6 节和 6.3 节中探讨了超参数调优和其他类型的分布偏移。

3.2.7　离群值

离群值是指与数据集中的大多数样本看起来不相似的样本。由数据分析师来定义"不相似"。通常情况下，不相似性是由一些距离度量的，比如**欧氏距离**。

但在实践中，在原始特征向量空间中看起来是一个离群值的东西，在使用**核函数（kernel function）**等工具转换的特征向量空间中可能是一个典型的样本。特征空间转换通常由基于核的模型〔如**支持向量机（Support Vector Machine，SVM）**〕显式完成，或者由深度神经网络隐式完成。

浅层算法，如线性回归或逻辑斯谛回归，以及一些集成方法，如 AdaBoost，对离群值特别敏感。SVM 有一个对离群值不那么敏感的定义：一个特殊的罚分超参数会调节错误分类的样本（往往正好是离群值）对**决策边界（decision boundary）**的影响。如果这个罚分值较低，SVM 算法在确定决策边界（一个虚构的超平面，将正例样本和负例样本分开）时可能会完全忽略离群值。如果它太低，即使是一些常规的样本，最终也可能会出现在决策边界的错误一侧。该超参数的最佳值应该由分析师使用超参数调整技术找到。

一个足够复杂的神经网络可以学习对数据集中的每个离群值做出不同的行为，

同时，对常规样本仍然可以很好地工作。这不是理想的结果，因为模型变得不必要的复杂。更多的复杂度导致了更长的训练和预测时间，以及生产部署后更差的泛化能力。

是从训练数据中排除离群值，还是使用对离群值健壮的机器学习算法和模型，这是值得商榷的。一方面，从数据集中删除样本在科学上或方法上都是不靠谱的，尤其是在小数据集中。另一方面，在大数据背景下，离群值通常不会对模型产生重大影响。

从实际的角度来看，如果排除一些训练样本能使模型在留出数据上有更好的表现，那么排除这些样本可能是合理的。哪些样本可以考虑排除，可以根据一定的相似性度量来决定。获得这种度量的一个现代方法是建立一个**自编码器**（**autoencoder**），并使用重建误差[1]作为（不）相似性的度量：给定样本的重建误差越大，它与数据集的不相似性就越大。

3.2.8　数据泄露

数据泄露〔也称为**目标泄露**（**target leakage**）〕是一个问题，它影响机器学习生命周期的几个阶段，从数据收集到模型评估。在本节中，我只描述这个问题如何在数据收集和准备阶段表现出来。在后续的章节中，我将描述它的其他形式。

监督学习中的数据泄露是指无意中引入了不该提供的目标信息。这就是所谓的"污染"，其过程如图 3.7 所示。在污染数据上进行训练，会导致对模型表现的期望值过于乐观。

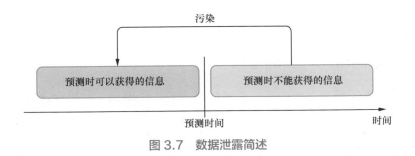

图 3.7　数据泄露简述

1　一个自编码器模型被训练成从一个**嵌入**（**embedding**）向量重建其输入。对自编码器的超参数进行调整，使留出数据的重建误差最小化。

3.3 什么是好数据

在开始收集数据之前，我们已经考虑了关于数据要回答的问题，以及分析师可能遇到的数据常见问题。但对机器学习项目来说，什么才是好数据呢？下面我们来看看好数据的几个属性。

3.3.1 好数据是有信息的

好数据包含了足够的信息，可以用于建模。例如，如果你想训练一个模型来预测客户是否会购买特定产品，就需要同时拥有相关产品的属性和客户过去购买的产品的属性。如果你只拥有产品的属性和客户的位置与姓名，那么对来自同一位置的所有用户的预测将是相同的。

如果有足够多的训练样本，那么模型就有可能从名字中推导出性别和种族，并对男性、女性、地点和种族做出不同的预测，但不会对每个客户单独进行预测。

3.3.2 好数据有好的覆盖面

好数据对你想用模型做的事情有很好的覆盖。例如，如果你要用模型按主题对网页进行分类，而你有一千个感兴趣的主题，那么数据必须包含这一千个主题中每个主题的文档样本，数量要足够让算法能够学习主题之间的差异。

想象一下另外一种情况。假设对于一个特定的主题，你只有一个或几个文档。假定每个文档在文本中包含一个唯一的 ID。在这样的情况下，学习算法会无法确定它必须在每个文档中看什么才能了解它属于哪个主题。也许是 ID？它们看起来是很好的区分器。如果算法决定使用 ID 来将这几个样本与其他数据集区分开来，那么学习模型将无法进行泛化：它再也看不到这些 ID 了。

3.3.3 好数据反映真实的输入

好数据反映了模型在生产中会看到的真实输入。例如，如果你建立了一个能够识别道路上的汽车的系统，而你所拥有的所有图片都是在工作时间内拍摄的，那就不太可能有很多夜间图片的样本。一旦你在生产环境中部署模型，图片将开始来自一天中的所有时间，你的模型将更频繁地在夜间图片上出错。另外，请记住一只猫、一只狗和一只浣熊的问题：如果你的模型对浣熊一无所知，它就会将它们的图片预测为狗或猫。

3.3.4　好数据没有偏差

好数据尽可能没有偏差。这个属性可以看起来和上一个属性类似。不过，你用于训练的数据和模型在生产环境中应用的数据中都可能存在偏差。

3.2 节中讨论了数据偏差的几个来源以及如何处理它。用户界面也可以成为偏差的来源。例如，你想预测一篇新闻文章的受欢迎程度，并将点击率作为一个特征。如果某篇新闻文章显示在页面顶部，那么与显示在底部的另一篇新闻文章相比，它获得的点击率往往会更高，即使后者更吸引人。

3.3.5　好数据不是反馈环路的结果

好数据不是模型本身的结果。这与上面讨论的**反馈环路**的问题相呼应。例如，你不能训练一个从名字预测一个人性别的模型，然后用这个预测来标记一个新的训练样本。

另外，如果你用模型来决定哪些邮件对用户来说是重要的，并高亮显示这些重要的邮件，你不应该直接把这些邮件的点击作为邮件重要的信号。用户可能是因为模型高亮了这些邮件才点击的。

3.3.6　好数据有一致的标签

好数据有一致的标签。标签的不一致可能来自以下几个方面。
- 不同的人根据不同的标准进行标注。即使人们相信他们使用的是相同的标准，不同的人对相同的标准也常常有不同的解释[1]。
- 一些类的定义是随着时间的推移而演变的。这就导致了两个非常相似的特征向量得到两个不同标签的情况。
- 误解用户的动机。例如，假设用户忽略了一篇推荐的新闻文章。因此，这篇新闻文章会得到一个负面标签。然而，用户忽略这个推荐的动机可能是他们已经知道了这个故事，而不是对这个故事的主题不感兴趣。

3.3.7　好数据足够大

好数据足够大，可以进行泛化。有时候，做什么都无法提高模型的准确率。无论你扔给学习算法多少数据：数据中包含的信息对你的问题的预测能力都很低。然

1　回顾我们在3.1节中探讨的Mechanical Turk的例子。为了提高不同人分配的标签的可靠性，可以使用多个贴标员的多数票（或平均票）。

而，更多的时候，如果你从几千个样本发展到几百万或几亿个样本，就可以得到一个非常准确的模型。在你开始研究问题并看到进展之前，无法知道需要多少数据。

3.3.8　好数据总结

为了方便以后参考，我们复述一下好数据的特性：
- 包含足够的信息，可以用于建模；
- 很好地覆盖了你想用模型做的事情；
- 反映了模型在生产环境中会看到的真实输入；
- 尽可能没有偏差；
- 不是模型本身的结果；
- 有一致的标签；
- 足够大，可以进行泛化。

3.4　处理交互数据

交互数据（interaction data）是可以从用户与模型支持的系统的交互中收集到的数据。如果你能从用户与系统的交互中收集到良好的数据，那你就走运了。

好的交互数据包含三个方面的信息：
- 交互的上下文背景；
- 用户在该上下文中的动作；
- 交互的结果。

举个例子，假设你建立了一个搜索引擎，你的模型对每个用户的搜索结果分别进行了重新排序。重新排序模型根据用户提供的关键词，将搜索引擎返回的链接列表作为输入，并输出另一个列表，其中的项目会改变顺序。通常情况下，重新排序模型会"知道"一些关于用户及其偏好的信息，并能根据每个用户学习到的偏好，分别对每个用户的通用搜索结果进行重新排序。这里的上下文是搜索查询和以特定顺序呈现给用户的上百篇文档。动作是用户对某个特定文档链接的点击。结果是用户花了多少时间阅读该文档，以及用户是否点击了"返回"。另一个动作是点击"下一页"链接。

直觉是，如果用户点击了某个链接，并且花了明显的时间阅读该页面，那么排名就很好。如果用户点击了某个结果的链接，然后迅速点击"返回"，那么排名就不是很好。如果用户点击了"下一页"链接，排名就不好。这些数据可以用来改进排名算法，使其更加个性化。

3.5　数据泄露的原因

我们来讨论一下在数据收集和准备过程中可能发生的三种最常见的**数据泄露**原因：①目标是特征的函数；②特征隐藏目标；③特征来自未来。

3.5.1　目标是一个特征的函数

国内生产总值（Gross Domestic Product，GDP）是指一个国家在特定时期内所有成品和服务的货币计量。假定我们的目标是根据各种属性（面积、人口、地理区域等）来预测一个国家的 GDP。图 3.8 展示了这样一个数据的例子。如果不对每个属性及其与 GDP 的关系进行仔细分析，可能会有一个漏网之鱼：在图 3.9 的数据中，人口和人均 GDP 两列相乘，等于 GDP。你要训练的模型只看这两列就能完美预测 GDP。事实上，你让 GDP 成为特征之一，虽然形式稍加修改（除以人口），但构成了污染，因此会导致数据泄露。

国家	人口/百万	地区	···	人均GDP/美元	GDP/万亿美元
France	67	Europe	···	38 800	2.6
Germany	83	Europe	···	44 578	3.7
⋮	⋮	⋮	⋮	⋮	⋮
India	1 299	Asia	···	2 078	2.7

图 3.8　目标（GDP）是两个特征（人口和人均 GDP）的简单函数的例子

客户ID	分组	年度消费/美元	年度页面查看次数	···	性别
1	M18-25	1 350	11 987	···	M
2	M25-35	2 365	8 543	···	F
⋮	⋮	⋮	⋮	⋮	⋮
18879	F65+	3 653	6 775	···	F

图 3.9　目标隐藏在其中一个特征中的例子

一个更简单的例子：你在特征当中有一个目标的副本，只是以不同的形式存在。想象一下，你训练一个模型来预测年薪，给定一个员工的属性。训练数据是一张表，其中包含月薪和年薪，以及许多其他属性。如果你忘了把月薪从特征列表中去掉，那么单单这个属性就能完美预测年薪，让你相信你的模型是完美的。一旦模型投入生产，它很可能会无法取得一个人的月薪信息；否则，就不需要建模了。

3.5.2 特征隐藏目标

有时，目标不是一个或多个特征的函数，而是"隐藏"在其中一个特征中。考虑 3.5.3 节中图 3.10 中的数据集。

在这种情况下，你使用客户数据来预测他们的性别。请看"分组"列。如果你仔细研究"分组"列中的数据，你会发现它代表了每个现有客户在过去与之相关的人口统计值。如果关于客户的性别和年龄的数据是事实（而不是由生产环境中可能存在的另一个模型猜测的），那么"分组"列就构成了一种数据泄露的形式，因为你想要预测的值被"隐藏"在一个特征的值中。

另外，如果"分组"值是由另一个可能不那么准确的模型提供的预测，那么你可以使用这个属性来建立一个可能更强大的模型。这就是所谓的**模型堆叠（model stacking）**，6.2 节将探讨这个话题。

3.5.3 特征来自未来

特征来自未来是一种数据泄露，如果你对业务目标没有清晰的认识，是很难发现的。设想客户让你训练一个模型，根据年龄、性别、学历、工资、婚姻状况等属性，预测借款人是否会还款。这种数据的例子如图 3.10 所示。

借款人ID	人口统计分组	教育水平	⋯	逾期还款提醒	会还贷
1	M35–50	High school	⋯	0	Y
2	M25–35	Master's	⋯	1	N
⋮	⋮	⋮	⋮	⋮	⋮
65723	M25–35	Master's	⋯	3	N

图 3.10　预测时无法使用的特征——逾期还款提醒

如果你不花精力了解模型将被使用的业务背景，可能会决定使用所有可用的属性来预测"会还贷"列中的值，包括"逾期还款提醒"列中的数据。你的模型在测试的时候会显得很准确，你把它发给客户，客户以后会报告说这个模型在生产环境中工作得不好。

经过调查后你发现，在生产环境中，"逾期还款提醒"的值始终为零。这是有道理的，因为客户在借款人获得信贷之前就使用了你的模型，所以还没有任何提醒！然而，你的模型很可能学会了在逾期付款提醒次数为 1 或更多时做出"否"的预测，而对其他特征的关注度较低。

这里还有一个例子。假设你有一个新闻网站，想预测你为用户提供的新闻的排名，从而最大限度地增加故事的点击量。如果在训练数据中，你有过去所服务的每条新闻的位置特征（例如标题的 x、y 位置，以及网页上的摘要块），而这样的信息将无法在服务时获得，因为你在排名之前并不知道文章在网页上的位置。

因此，了解模型将来使用的业务环境，这对于避免数据泄露至关重要。

3.6　数据划分

正如 1.3.3 节所讨论的那样，在实际的机器学习中，我们通常使用三个不相干的样本集：训练集、验证集和测试集。

训练集是机器学习算法用来训练模型的。

为了找到机器学习流水线的超参数的最佳值，就需要**验证集**（**validation set**）。分析师逐一尝试不同的超参数值组合，利用每种组合训练模型，并在验证集上记录模型表现。然后使用使模型表现最大化的超参数来训练模型进行生产。5.6 节将更详细地探讨超参数调整的技术。

测试集用于报告：一旦你有了最好的模型，就在测试集上测试它的表现并报告结果。

验证集和测试集通常被称为**留出集**：它们包含学习算法不允许看到的样本。

为了很好地将整个数据集划分成这三个不相干的集，如图 3.11 所示，划分必须满足几个条件。

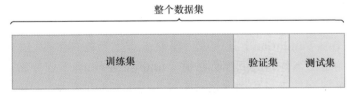

图 3.11　整个数据集被划分成训练集、验证集和测试集

条件 1：对原始数据进行划分。

一旦你得到原始样本，在其他一切工作之前，先进行划分。这有助于避免数据泄露，我们将在后面看到。

条件 2：数据在划分前先随机洗牌。

先对你的样本随机洗牌，然后再做划分。

条件 3：验证集和测试集遵循相同的分布。

在使用验证集选择超参数的最佳值时，你希望这个选择产生的模型在生产中能很好地工作。测试集中的样本是你生产环境数据的最佳代表。因此，验证集和测试集需要遵循相同的分布。

条件 4：避免划分期间的泄露。

即使在数据划分过程中也会发生数据泄露。下面，我们将看看在该阶段会发生哪些形式的泄露。

划分没有理想的比例。在较早的文献中（大数据之前），你可能会发现推荐的划分比例为 70%/15%/15% 或 80%/10%/10%（分别用于训练集、验证集和测试集占整个数据集的比例）。

如今，在互联网和廉价劳动力（如 Mechanical Turk 或众包）的时代，组织机构、科学家甚至爱好者在家中都可以获得数百万个训练样本。这样一来，只将 70% 或 80% 的可用数据用于训练就显得浪费了。

验证和测试数据只用来计算反映模型表现的统计数据。这两组数据只要足够大，就能提供可靠的统计数据。具体多少是值得商榷的。作为一个经验法则，每类有十几个样本是一个理想的最低限度。如果能在两个留出集中每类有 100 个样本，你就有了一个可靠的设置，基于这种设置计算出来的统计数据是可靠的。

划分的比例也可以取决于所选择的机器学习算法或模型。深度学习模型在暴露于更多的训练数据时，往往会显著改进。对浅层算法和模型来说，就不一定如此了。

你的比例可能取决于数据集的大小。一个少于 1 000 个样本的小数据集，90% 的数据用于训练是最好的。在这种情况下，你可能会决定不设单独的验证集，而是用**交叉验证**（**cross-validation**）技术进行模拟。5.6.5 节将详细探讨。

值得一提的是，当你将**时间序列数据**（**time-series data**）划分为三个数据集时，你的划分必须确保在洗牌过程中保留每个样本中的观测值顺序。否则，对大多数预测问题来说，你的数据将被破坏，而且不可能进行学习。4.2.6 节将进一步探讨时间序列。

大家已经知道，从数据收集到模型评估，任何阶段都可能发生数据泄露。数据划分阶段也不例外。

划分过程中可能会发生**分组泄露**（**group leakage**）。设想你有多个患者大脑的核磁共振图像。每张图像都被贴上了某种脑部疾病的标签，同一个病人可能由几张在不同时间拍摄的图像代表。如果你应用上面讨论的划分技术（随机洗牌，然后划分），同一患者的图像可能会同时出现在训练数据和留出数据中。

模型可能会从病人的特殊性而不是疾病中学习。模型会记住病人 A 的大脑有特定的脑沟回，如果他们在训练数据中患有特定的疾病，模型就会在验证数据中通过仅从脑沟回识别病人 A，成功预测出这种疾病。

解决分组泄露的方法是**分组划分**（**group partitioning**）。它包括将所有的患者样本一起保存在一个集合中：无论是训练集还是留出集。再一次，你可以看到数据分析师尽可能多地了解数据是多么重要。

3.7　处理缺失的属性

有时，数据以规整的形式（如 Excel 电子表格 [1]）送到分析师手中，但你可能会发现一些属性缺失。这种情况往往发生在数据集是手工制作的时候，这个人忘了填写一些值，或者该属性没有测量。

处理一个属性的缺失值的典型方法列表包括如下几种。

- 从数据集中删除属性缺失的样本（如果你的数据集足够大，可以安全地牺牲一些数据，就可以这样做）。
- 使用能够处理缺失属性值的学习算法（如决策树学习算法）。
- 使用**数据填补**技术。

3.7.1　数据填补技术

为了计算一个缺失的数字属性的值，一种技术是将缺失的值替换为该属性在其余数据集中的平均值。从数学上看，它的计算方法如下。若 j 是原始数据集中的一些例子中缺失的属性，$\mathcal{S}^{(j)}$ 是大小为 $N^{(j)}$ 的集合，它只包含原始数据集中那些存在属性 j 值的例子。那么，属性 j 的缺失值 $\hat{x}^{(j)}$ 由以下方式给出：

$$\hat{x}^{(j)} \leftarrow \frac{1}{N^{(j)}} \sum_{i \in \mathcal{S}^{(j)}} x_i^{(j)}$$

其中 $N^{(j)} < N$，并且只对那些存在属性 j 值的样本进行求和。图 3.12 给出了这种技

---

1 事实上，你的原始数据集包含在 Excel 电子表格中，并不能保证数据是规整的。规整性的一个特点是每一行代表一个样本。

术的示例，其中两个样本（在第 1 行和第 3 行）缺少身高属性。平均值 177 将填补在空单元格中。

行号	年龄	体重	身高	薪资
1	18	70		35 000
2	43	65	175	26 900
3	34	87		76 500
4	21	66	187	94 800
5	65	60	169	19 000

$\text{Height} \leftarrow \frac{1}{3}(175+187+169)=177$

图 3.12　用数据集中该属性的平均值代替缺失值

　　另一种技术是用正常范围外的值来代替缺失的值。例如，如果常规范围是 [0，1]，可以将缺失值设置为 2 或 −1；如果属性是分类的，比如一周中的几天，那么缺失值可以替换为"未知"。在这里，学习算法会学习当属性的值与常规值不同时该怎么做。如果属性是数值型的，另一种技术是用范围中间的值替换缺失的值。例如，如果一个属性的范围是 [−1，1]，你可以将缺失值设置为等于 0。这里的思路是，范围中间的值不会对预测产生显著影响。

　　一种更高级的技术是将缺失值作为回归问题的目标变量。（在这种情况下，我们假设所有的属性都是数值化的。）可以使用剩余的属性 $[x_i^{(1)}, x_i^{(2)}, \cdots, x_i^{(j-1)}, x_i^{(j+1)}, \cdots, x_i^{(D)}]$ 来形成特征向量 $\hat{x}_i$，设 $\hat{y}_i \leftarrow x_i^{(j)}$，其中 j 是有缺失值的属性。然后建立一个回归模型，通过 $\hat{x}$ 来预测 $\hat{y}$。当然，为了建立训练样本 $(\hat{x}, \hat{y})$，你只使用原始数据集中的那些有属性 j 值的样本。

　　最后，如果你有一个明显的大数据集，而且只有几个属性值缺失，你可以为每个缺失值的原始属性添加一个合成的二元指标属性。假设你的数据集中的样本是 D 维的，位置 $j = 12$ 的属性有一些缺失值。那么对于每一个样本 x，你就可以在位置 $j = D + 1$ 添加一个属性，如果 12 位置的属性值在 x 中存在，则等于 1，否则等于 0。然后，缺失的值可以用 0 或你选择的任何值代替。

　　在预测时，如果样本不完整，你应该使用与你用来补全训练数据的技术相同的数据填补技术来填补缺失值。

　　在开始研究学习问题之前，你无法判断哪种数据填补技术的效果最好。请尝试几种技术，建立几个模型，然后选择一个最有效的技术（使用验证集来比较模型）。

3.7.2 填补过程中的泄露问题

假如你使用计算一个属性（如平均数）或几个属性（通过解决回归问题）的一些统计量的填补技术，如果你使用整个数据集来计算这个统计量，就会发生泄露。使用所有可用的样本，你就用从验证和测试样本中获得的信息污染了训练数据。

这种类型的泄露不像前面讨论的其他类型那样显著。但你仍然必须意识到它，并通过先进行划分，然后只在训练集上计算填补统计量来避免。

3.8　数据增强

对于某些类型的数据，不需要额外的贴标，就可以很容易地得到更多的有标签样本。这种策略被称为**数据增强（data augmentation）**，应用于图像时非常有效。它包括对原始图像应用简单的操作，如裁剪或翻转，以获得新的图像。

3.8.1　图像的数据增强

在图 3.13 中，你可以看到一些操作的例子，这些操作可以很容易地应用于给定的图像，以获得一个或多个新的图像：翻转、旋转、裁剪、色彩变换、增加噪声、透视改变、对比度改变和信息损失。

当然，翻转必须只针对保留图像意义的轴进行。如果是一个足球，你可以对两个轴进行翻转[1]，但如果是一辆汽车或一个行人，那么你应该只对垂直轴进行翻转。

旋转应以较小角度进行，以模拟不正确的地平线校准。你可以在两个方向上旋转图像。

通过在裁剪的图像中保留感兴趣的对象的重要部分，可以对同一图像多次随机地应用裁剪。

在色彩变换中，红－绿－蓝（RGB）的细微差别被轻微改变，以模拟不同的照明条件。对比度变化（包括减少和增加）和不同强度的**高斯噪声（Gaussian noise）**也可以多次应用于同一图像。

通过随机去除图像中的部分内容，我们可以模拟物体可识别但因障碍物而不完全可见的情况。

另一种流行的数据增强技术是**混搭（mixup）**，这种技术看起来有悖常理，但实际效果非常好。顾名思义，该技术包括在混合训练集的图像上训练模型。更准确

1　除非环境（如草）使得按横轴翻转不重要。

地说，我们不是在原始图像上训练模型，而是取两张图像（可能是同一类，也可能不是），用于训练它们的线性组合：

$$\text{mixup\_image} = t \times \text{image}_1 + (1-t) \times \text{image}_2$$

原始图片　　　　　　　翻转　　　　　　　旋转

裁剪　　　　　　　色彩变换　　　　　　　增加噪声

透视改变　　　　　　　对比度改变　　　　　　　信息损失

图 3.13　数据增强技术的例子（图片来源：Alfonso Escalante）

其中，t 是 0 ～ 1 的实数，该混合图像的目标是使用相同值 t 得到的原始目标的组合：

$$\text{mixup\_target} = t \times \text{target}_1 + (1-t) \times \text{target}_2$$

在 **ImageNet-2012**、**CIFAR-10** 和其他一些数据集上的实验[1]表明，混搭可以提高神经网络模型的泛化能力。混搭的作者们还发现，它可以提高对**对抗性样本（adversarial example）**的健壮性，稳定**生成式对抗网络（Generative Adversarial Network，GAN）**的训练。

1　关于混搭技术的更多细节可以参见Zhang, Hongyi, Moustapha Cisse, Yann N. Dauphin, and David Lopez-Paz. "mixup: Beyond empirical risk minimization." arXiv preprint arXiv:1710.09412 (2017)。

除了图 3.13 所示的技术外，如果你预计生产系统中的输入图像会被过度压缩，你可以通过使用一些常用的有损压缩方法和文件格式（如 JPEG 或 GIF）来模拟过度压缩。

只有训练数据才会进行增强。当然，提前生成所有这些额外的样本并将其存储起来是不切实际的。在实践中，数据增强技术是在训练过程中即时应用于原始数据的。

3.8.2　文本的数据增强

涉及文本数据增强时，就没有那么简单了。我们需要使用适当的转换技术来保存自然语言文本的上下文和语法结构。

其中一种技术是用它们的**同义词**（**synonyms**）替换句子中的随机词。对于句子 "The car stopped near a shopping mall."，一些等价的句子是：

"The automobile stopped near a shopping mall."

"The car stopped near a shopping center."

"The auto stopped near a mall."

类似的技巧是用**超义词**（**hypernyms**）代替同义词。超义词是指具有更普遍意义的词。例如，"mammal" 是 "whale" 和 "cat" 的超义词；"vehicle" 是 "car" 和 "bus" 的超义词。根据上面的例子，我们可以创建以下句子：

"The vehicle stopped near a shopping mall."

"The car stopped near a building."

如果你在数据集中使用**单词嵌入**（**word embedding**）或**文档嵌入**（**document embedding**）来表示单词或文档，你可以将轻微的高斯噪声应用到随机选择的嵌入特征上，使同一单词或文档产生变化。你可以通过优化验证数据的表现，来调整修改特征的数量和噪声强度，将它们作为超参数。

另外，为了替换句子中的一个给定的单词 w，可以在单词嵌入空间中找到单词 w 的 k 个最近邻居，并通过用相应的邻居替换单词 w 来生成 k 个新句子。可以使用**余弦相似度**（**cosine similarity**）或**欧氏距离**等度量方法来寻找最近邻居。衡量标准的选择和 k 的值，可以作为超参数进行调整。

上文所述的 k- 最近邻方法的现代替代方法是使用深度预训练模型，如**基于 Transformer 的双向编码表征（BERT）**。像 BERT 这样的模型被训练成在给定句子中的其他单词时，预测一个被掩盖的单词。人们可以用 BERT 为一个被掩盖的词生成 k 个最有可能的预测，然后将它们作为同义词进行数据增强。

同样，如果问题是文档分类，你有大量的无标签文档的语料库，但只有少量的有标签文档的语料库，就可以做如下处理。首先，为你的大语料库中的所有文档建立文档嵌入。使用 **doc2vec** 或任何其他的文档嵌入技术。然后，对于你的数据集中

的每个标签文档 d，在文档嵌入空间中找到 k 个最接近的无标签文档，并给它们贴上与 d 相同的标签。再基于验证数据来调整 k。

另一个有用的文本数据增强技术是回译（**back translation**）。为了从一个用英语写成的文本（可以是一个句子或一个文档）创建一个新的样本，首先使用机器翻译系统将其翻译成另一种语言，然后再回译成英文。如果通过回译得到的文本与原文不同，就将其添加到数据集中，赋予与原文相同的标签。

对于其他数据类型，如音频和视频，也有数据增强技术：添加噪声，在时间上移动音频或视频片段，使其减慢或加速，改变音频的音调和视频的色彩平衡，等等。详细描述这些技术超出了本书的范围。你只需要知道，数据增强可以应用于任何媒体数据，而不仅仅是图像和文本。

3.9　处理不平衡的数据

类不平衡（**class imbalance**）是数据中的一种情况，它可以显著影响模型的表现，与选择的学习算法无关。这个问题是训练数据中的标签分布非常不均匀。

例如，当你的分类器必须区分真正的和欺诈性的电商交易时，就会出现这种情况：真正交易的样本要多得多。通常情况下，机器学习算法会尝试对大多数训练样本进行正确的分类。算法之所以被逼着这么做，是因为它需要最小化一个**成本函数**，该函数通常会给每个分类错误的样本分配一个正的损失值。如果对少数类样本的错误分类的损失和对多数类样本的错误分类的损失是一样的，那么学习算法很有可能决定"放弃"许多少数类样本，以便在多数类样本中少犯错误。

虽然没有关于**不平衡数据**（**imbalanced data**）的正式定义，但可以考虑以下经验法则。如果有两个类，那么平衡数据将意味着数据集的一半代表每个类。轻微的类不平衡通常不是问题。因此，如果 60% 的样本属于一个类，40% 的样本属于另一个类，并且你使用一个流行的机器学习算法的标准公式，它应该不会导致任何显著的表现下降。但是，如果类不平衡度较高，例如 90% 的样本属于一类，10% 属于另一类时，使用通常对两类错误进行同等权重的学习算法的标准公式，可能效果不理想，需要进行修改。

3.9.1　过采样

经常使用的一种缓解类不平衡的技术是**过采样**（**oversampling**）。通过对少数类的样本进行多份复制，增加它们的权重，如图 3.14a 所示。你也可以通过对少数派类的一些样本的特征值进行采样，并将它们组合起来，以获得该类的一个新样本，从而创建合成样本。两个流行的算法，通过创建合成样本对少数派类进行过采样 ——Synthetic Minority Oversampling Technique（SMOTE）和 Adaptive Synthetic Sampling Method（ADASYN）。

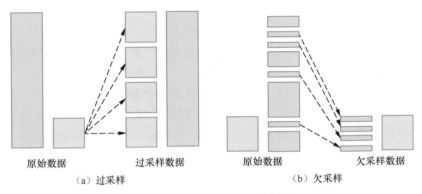

（a）过采样　　　　　　　　　　　（b）欠采样

图 3.14　过采样和欠采样

SMOTE 和 ADASYN 在许多方面的工作原理相似。对于一个给定的少数派类的样本 x_i，它们挑选了 k 个最近邻居。我们把这 k 个样本的集合表示为 $\mathcal{S}_k$。合成样本 x_{new} 定义为 $x_i + \lambda(x_{zi} - x_i)$，其中 x_{zi} 是一个从 $\mathcal{S}_k$ 中随机选取的少数派类的样本。插值超参数 λ 是一个范围为 [0，1] 的任意数。（参见图 3.15 中 $\lambda = 0.5$ 的展示。）

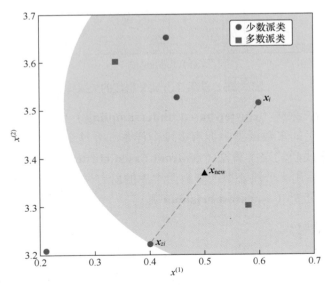

图 3.15　SMOTE 和 ADASYN 的合成样本生成图（使用 Guillaume Lemaitre 的脚本制作）

SMOTE 和 ADASYN 都会在数据集中所有可能的 x_i 中随机选取。在 ADASYN 中，为每个 x_i 生成的合成样本数量与 $\mathcal{S}_k$ 中的样本数量成正比，这些样本不是来自少数派类。因此，在少数派类样本稀少的区域，会生成更多的合成样本。

3.9.2 欠采样

另一种相反的方法是**欠采样**（**undersampling**），是从训练集中删除一些多数派类的样本（见图 3.14b）。

欠采样可以随机进行，也就是说，从多数派类中删除的样本可以随机选择。另外，可以根据一些属性选择要从多数派类中撤销的样本。其中一个属性是 **Tomek 链接**（**Tomek link**）。如果与 x_i 和 x_j 之间的距离相比，在数据集中没有其他样本 x_k 更接近 x_i 或 x_j，那么属于两个不同类的两个样本 x_i 和 x_j 之间就存在 Tomek 链接。可以使用**余弦相似度**或**欧氏距离**等度量来定义接近程度。

在图 3.16 中，你可以看到根据 Tomek 链接从多数派类中移除样本，如何有助于在两个类的样本之间建立一个清晰的边界。

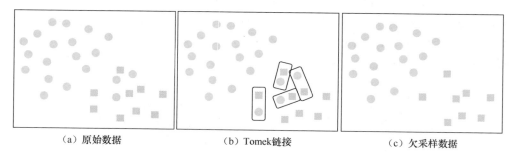

（a）原始数据　　　　　（b）Tomek链接　　　　　（c）欠采样数据

图 3.16　使用 Tomek 链接的欠采样

基于聚类的欠采样（**cluster-based undersampling**）工作原理如下。先决定你希望在欠采样产生的多数派类中拥有多少个样本。令这个数字为 k。仅在多数派类样本上运行**基于质心的聚类算法**（**centroid-based clustering algorithm**），k 为所需的聚类数量。然后用 k 个质心替换多数派类中的所有样本。基于质心的聚类算法的一个例子是 **k- 最近邻**（**k-nearest neighbor**）。

3.9.3 混合策略

你可以开发自己的混合策略（通过结合过采样和欠采样），并可能获得更好的结果。其中一种策略包括使用 ADASYN 进行过采样，然后使用 Tomek 链接进行欠采样。

另一种可能的策略包括将基于聚类的欠采样与 SMOTE 相结合。

3.10　数据采样策略

当你拥有一个大型数据资产，即所谓的大数据时，对整个数据资产进行工作并不总是实际或有必要。作为替代，你可以抽取一个较小的数据样本，其中包含足够的信息进行学习。

同样，当你对多数派类进行欠采样以调整数据不平衡时，较小的数据样本应该能代表整个多数派类。在本节中，我们将讨论几种采样策略、它们的特性、优势和缺点。

主要有两种策略：概率采样和非概率采样。在**概率采样（probability sampling）**中，所有的样本都有机会被选中。这些技术涉及随机性。

非概率采样（nonprobability sampling）不是随机的。为了建立一个样本，它遵循一个固定的确定性的启发式动作序列。这意味着，无论你建立多少个样本，一些样本都没有机会被选中。

从历史上看，非概率方法对人类来说更容易管理，可以人工执行。如今，这种优势已经不明显了。数据分析师使用计算机和软件，大大简化了采样，甚至从大数据中采样。非概率采样方法的主要缺点是它们包含的样本不具有代表性，可能会系统地排除重要的样本。这些缺点超过了非概率采样方法可能的优势。因此，在本书中，我只介绍概率采样方法。

3.10.1　简单随机采样

简单随机采样（simple random sampling）是最直接的方法，也是我说"随机采样"时所指的方法。在这里，从整个数据集中选取的每个样本都是按机会概率的，每个样本被选中的机会都是相等的。

获得简单随机样本的一种方法是给每个样本分配一个数字，然后用随机数发生器来决定选择哪些样本。例如，如果你的整个数据集包含 1 000 个样本，标记为 0 ~ 999，使用随机数生成器中的三个数字的组来选择一个样本。所以，如果随机数生成器中的前三个数字是 0、5 和 7，就选择编号为 57 的样本，以此类推。

简单是这种采样方法的最大优点，它很容易实现，因为任何编程语言都可以作为随机数发生器。简单随机采样的一个缺点是，你可能不会选择足够多的样本，使它们具备特定的感兴趣的属性。考虑这样的情况：你从一个大的不平衡数据集中提取一个样本。在这样做的时候，你碰巧没有从少数派类别中提取足够数量的样本，或者根本没有提取任何少数派类样本。

3.10.2　系统采样

为了实现**系统采样**（**systematic sampling**），也称为**区间采样**（**interval sampling**），你可以创建一个包含所有样本的列表。在该列表中，从列表的前 k 个元素中随机选择第一个样本 x_{start}。然后，从 x_{start} 开始选择列表中的每第 k 个数据项。你选择这样一个 k 的值，以便能够得到所需规模的样本。

与简单的随机采样相比，系统采样的一个优点是它从整个数值范围内抽取样本。然而，如果样本列表具有周期性或重复性模式，系统采样就不合适。在后一种情况下，得到的样本可能会出现偏差。但是，如果样本列表是随机的，那么系统采样的结果往往比简单的随机采样更好。

3.10.3　分层采样

如果你知道在数据中存在几个组（例如，性别、地点或年龄），你应该在样本中拥有来自这些组中每一个组的样本。在**分层采样**（**stratified sampling**）中，你首先将数据集分成几个组（称为分层），然后从每个分层中随机选择样本，就像在简单的随机采样中一样。从每个分层中选择的样本数量与分层的大小成正比。

分层采样往往能通过减少样本的偏差来提高样本的代表性。在最坏的情况下，所得样本的质量不亚于简单随机采样的结果。然而，为了定义分层，分析师必须了解数据集的属性。此外，决定用哪些属性来定义分层可能很困难。

如果你不知道如何最好地定义分层，可以使用**聚类**（**clustering**）。你唯一要做的决定是需要多少个聚类。这种技术也很有用，可以选择无标签样本，将它发送给人工贴标员。经常发生的情况是，我们有数百万个无标签样本，而可用于标记的资源很少。仔细选择样本，使每个分层或聚类都能在我们的标签数据中得到体现。

分层采样是三种方法中最慢的一种，因为要处理几个独立的分层，会有额外的开销。然而，它产生较少偏差样本的潜在好处通常大于其缺点。

3.11　存储数据

保证数据安全是组织机构业务的保险：如果由于某种原因丢失了关键业务模型，如灾难或人为错误（模型文件不小心被擦除或覆盖），拥有数据将使你能够轻松重建该模型。

当敏感数据或个人身份信息（PII）由客户或业务伙伴提供时，它不仅要存储在安全的地方，而且要存储在有访问限制的地方。与 DBA 或 DevOps 工程师联合，可以通过用户名和（如果需要）IP 地址来限制对敏感数据的访问。对关系型数据库的访问也可以按每行和每列进行限制。

此外，还建议通过限制特定用户的写入和擦除操作，限制对只读和添加操作的访问。

如果数据是在移动设备上收集的，可能需要将它先存储在移动设备上，直到主人连接到 Wi-Fi。这些数据可能需要加密，使得其他应用程序无法访问。一旦用户连接到 Wi-Fi，数据就必须通过使用加密协议〔如传输层安全（TLS）〕与安全服务器同步。移动设备上的每个数据元素都必须标有时间戳，以便与服务器上的数据进行适当的同步。

3.11.1 数据格式

用于机器学习的数据可以用各种格式存储。间接使用的数据，如字典或地名录，可以存储为关系数据库中的表、键值存储中的集合或结构化文本文件。

规整数据通常存储为逗号分隔值（CSV）或制表分隔值（TSV）文件。在这种情况下，所有的样本都存储在一个文件中。另外，XML（可扩展标记语言）文件或 JSON（JavaScript 对象符号）文件的集合可以在每个文件中包含一个样本。

除了通用格式外，某些流行的机器学习软件包还使用专业的数据格式来存储规整的数据。其他机器学习软件包常常提供应用编程接口（API）给一个或几个这样的专有数据格式。最常支持的格式是 **ARFF**（Weka 机器学习软件包中使用的属性–关系文件格式）和 **LIBSVM**（支持向量机库）格式，它是 LIBSVM 和 **LIBLINEAR**（大型线性分类库）机器学习库使用的默认格式。

LIBSVM 格式的数据由一个包含所有样本的文件组成。该文件的每一行都代表一个标记的特征向量，使用以下格式：

```
label index1:value1 index2:value2 …
```

其中，index$X$:value$Y$ 指定特征在位置（维度）X 处的值 Y。如果某个位置的值为零，可以省略。这种数据格式对于由大多数特征值为零的样本组成的**稀疏数据**（**sparse data**）特别方便。

此外，不同的编程语言都有**数据序列化**（**data serialization**）的能力。使用编程语言或库提供的序列化对象或函数，可以将特定机器学习软件包的数据持久化在硬盘上。如果需要，数据可以按其原始形式反序列化。例如，在 Python 中，一个流行的通用序列化模块是 **Pickle**；R 有内置的 `saveRDS` 和 `readRDS` 函数。不同的数据分析软件包也可以提供自己的序列化 / 反序列化工具。

在 Java 中，所有实现 `java.io.Serializable` 接口的对象都可以序列化到文件中，然后在需要的时候反序列化。

3.11.2　数据存储级别

在决定如何以及在哪里存储数据之前，必须选择合适的**存储级别**（**storage level**）。存储可以组织在不同的抽象层级中：从最低层级的文件系统，到最高层级的数据湖等。

文件系统（**filesystem**）是存储的基础层。该层级上数据的基本单位是**文件**（**file**）。一个文件可以是文本或二进制的，没有版本化，可以很容易地被擦除或覆盖。

一个文件系统可以是本地的，也可以是网络的。一个网络文件系统可以是简单的，也可以是分布式的。

本地文件系统（**local filesystem**）可以是简单的，就像一个本地安装的磁盘一样，包含了机器学习项目所需的所有文件。

分布式文件系统（**distributed filesystem**），如 **NFS**（网络文件系统）、**CephFS**（Ceph 文件系统）或 **HDFS**，可以由多个物理或虚拟机通过网络访问。分布式文件系统中的文件是通过网络中的多台机器来存储和访问的。

尽管简单，但文件系统级存储适合于许多使用场景，包括文件共享、本地存档和数据保护。

文件共享（**file sharing**）

文件系统级存储的简单性和对标准协议的支持，使你能够以最小的工作量与一小组同事存储和共享数据。

本地存档（**local archiving**）

文件系统级存储是一种有性价比的数据归档选择，这要归功于可扩展的 NAS 解决方案的可用性和可访问性。

数据保护（**data protection**）

文件系统级存储是一个可行的数据保护解决方案，这要归功于内置的冗余和复制功能。

在文件系统级别上并行访问数据，对检索访问来说速度快，但对存储来说速度慢，所以对较小的团队和数据来说，这是一个合适的存储级别。

对象存储（**object storage**）是一种定义在文件系统上的应用编程接口（API）。

使用 API，你可以对文件进行 GET、PUT 或 DELETE 等编程操作，而不必担心文件实际存储在哪里。API 通常由网络上可用的 **API 服务**（**API service**）提供，并通过 **HTTP** 或更一般的 **TCP/IP** 或不同的通信协议套件进行访问。

对象存储层中数据的基本单位是**对象**（**object**）。对象通常是二进制的：图像、声音或视频文件，以及其他具有特定格式的数据元素。

API 服务中可以内置版本化和冗余等功能。对存储在对象存储层面的数据的访问通常可以并行完成，但访问速度不如文件系统级。

对象存储的典型例子是 **Amazon S3** 和**谷歌云存储**（**Google Cloud Storage，GCS**）。另外，**Ceph** 是一个在单个分布式计算机集群上实现对象存储的存储平台，并为对象级和文件系统级存储提供接口。它经常被用作 S3 和 GCS 在预置计算系统中的替代方案。

数据库（**database**）级的数据存储允许对**结构化数据**（**structured data**）进行持久、快速、可扩展的存储，并对存储和检索进行快速并行访问。

现代数据库管理系统（**DBMS**）将数据存储在随机访问内存（**RAM**）中，但软件可以确保数据持久化（对数据的操作也会被记录下来）到磁盘上，永不丢失。

这个层级的基本数据单位是**行**（**row**）。一行有一个唯一的 ID，并在列中包含值。在关系数据库中，行被组织在**表**（**table**）中。行可以对同一或不同表中的其他行有引用。

数据库并不是特别适合存储二进制数据，尽管有时可以将相当小的二进制对象以 **blob**（代表 Binary Large OBject，二进制大对象）的形式存储在列中。blob 是以单个实体形式存储的二进制数据的集合。但更多的时候，一行存储了对二进制对象的引用，这些对象存储在其他地方——在文件系统或对象存储中。

业界最常用的 4 种 DBMS 是 Oracle、MySQL、Microsoft SQL Server 和 PostgresSQL。它们都支持 SQL（结构化查询语言），这是一个用于访问和修改数据库中存储的数据，以及创建、修改和擦除数据库的接口 [1]。

数据湖（**data lake**）是一个以自然或原始格式存储的数据仓库，通常以对象 blob 或文件的形式存在。数据湖通常是来自多个来源的数据的非结构化聚合，包括数据库、日志或通过对原始数据进行昂贵的转换而获得的中间数据。

数据以其原始格式保存在数据湖中，包括结构化数据。要从数据湖中读取数据，分析师需要编写程序代码，读取和解析存储在文件或 blob 中的数据。编写脚本来解析数据文件或 blob 是一种称为**读时模式**（**schema on read**）的方法，与 DBMS

---

1 SQL Server使用的是其专有的Transact SQL（T-SQL），而Oracle使用的是Procedural Language SQL（PL/SQL）。

中的**写时模式**（schema on write）相反。在 DBMS 中，数据的模式是事先定义好的，在每次写入时，DBMS 都会确保数据与模式一致。

3.11.3 数据版本化

如果数据在多个地方保存和更新，你可能需要跟踪版本。如果你经常通过收集更多的数据来更新模型，特别是以自动化的方式，也需要对数据版本化。例如，如果你从事自动驾驶、垃圾邮件检测或个性化推荐，就会发生这种情况。新的数据来自于人类驾驶汽车，或者用户清理他们的电子邮件，或者最近的视频流。有时，数据更新后，新模型的表现更差，你希望通过从一个版本的数据切换到另一个版本的数据来研究原因。

在监督学习中，当标签由多个贴标员完成时，数据版本化也很关键。一些贴标员可能会给相似的样本分配非常不同的标签，这通常会损害模型的表现。你希望将不同的贴标员所标注的样本分开保存，只有在建立模型时才将它们合并。仔细分析模型表现，可能会发现贴标员没有提供高质量或一致的标签。从训练数据中排除这样的数据，或者重新贴标，数据版本化将允许以最小的工作量实现这一点。

数据版本化可以在几个复杂的层次上实现，从最基本的到最复杂的。

第 0 级：数据未版本化。

在这个级别，数据可能存在于本地文件系统、对象存储或数据库中。拥有未版本化的数据，其优势在于处理数据的速度和简单性。不过，当你在模型上工作时可能会遇到的潜在问题也会抵消这个优势。最有可能的是，你的第一个问题将是无法进行版本化部署。正如将在第 8 章中讨论的那样，模型部署必须是版本化的。部署的机器学习模型是代码和数据的混合体。如果代码是版本化的，那么数据也必须是版本化的。否则，部署将是未版本化的。

如果你不对部署进行版本化，一旦模型出现任何问题，就无法回到之前的表现水平。因此，不建议使用未版本化的数据。

第 1 级：数据在训练时作为快照进行版本化。

在这个级别，数据通过在训练时存储训练模型所需的一切快照进行版本化。这样的方法允许你对部署的模型版本化，并回到过去的表现。你应该在某个文档中跟踪每个版本，通常是一个 Excel 电子表格。该文档应该描述代码和数据的快照的位置、超参数值，以及在需要时重现实验所需的其他元数据。如果你的模型不多，而且更新频率不高，这种级别的版本化可能是一个可行的策略。否则，不推荐使用。

第 2 级：数据和代码都作为一项资产实现版本化。

在这个级别的版本化中，小型数据资产，如字典、地名录和小型数据集，与代码共同存储在版本控制系统中，如 **Git** 或 **Mercurial**。大文件存储在对象存储中，如 **S3** 或 **GCS**，有唯一的 ID。训练数据以 JSON、XML 或其他标准格式存储，并包括相关元数据，如标签、贴标员身份、标注时间、用于标注数据的工具等。

像 **Git 大文件存储**（**Large File Storage，LFS**）这样的工具，可以在 Git 内部自动将音频样本、视频、大型数据集、图形等大型文件用文本指针替换，同时将文件内容存储在远程服务器上。

数据集的版本由代码和数据文件的 **git 签名**（**git signature**）定义。也可以添加一个时间戳，方便识别需要的版本。

第 3 级：使用或构建专门的数据版本解决方案。

数据版本化软件如 **DVC** 和 **Pachyderm** 为数据版本化提供了额外的工具。它们通常与代码版本软件（如 Git）实现互操作。

第 2 级的版本化是大多数项目实施版本化的推荐方式。如果你觉得第 2 级不能满足你的需求，请探索第 3 级解决方案，或考虑构建自己的版本化方案。否则，不建议采用这种方法，因为它给已经很复杂的工程项目增加了复杂度。

3.11.4　文档和元数据

当你在积极开展机器学习项目时，通常能够记住数据的重要细节。然而，一旦项目投入生产环境，你切换到另一个项目，这些信息最终会变得不那么详细。

在你切换到另一个项目之前，应该确保其他人能够理解你的数据并正确使用它。

如果数据是自解释的，那么你可能不会为它提供文档。然而，数据集创建者之外的人只需看一眼就能轻松理解它并知道如何使用它，这是相当罕见的。

任何用于训练模型的数据资产都必须附带文档。这个文档必须包含以下细节。

- 该数据的含义。
- 如何收集的，或用于创建的方法（对贴标员的指示和质量控制方法）。
- 训练-验证-测试划分的细节。
- 所有预处理步骤的细节。
- 解释所有被排除的数据。
- 使用什么格式来存储数据。
- 属性或特征的类型（每个属性或特征允许有哪些值）。
- 样本的数量。
- 标签的可能值或数字目标的允许范围。

3.11.5　数据生命周期

有些数据可以无限期地存储。然而，在某些业务背景下，你可能被允许在特定时间内存储一些数据，然后不得不将其删除。如果这样的限制适用于你工作的数据，你必须确保有一个可靠的警报系统。该警报系统必须联系负责数据擦除的人员，并有一个备份计划，以防该人员联系不上。不要忘记，不擦除数据的后果有时会对组织机构造成非常严重的影响。

对于每一项敏感的数据资产，在项目开发过程中和项目开发结束后，**数据生命周期文档（data lifecycle document）**必须描述该资产，以及有机会接触该数据资产的人员范围。文件必须描述数据资产将被存储多长时间，是否必须明确销毁。

3.12　数据处理最佳实践

在本章的最后，我们考虑剩下的两项最佳实践：可重复性和"数据第一，算法第二"。

3.12.1　可重复性

在你所做的一切工作中，包括数据的收集和准备，**可重复性（reproducibility）**应该是一个重要的关注点。你应该避免手动转换数据，或使用文本编辑器或命令行 shell 中包含的强大工具，如正则表达式、"猛糙快"的临时 awk 或 sed 命令，以及管道表达式。

通常，数据收集和转换活动包括多个阶段。这些包括从网络 API 或数据库下载数据，用一些唯一的词条（token）替换多词表达式，去除停顿词和噪声，裁剪和解模糊图像，缺失值的填补，等等。这个多阶段过程中的每一步都必须以软件脚本的形式实现，比如 Python 或 R 脚本，并附上它们的输入和输出。如果你在工作中这样组织，它将使你能够跟踪数据的所有变化。如果在任何阶段，数据发生了某种错误，你可以随时修复脚本，并从头开始运行整个数据处理管道。

另外，手动干预可能很难重现。这些操作很难应用于更新的数据，或扩展更多的数据（一旦你有能力获得更多数据或不同的数据集）。

3.12.2　数据第一，算法第二

请记住，在 I 业界，与学术界相反，"数据第一，算法第二"，所以请将大部分精力和时间放在获取更多种类繁多、质量较高的数据上，而不是试图从学习算法中

榨取最大的收益。

数据增强如果实施得好，很可能比寻找最佳超参数值或模型架构对模型质量的贡献更大。

3.13　小结

在你开始收集数据之前，需要回答 5 个问题：要使用的数据是否可获得？是否相当大？是否可用？是否可理解？是否可靠？

数据常见的问题是成本高、有偏差、预测能力低、样本过时、离群值和泄露。

好数据包含了足够的信息，可以用于建模，对你想用模型做的事情有很好的覆盖，并且反映了模型在生产环境中会看到的真实输入。它尽可能无偏差，不是模型本身的结果，具有一致的标签，并且足够大，可以进行泛化。

好的交互数据包含三个方面的信息：交互的上下文、用户在该上下文中的动作、交互的结果。

要想将整个数据集很好地划分成训练集、验证集和测试集，划分的过程必须满足几个条件：①数据在划分前随机洗牌；②划分应用于原始数据；③验证集和测试集遵循相同的分布；④避免泄露。

数据填补技术可以用来处理数据中缺失的属性。

数据增强技术通常用于获得更多的有标签样本，而不需要额外的人工贴标。这些技术通常适用于图像数据，但也可以应用于文本和其他类型的感知数据。

类不平衡会显著影响模型的表现。当训练数据受到类不平衡影响时，学习算法的表现就会不理想。过采样和欠采样等技术可以帮助克服类不平衡问题。

当你处理大数据时，处理整个数据资产并不总是实用和必要的。作为替代，请抽取一个包含足够信息的较小的数据样本来进行学习。为此可以使用不同的数据采样策略，具体来说是简单随机采样、系统采样、分层采样和聚类采样。

数据可以用不同的数据格式和几种数据存储级别进行存储。当标签由多个贴标员完成时，数据版本化是监督学习中的一个关键因素。不同的贴标员可能会提供不同质量的标签，因此跟踪谁创建了哪个有标签的样本很重要。数据版本化的实施可以有几种复杂程度，从最基本的到最复杂的：未版本化（第 0 级），在训练时作为快照版本化（第 1 级），数据和代码作为一项资产的版本化（第 2 级），以及通过使用或构建一个专门的数据版本化解决方案实现版本化（第 3 级）。

对于大多数项目，建议采用第 2 级。

所有用于训练模型的数据资产都必须附带文档。该文档必须包含以下细节：数据的含义、如何收集数据或用于创建数据的方法（对贴标员的说明和质量控制方法）、训练－验证－测试划分的细节以及所有预处理步骤。它还必须包含对所有被排除数据的解释、用于存储数据的格式、属性或特征的类型、样本的数量以及标签的可能值或数字目标的允许范围。

对于每一项敏感的数据资产，数据生命周期文件必须描述该资产，以及在项目开发过程中和项目开发结束后可以接触到该数据资产的人员范围。

第4章 特征工程

在数据收集和准备之后，特征工程是机器学习中第二个最重要的活动。这也是机器学习项目生命周期（如图 4.1 所示）的第三个阶段。

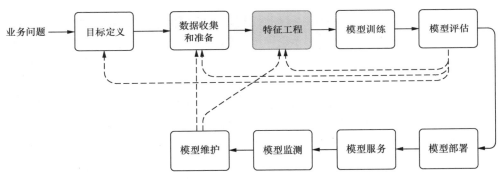

图 4.1 机器学习项目生命周期

特征工程是一个过程，它首先在概念上，然后在程序上将一个原始样本转化为特征向量。它包括将一个特征概念化，然后编写程序代码，可能借助一些间接数据，将整个原始样本转化为一个特征。

4.1 为什么要进行特征工程

具体来说，可以考虑在推文中识别电影标题的问题。假设你有一个庞大的电影标题集合，这是要**间接**使用的数据。你还有一个推文的集合，这些数据将**直接**用于创建样本。首先，建立一个电影标题索引，以便快速进行字符串匹配[1]，然后在推文中找到所有匹配的电影标题。现在规定你的样本是一些匹配，你的机器学习问题是二分类的问题：一个匹配是电影，或不是电影。

考虑如图 4.2 所示的推文。

1　要建立一个快速字符串匹配的索引，例如可以使用**Aho-Corasick算法**（**Aho-Corasick algorithm**）。

图 4.2　Kyle 的一条推文

我们的电影标题匹配索引可以帮助找到以下匹配信息："avatar""the terminator""It"和"her"。这给了我们 4 个无标签样本。你可以给这 4 个样本贴上标签：{(avatar, False), (the terminator, True), (It, False), (her, False)}。然而，机器学习算法不能仅从电影标题中学习任何东西（人类也不能）：它需要上下文。你可能会决定，匹配前的 5 个词和匹配后的 5 个词是一个信息量足够大的上下文。用机器学习的行话来说，我们将这样的上下文称为围绕匹配的"10 词窗口"。你可以将窗口的宽度作为一个超参数来调整。

现在，你的样本在其上下文中被标记为匹配。然而，学习算法不能应用于这样的数据。机器学习算法只能应用于特征向量。这就是为什么你要求助于特征工程。

4.2　如何进行特征工程

特征工程是一个创造性的过程，在这个过程中，分析师应用他们的想象力、直觉和领域专业知识。在推文中电影标题识别的示例问题中，我们利用直觉将匹配周围的窗口宽度固定为 10。现在，我们需要更有创意地将字符串序列转化为数字向量。

4.2.1　文本的特征工程

当涉及文本时，科学家和工程师经常使用简单的特征工程技巧。两种这样的技巧是"独热编码"和"词袋"。

一般来说，**独热编码（one-hot encoding）**将一个分类属性转化为多个二进制属性。假设你的数据集有一个属性"颜色"，可能的值有"红""黄"和"绿"。我们将每个值转化为一个三维二进制向量，如下所示：

红 = [1, 0, 0]

黄 = [0, 1, 0]

绿 = [0, 0, 1]

在电子表格中，你将使用三个合成列来代替以属性"颜色"为标题的一列，其值为 1 或 0。其优点是你现在可以使用大量的机器学习算法，因为只有少数学习算法支持分类属性。

词袋（bag-of-words） 是将独热编码技术应用于文本数据的一种泛化。你不是将一个属性表示为二进制向量，而是用这种技术将整个文本文档表示为二进制向量。我们来看看它是如何工作的。

设想你有 6 份文本文档的集合，如图 4.3 所示。

文档1	Love,love is a verb
文档2	Love is a doing word
文档3	Feathers on my breath
文档4	Gentle impulsion
文档5	Shakes me,makes me lighter
文档6	Feathers on my breath

图 4.3　6 份文本文档的集合

假设你的问题是按主题建立一个文本分类器。分类学习算法希望输入的内容是有标签的特征向量，所以你必须将文本文档集合转化为特征向量集合。词袋可以让你做到这一点。

首先，将文本词条化。**词条化（tokenization）** 是将文本分割成小块的过程，这些小块称为"词条"。**词条器（tokenizer）** 是一个软件，它将一个字符串作为输入，并返回从该字符串中提取的一系列词条。通常情况下，词条是单词，但这并不是严格的必要条件。它可以是一个标点符号、一个单词，或者在某些情况下，一个单词的组合，如一个公司（如麦当劳）或一个地方（如红场）。假设我们使用一个简单的词条器提取单词，忽略其他一切。我们得到如图 4.4 所示的集合。

文档1	[Love,love,is a verb]
文档2	[Love,is,a,doing,word]
文档3	[Feathers,on,my,breath]
文档4	[Gentle,impulsion]
文档5	[Shakes,me,makes,me lighter]
文档6	[Feathers,on,my,breath]

图 4.4　已词条化文档的集合

其次，建立一个词汇表。它包含如下 16 个词条[1]。

a	breath	doing	feathers
gentle	impulsion	is	lighter
love	makes	me	my
on	shakes	verb	word

现在以某种方式对你的词汇表进行排序，并为每个词条分配一个独特的索引。我按字母顺序排列了这些词条，如图 4.5 所示。

a	breath	doing	feathers	gentle	impulsion	is	lighter	love	makes	me	my	on	shakes	verb	word
1	2	3	4	5	6	7	8	9	10	11	12	13	14	15	16

图 4.5　已排序并建立索引的词条

词汇表中的每个词条都有唯一索引——从 1 到 16。我们将集合转化为二元特征向量的集合，如图 4.6 所示。

	1	2	3	4	5	6	7	8	9	10	11	12	13	14	15	16
文档1	1	0	0	0	0	0	1	0	1	0	0	0	0	0	1	0
文档2	1	0	1	0	0	0	1	0	1	0	0	0	0	0	0	1
文档3	0	1	0	1	0	0	0	0	0	0	0	1	1	0	0	0
文档4	0	0	0	0	1	1	0	0	0	0	0	0	0	0	0	0
文档5	0	0	0	0	0	0	0	1	0	1	1	0	0	1	0	0
文档6	0	1	0	1	0	0	0	0	0	0	0	1	1	0	0	0

图 4.6　特征向量

如果文本中存在相应的词条，则该位置的特征为 1；否则，该位置的特征为 0。例如，文档 1 "Love, love is a verb" 由以下特征向量表示：

$$[1, 0, 0, 0, 0, 0, 1, 0, 1, 0, 0, 0, 0, 0, 1, 0]$$

使用相应的标注特征向量作为训练数据，任何分类学习算法都可以使用这些数据。

有几种词袋的"风格"。上面的二进制值模型通常很好用。二进制值的替代

---

[1] 我决定忽略字母大写问题，但作为分析师的你，可能会选择将 "Love" 和 "love" 这两个词条作为两个独立的词汇实体。

方法包括：①词条的计数；②词条的频率；③ **TF-IDF**（**Term Frequency-Inverse Document Frequency**，术语频率 - 反转文档频率）。如果采用单词计数，那么文档1 "Love, love is a verb" 中 "love" 的特征值就是 2，代表 "love" 这个词在文档中出现的次数。如果应用词条的频率，假设词条器提取了两个 "love" 的词条，从文档 1 中共提取了 5 个词条，那么 "love" 的值将是 2/5=0.4。TF-IDF 的值会随着文档中某个词的频率按比例增加，并被语料库中包含该词的文档数量所抵消。这样可以调整一些词，如介词和代词，它们一般情况下出现频率较高。关于 TF-IDF，我就不多说了，但建议有兴趣的读者上网了解一下。

词袋技术的直接扩展是 *n* 元连续词袋（**bag-of-*n*-gram**）。一个 *n* 元连续词（**n-gram**）是一个从语料库中抽取的 *n* 个单词的序列。如果 *n*=2，并且忽略标点符号，则文本 "No, I am your father." 中可以找到的所有二元连续词（通常称为 **bigrams**）包括 ["No I" "I am" "am your" "your father"]。三元连续词是 ["No I am" "I am your" "am your father"]。通过将一定 *n* 以内的所有 *n* 元连续词与一个词典中的词条混合，得到一个 *n* 元连续词袋，我们可以用处理词袋模型的方式来词条化。

因为词的序列通常比单个词的常见度低，所以使用 *n* 元连续词可以创建一个更**稀疏（sparse）**的特征向量。同时，*n* 元连续词允许机器学习算法学习更细微的模型。例如，句子 "this movie was not good and boring" 和 "this movie was good and not boring" 的意思是相反的，但仅仅基于单词，就会得到相同的词袋向量。如果我们考虑二元连续词，那么这两个句子的二元连续词的词袋向量就会不同。

4.2.2 为什么词袋有用

特征向量只有在遵循某些规则的情况下才能发挥作用。其中一个规则是，特征向量中 *j* 位置的特征必须在数据集中的所有样本中代表相同的属性。如果该特征代表了数据集中某个人的身高（以厘米为单位），其中每个样本代表了一个不同的人，那么在所有其他样本中也必须成立。位置 *j* 的特征必须始终代表以厘米为单位的身高，而不是其他。

词袋技术的工作原理是一样的。每个特征都代表文档的同一属性：特定的词条在文档中是存在还是不存在。

另一个规则是，相似的特征向量必须代表数据集中的相似实体。在使用词袋技术时，也要尊重这一属性。两个相同的文档将具有相同的特征向量。同样，关于同一主题的两个文本将有更高的机会拥有相似的特征向量，因为它们会比两个不同主

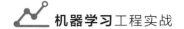

题的文本共享更多的单词。

4.2.3 将分类特征转换为数字

独热编码并不是将分类特征转换为数字的唯一方法，也并不总是最好的方法。

均值编码（mean encoding），也称为**箱计数**（bin counting）或**特征校准**（feature calibration），是另一种技术。首先，使用具有特征值 z 的所有样本来计算标签的**样本均值**（sample mean），然后用这个样本均值替换该分类特征的每个值 z。这种技术的优点是数据维度不会增加，而且根据设计，数值包含了标签的一些信息。

如果你研究的是二分类问题，除了样本均值之外，还可以使用其他有用的量：给定 z 值的正类的原始计数、**让步比**（odd ratio）和**对数让步比**（log-odd ratio）。让步比（OR）通常定义在两个随机变量之间。从一般意义上讲，OR 是量化两个事件 A 和 B 之间关联强度的统计量，如果两个事件的 OR 等于 1，即一个事件在另一个事件存在或不存在的情况下，其概率都相同，则认为两个事件是独立的。

在应用于量化一个分类特征时，我们可以计算一个分类特征（事件 A）的值 z 与正例标签（事件 B）之间的让步比。我们用一个例子来说明。假定问题是预测一封邮件是否是垃圾邮件。假设我们有一个有标签的邮件信息数据集，我们设计了一个特征，它包含了每个邮件信息中最频繁的单词。假设我们找到能代替这个特征的分类值"infected"的数值。我们首先建立"infected"和"垃圾邮件"的**列联表**（contingency table），如图 4.7 所示。

	垃圾邮件	非垃圾邮件	总计
包含"infected"	145	8	153
不包含"infected"	346	2 909	3 255
总计	491	2 917	3 408

图 4.7 "infected"和"垃圾邮件"的列联表

"infected"和"垃圾邮件"的让步比为：

$$\text{让步比}（\text{infected}, \text{垃圾邮件}）= \frac{145 / 8}{346 / 2\,909} = 152.4$$

如你所见，根据列联表中的数值，让步比可以极低（接近零）或极高（任意高的正值）。为了避免数值上的溢出问题，分析师经常使用对数让步比：

对数让步比 (infected, 垃圾邮件) = log(145/8) − log(346/2 909)

$$= \log(145) - \log(8) - \log(346) + \log(2\,909) = 2.2$$

现在，你可以将上述分类特征中的"infected"值替换为值 2.2。你可以对该分类特征的其他值进行同样的操作，并将它们全部转换为对数让步比值。

有时，分类特征是有序的，但不是周期性的。例子包括学校分数（从"A"到"E"）和资历级别（"初级""中级""高级"）。与其使用独热编码，不如用有意义的数字来表示它们，这很方便。在 [0, 1] 范围内使用统一的数值，比如 1/3 代表"初级"，2/3 代表"中级"，1 代表"高级"。如果有些数值应该相距较远，可以用不同的比例来反映。如"高级"与"中级"应该比"中级"比"初级"更远，你可以用 1/5、2/5、1 分别代表"初级""中级"和"高级"。这就是为什么领域知识很重要。

如果分类特征是周期性的，整数编码就不能很好地发挥作用。例如，尝试将周一到周日转换为整数 1 ~ 7。周日和周六之间的差值是 1，而周一和周日之间的差值是 −6。但我们的推理表明，差值同样是 1，因为周一只是周日过了一天。

作为替代，请使用**正弦 – 余弦变换（sine-cosine transformation）**。它将一个周期性特征转换为两个合成特征。令 p 表示我们周期性特征的整数值。将周期性特征的值 p 替换为以下两个值：

$$p_{\sin} = \sin\left(\frac{2 \times \pi \times p}{\max(p)}\right), \quad p_{\cos} = \cos\left(\frac{2 \times \pi \times p}{\max(p)}\right)$$

表 4.1 为一周七天的 $p_{\sin}$ 和 $p_{\cos}$ 值。

表 4.1　一周七天的 $p_{\sin}$ 和 $p_{\cos}$ 值

p	$p_{\sin}$	$p_{\cos}$
1	0.78	0.62
2	0.97	−0.22
3	0.43	−0.90
4	−0.43	−0.90
5	−0.97	−0.22
6	−0.78	0.62
7	0.00	1.00

图 4.8 包含了使用上述表格建立的散点图。你可以看到两个新特征的周期性。

现在，在你的规整数据中，用两个值 [0.78，0.62] 替换"周一"，用 [0.97，−0.22] 替换"周二"，以此类推。数据集又增加了一个维度，但与整数编码相比，模型的预测质量明显提高。

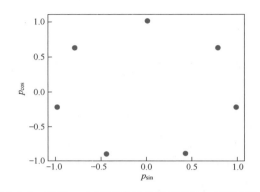

图 4.8　正弦－余弦变换后的特征表示一周的日子

4.2.4　特征哈希

特征哈希（feature hashing）或哈希技巧（hashing trick），将文本数据或具有许多值的分类属性转换为任意维度的特征向量。独热编码和词袋编码有一个缺点：许多独特的值将创建高维的特征向量。例如，如果一个文本文档集合中有 100 万个唯一的词条，词袋将产生每个维度为 100 万的特征向量。处理这样的高维数据，计算成本可能非常昂贵。

为了使数据易于管理，可以使用哈希技巧，其工作原理如下。首先，决定特征向量所需的维度。然后，使用哈希函数（hash function），先将分类属性（或文档集合中的所有词条）的所有值转换为一个数字，然后将这个数字转换为特征向量的索引。这个过程如图 4.9 所示。

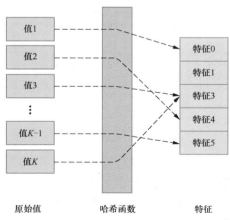

图 4.9　哈希技巧图示，一个属性值的原始基数为 K，期望维度为 5

接下来说明如何将一个文本"Love is a doing word"转换为特征向量。设我们有一个哈希函数 h，它接受一个字符串作为输入，输出一个非负整数，并设所需的维度为5。将哈希函数应用于每个词，并应用5的模数来获得该词的索引，可以得到：

$$h(\text{love}) \bmod 5 = 0$$
$$h(\text{is}) \bmod 5 = 3$$
$$h(\text{a}) \bmod 5 = 1$$
$$h(\text{doing}) \bmod 5 = 3$$
$$h(\text{word}) \bmod 5 = 4$$

然后建立特征向量为

$$[1, 1, 0, 2, 1]$$

事实上，$h(\text{love}) \bmod 5 = 0$ 意味着我们在特征向量的维度0处有一个词；$h(\text{is}) \bmod 5 = 3$ 和 $h(\text{doing}) \bmod 5 = 3$ 意味着我们在特征向量的维度3处有两个词，以此类推。如你所见，"is"和"doing"这两个词之间存在**碰撞**（**collision**）：它们都用维度3来表示。所需的维数越低，碰撞的概率就越大。这是学习速度和质量之间的权衡。

常用的哈希函数有 **MurmurHash3**、**Jenkins**、**CityHash** 和 **MD5**。

4.2.5　主题建模

主题建模是使用无标签数据的一系列技术，这些数据通常以自然语言文本文档的形式存在。模型学习将文档表示为主题的向量。例如，在新闻文章的集合中，5个主要主题可以是"体育""政治""娱乐""金融"和"技术"。然后，每个文档可以被表示为一个5维的特征向量，每个主题一个维度：

$$[0.04, 0.5, 0.1, 0.3, 0.06]$$

上面的特征向量代表了一个文档，它混合了两大主题：政治（权重为0.5）和金融（权重为0.3）。主题建模算法，如**潜在语义分析**（**Latent Semantic Analysis，LSA**）和潜在狄利克雷分布（**Latent Dirichlet Allocation，LDA**），通过分析无标签的文档进行学习。这两种算法基于不同的数学模型产生类似的输出。LSA 使用"词到文档"矩阵的**奇异值分解**（**Singular Value Decomposition，SVD**），该矩阵使用二元连续词袋或 TF-IDF 构建。LDA 使用分层贝叶斯模型（**Bayesian model**），其中每个文档是几个主题的**混合**（**mixture**），每个词的出现归因于其中一个主题。

我们用 Python 和 R 来说明它是如何工作的。下面是 LSA 的 Python 代码。

```python
1   from sklearn.feature_extraction.text import TfidfVectorizer
2   from sklearn.decomposition import TruncatedSVD
3
4   class LSA():
5       def __init__ (self, docs):
6           # Convert documents to TF-IDF vectors
7           self.TF_IDF = TfidfVectorizer()
8           self.TF_IDF.fit(docs)
9           vectors = self.TF_IDF.transform(docs)
10
11          # Build the LSA topic model
12          self.LSA_model = TruncatedSVD(n_components=50)
13          self.LSA_model.fit(vectors)
14          return
15
16      def get_features(self, new_docs):
17          # Get topic-based features for new documents
18          new_vectors = self.TF_IDF.transform(new_docs)
19          return self.LSA_model.transform(new_vectors)
20
21  # Later, in production, instantiate LSA model
22  docs = ["This is a text.", "This another one."]
23  LSA_featurizer = LSA(docs)
24
25  # Get topic-based features for new_docs
26  new_docs = ["This is a third text.", "This is a fourth one."]
27  LSA_features = LSA_featurizer.get_features(new_docs)
```

R 中对应的代码[1]如下所示。

```r
1   library(tm)
2   library(lsa)
3
4   get_features <- function(LSA_model, new_docs){
5       # new_docs can be passed as a tm::Corpus object or as a vector
6       # holding character strings representing documents:
```

---

1   LSA和LDA的R代码由Julian Amon提供。

```
7      if(!inherits(new_docs, "Corpus")) new_docs <- VCorpus
       (VectorSource(new_docs))
8      tdm_test <- TermDocumentMatrix(
9          new_docs,
10         control = list(
11             dictionary = rownames(LSA_model$tk),
12             weighting = weightTfIdf
13         )
14     )
15     txt_mat <- as.textmatrix(as.matrix(tdm_test))
16     crossprod(t(crossprod(txt_mat, LSA_model$tk)), diag(1/LSA_
       model$sk))
17   }
18
19   # Train LSA model using docs
20   docs <- c("This is a text.", "This another one.")
21   corpus  <- VCorpus(VectorSource(docs))
22   tdm_train <- TermDocumentMatrix(
23   corpus,  control = list(weighting = weightTfIdf))
24   txt_mat <- as.textmatrix(as.matrix(tdm_train))
25   LSA_fit <- lsa(txt_mat, dims = 2)
26
27   # Later, in production, get topic-based features for new_docs
28   new_docs <- c("This is a third text.", "This is a fourth one.")
29   LSA_features <- get_features(LSA_fit, new_docs)
```

下面是 LDA 的 Python 代码。

```
1    from sklearn.feature_extraction.text import CountVectorizer
2    from sklearn.decomposition import LatentDirichletAllocation
3
4    class LDA():
5        def __init__ (self, docs):
6            # Convert documents to TF-IDF vectors
7            self.TF = CountVectorizer()
8            self.TF.fit(docs)
9            vectors = self.TF.transform(docs)
10           # Build the LDA topic model
11           self.LDA_model = LatentDirichletAllocation(n_components=50)
```

```
12        self.LDA_model.fit(vectors)
13        return
14    def get_features(self, new_docs):
15        # Get topic-based features for new documents
16        new_vectors = self.TF.transform(new_docs)
17        return self.LDA_model.transform(new_vectors)
18
19  # Later, in production, instantiate LDA model
20  docs = ["This is a text.", "This another one."]
21  LDA_featurizer = LDA(docs)
22
23  # Get topic-based features for new_docs
24  new_docs = ["This is a third text.", "This is a fourth one."]
25  LDA_features = LDA_featurizer.get_features(new_docs)
```

下面是 R 中对应的代码。

```
1   library(tm)
2   library(topicmodels)
3
4   # Generate feature for new_docs by using LDA_model
5   get_features <- function(LDA_mode, new_docs){
6     # new_docs can be passed as tm::Corpus object or as a vector
7     # holding character strings representing documents:
8     if(!inherits(new_docs, "Corpus")) new_docs <- VCorpus(VectorSource
      (new_docs))
9     new_dtm <- DocumentTermMatrix(new_docs, control = list(weighting =
      weightTf))
10    posterior(LDA_mode, newdata = new_dtm)$topics
11    }
12
13  # train LDA model using docs
14  docs <- c("This is a text.", "This another one.")
15  corpus <- VCorpus(VectorSource(docs))
16  dtm <- DocumentTermMatrix(corpus, control = list(weighting =
      weightTf))
17  LDA_fit <- LDA(dtm, k = 5)
18
```

```
19   # later, in production, get topic-based features for new_docs
20   new_docs <- c("This is a third text.", "This is a fourth one.")
21   LDA_features <- get_features(LDA_fit, new_docs)
```

在上面的代码中，docs 是一个文本文档的集合。例如，它可以是一个字符串的列表，其中每个字符串是一个文档。

4.2.6　时间序列的特征

时间序列数据（**time-series data**）不同于传统的监督学习数据，那些数据的形式是独立观测值的无序集合。时间序列是一个有序的观测值序列，每个观测值都标有一个与时间相关的属性，如时间戳、日期、年月、年份等。图 4.10 展示了一个时间序列数据的例子。

日期	股票价格	标准普尔500指数	道琼斯指数
2020-01-11	...	...	...
2020-01-12	14.5	3 345	28 583
2020-01-12	14.7	3 352	28 611
2020-01-12	15.9	3 347	29 001
2020-01-13	17.9	3 298	28 312
2020-01-13	16.8	3 521	28 127
2020-01-14	17.9	3 687	28 564
2020-01-15	16.8	3 540	27 998
2020-01-16	...	...	...

图 4.10　事件流形式的时间序列数据的例子

在图 4.10 中，每一行对应的是某只股票在某一时刻的成本，以及两个指数的数值——标准普尔 500 指数和道琼斯指数。观测的时间不固定：在 2020-01-12，有 3 次观测；在 2020-01-13，有 2 次观测。在**经典时间序列数据**（**classical time-series data**）中，观测值在时间上的间隔是均匀的，比如每秒、每分钟、每天等都有一次观测。如果观测值是不规则的，这样的时间序列数据称为**点过程**（**point process**）或**事件流**（**event stream**）。

通常可以通过聚合观测结果，将事件流转换为经典时间序列数据。聚合运算

符的例子有 COUNT 和 AVERAGE。通过对图 4.10 中的事件流数据应用 AVERAGE
运算符，我们得到了图 4.11 所示的经典时间序列数据。

日期	股票价格	标准普尔500指数	道琼斯指数
2020-01-11	...	...	...
2020-01-12	15.0	3 348	28 732
2020-01-13	17.4	3 410	28 220
2020-01-14	17.9	3 687	28 564
2020-01-15	16.8	3 540	27 998
2020-01-16	...	...	...

图 4.11　通过汇总图 4.10 的事件流得到的经典时间序列

虽然可以直接处理事件流，但将时间序列变成经典形式，可以更简单地应用进
一步的聚合和生成特征进行学习。

分析师通常使用时间序列数据来解决两种预测问题。给定一个最近的观测
序列：

● 预测下一次的观察结果（例如，给定过去7天的股票价格和股票指数的价
值，预测明天的股票价格）；
● 预测一些关于产生该序列的现象（例如，给定用户与软件系统的连接记录，
预测他们是否有可能在本季度取消订阅）。

在神经网络达到它们现在的学习能力之前，分析师使用**浅层机器学习（shallow
machine learning）**工具箱处理时间序列数据。为了将时间序列转化为特征向量形
式的训练数据，必须做出两个决定：

● 需要多少个连续的观测值才能做出准确的预测（所谓的预测窗口）；
● 如何将观测值序列转换为固定维度的特征向量。

这两个问题都没有简单的方法来回答。通常是根据主题专家的知识，或者通过
使用**超参数调整（hyperparameter tuning）**技术来做出决定。然而，有些方法对许
多时间序列数据都有效。下面是这样一个方法：

（1）把整个时间序列分成长度为 w 的片段；
（2）从每个片段 s 中创建一个训练样本 e；
（3）对于每一个 e，计算 s 中观测值的各种统计量。

我们将图 4.11 的数据分块成长度为 $w=2$ 的片段，其中 w 为预测窗口的长度。图 4.12 显示，现在每个片段都是一个独立的样本。

样本 i

$t-2$	15.0	3 348	28 732
$t-1$	17.4	3 410	28 220

样本 $i+1$

$t-2$	17.4	3 410	28 220
$t-1$	17.9	3 687	28 564

样本 $i+2$

$t-2$	17.9	3 687	28 564
$t-1$	16.8	3 540	27 998

图 4.12　将时间序列分成长度为 $w=2$ 的片段

在实践中，w 通常大于 2。假设预测窗口的长度为 7。在时间序列数据处理方法的步骤（3）中计算的统计数据可以是：

- 平均数，例如，过去7天内股价的均值（mean）或中位数（median）。
- 价差，例如，标准普尔500指数在过去7天内的标准差（standard deviation）、绝对偏差中位数（median absolute deviation）或四分位数范围（interquartile range）。
- 离群值，例如，道琼斯指数的数值非典型偏低的观测值的部分，例如，与均值相差两个标准差以上。
- 增长，例如，标准普尔500指数的数值在 $t-6$ 日和 t 日之间、$t-3$ 日和 t 日之间、$t-1$ 日和 t 日之间是否有增长。
- 视觉，例如，股票价格的曲线与已知的视觉形象（如帽子形态、头肩顶形态等）有多大差异。

现在明白为什么建议将时间序列转换为经典形式了吧：上述统计量只有在可比值上计算时才有意义。

需要注意的是，在现代神经网络时代，分析师最喜欢训练深度神经网络。长短期记忆（Long Short-Term Memory，LSTM）、卷积神经网络（Convolutional Neural Network，CNN）和 Transformer 是时间序列模型架构的流行选择。它们可以读取任意长度的时间序列作为输入，并根据整个序列生成预测。同样，神经网络也经常通过逐单词或逐字符读取文本来应用于文本。单词和字符通常被表示为嵌入向量（embedding vector），后者是从大型文本文档语料库中学习的。4.7.1 节将讨论嵌入的问题。

4.2.7　发挥你的创造力

正如在本节开头提到的，特征工程是一个创造性的过程。作为一个分析师，你最适合决定哪些好特征适合你的预测模型。设想自己"就是"学习算法，你会从数据中看什么来决定分配哪个标签。

假设你正在将邮件分类为重要的或不重要的。你可能会注意到，在每个月的第一个星期一，有大量的重要邮件来自政府税收机构。创建一个特征"政府第一个星期一"。当邮件在每个月的第一个星期一来自政府税收机构时，让它等于1，否则为0。另外，你可能会注意到，一封邮件中包含一个以上的笑脸通常是不重要的。创建一个"包含笑脸"的特征。当一封邮件包含一个以上的笑脸时，让它等于1，否则等于0。

4.3　叠加特征

回到我们的推文中电影标题分类问题。每个样本有三个部分：
（1）提取的潜在电影标题之前的5个单词[1]（左上下文）；
（2）提取的潜在电影标题（提取词）；
（3）提取的电影标题后面的5个单词（右上下文）。

为了表示这样的多部分样本，我们首先将每个部分转化为一个特征向量，然后将三个特征向量挨着叠加，得到整个样本的特征向量。

4.3.1　叠加特征向量

在电影标题分类问题中，首先收集所有的左上下文。然后应用词袋，将每个左上下文转化为二进制特征向量。接下来，收集所有的提取词，并应用词袋，将提取词转化为一个二进制特征向量。然后，收集所有的右上下文，并应用词袋，将每个右上下文转化为二进制特征向量。最后，连通所有样本，将左上下文、提取词和右上下文的特征向量连接起来。我们得到代表整个样本的最终的特征向量，如图4.13所示。

请注意，三个特征向量（每个样本的每个部分都有一个）是相互独立创建的。这意味着每个部分的词条词汇是不同的，因此，每个部分的特征向量维度也可能不同。

1　在实践中，对一些例子来说，潜在的电影标题左边或右边的上下文可以短于5个单词，因为它是推文的开头或结尾。

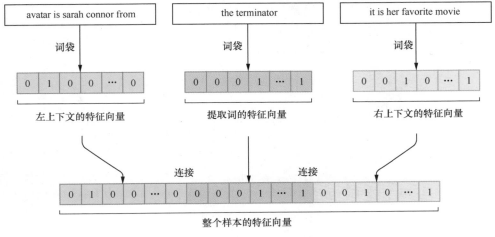

图 4.13　创建和叠加特征向量

连接特征向量的顺序并不重要。左上下文特征可以放在最终特征向量的中间或右侧。但是，你必须在所有的样本中保持相同的连通顺序。这可以确保每个特征在不同样本中代表相同的属性。

4.3.2　叠加单个特征

直到现在，我们都是以批量方式进行特征工程。独热编码和词袋编码通常会产生成千上万的特征。这是一种非常省时的特征工程方式，但有些问题需要更多的特征向量来获得足够高的**预测能力**（**predictive power**）。4.4 节将探讨一个特征的预测能力。

假设你已经有了一个分类器 m_A，它将整条推文作为输入，并预测其主题。设其中一个主题是电影。你可能想用分类器 m_A 提供的这些额外信息来丰富电影标题分类问题中的特征向量。在这种情况下，你将设计一个特征，可以描述为"该推文的主题是否是电影"，它也是二进制的：如果 m_A 预测的整个推文的主题是电影，则为 1；否则，为 0。同样，我们将这三个部分特征向量进行串联，如图 4.14 所示。

你可能会想出更多有用的特征来对推文进行标题分类。这些特征的例子有：
- 电影的平均IMDB评分；
- 该电影在IMDB上的投票数；
- 该片的烂番茄评分；

- 是否是最近的电影（或代表上映年份的数字）；
- 推文文本是否包含其他电影标题；
- 推文中是否包含演员或导演的名字。

	B-o-w 1	B-o-w 2							…								B-o-w M–1	B-o-w M	是电影吗？
样本 1	0	1	0	0	…	0	0	0	0	1	…	1	0	0	1	0	…	1	1
样本 2	0	0	1	1	…	1	0	1	0	1	…	0	1	1	1	0	…	0	0
⋮	⋮	⋮	⋮	⋮	⋮	⋮	⋮	⋮	⋮	⋮	⋮	⋮	⋮	⋮	⋮	⋮	⋮	⋮	⋮
样本 N	0	0	1	1	…	0	1	1	0	1	…	1	1	0	1	1	…	1	1

图 4.14　叠加单个特征

所有这些额外的特征，只要是数字特征，都可以连接到特征向量中。唯一的条件是，在所有的样本中，它们必须以相同的顺序进行连接。

4.4　好特征的属性

不是所有的特征都是一样的。在本节中，我们将探讨一个好特征的属性。

4.4.1　高预测能力

首先，一个好特征具有很高的**预测能力**（**predictive power**）。第 3 章曾提到预测能力是数据的一种属性。然而，一个特征也可以有高或低的预测能力。假设你想预测一个病人是否患有癌症。除了其他一些特征，你还知道这个人的汽车品牌和他是否已婚。这两个特征并不能很好地预测癌症，所以我们的机器学习算法不会学习这些特征和标签之间有意义的关系。预测能力是特征对问题的一种属性。如果问题不同，这个人的汽车品牌和是否结婚可以有很高的预测能力。

4.4.2　快速计算能力

好特征可以快速计算。比如你想预测一条推文的主题。一条推文很短，而基于词袋的特征向量将是稀疏的。**稀疏向量**（**sparse vector**）是指大多数维度的值为零的向量。如果你的数据集很小，文本很短，学习算法就很难看到稀疏向量中的模式，因为与它们的大小相比，它们包含的信息很少。一个稀疏向量中的信息很少与另一个稀疏向量中的信息包含在相同的维度中，即使它们代表类似的概念。

为了减少稀疏性，你可能希望用额外的非零值来增强稀疏特征向量。要做到这一点，你可能会将推文文本作为搜索查询发送到维基百科，然后从搜索结果中提取其他单词。维基百科的 API 没有给出任何响应速度的保证，所以可能需要几秒才能得到响应。对实时系统来说，特征提取的速度必须要快：一个在几分之一毫秒内计算出来的信息量较小的特征，往往比一个需要几秒计算出来的预测能力强的特征更受欢迎。如果你的应用必须快速，那么从维基百科上获得的特征可能不适合你的任务。

4.4.3　可靠性

一个好特征还必须是可靠的。同样，在维基百科的例子中，我们不能保证网站会完全响应：它可能会宕机，在计划的维护中，或者 API 可能会暂时过度使用而拒绝请求。因此，我们不能相信基于维基百科的特征将始终可用和完整。所以我们不能称这种特征是可靠的。一个不可靠的特征会降低你的模型所做的预测的质量。此外，如果缺少一个重要特征的值，一些预测可能会变得完全错误。

4.4.4　不相关

两个特征的**相关性**（**correlation**）意味着它们的值是相关的。如果一个特征的增长意味着另一个特征的增长，反之亦然，那么这两个特征是相关的。

一旦模型投入生产，它的表现可能会改变，因为输入数据的属性可能会随着时间的推移而改变。如果你的许多特征高度相关，即使是输入数据属性的微小变化也可能导致模型的行为发生重大变化。

有时模型是在严格的时间限制下建立的，所以开发者使用了所有可能的特征源。随着时间的推移，维护这些来源可能会变得很昂贵。一般建议消除多余的或高度相关的特征。特征选择技术有助于减少这些特征。

4.4.5　其他属性

一个好特征的基本属性是它的值在训练集中的分布与生产环境中的分布相似。例如，一条推文的日期可能是对它的一些预测所必需的。然而，如果你应用建立在历史推文上的模型来预测一些关于当前推文的内容，那么生产环境样本的日期总是会脱离训练分布，这可能会导致显著的错误[1]。

1　日期信息往往与机器学习相关，仍然可以包含在训练数据中。例如，你可以考虑对"一天中的小时""一周中的一天""一年中的一个月"这样的**周期性特征**（**cyclical feature**）进行特征工程。对于时间季节性具有预测能力的预测问题，拥有这样的特征是很有用的。

最后，你设计的特征应该是一元的，易于理解和维护的。一元性是指该特征代表了某个简单易懂且易解释的量。例如，如果根据一辆汽车的特征对它的型号进行分类，你可以使用重量、长度、宽度和颜色等一元性特征。像"长度除以重量"这样的特征不是一元性的，因为它是由两个一元性特征组成的。

一些学习算法可能会从组合特征中受益。然而，最好在模型训练流水线的一个专门阶段进行。本章后面将探讨特征组合和合成特征的生成。

4.5　特征选择

并非所有的特征对你的问题都同样重要。例如，在检测推文中的电影问题中，电影的长度可能不是一个非常重要的特征。同时，当你使用词袋时，词汇量可能非常大，而大多数词条只会在文本集合中出现一次。如果学习算法只在几个训练样本中"看到"某个特征具有非零值，那么算法能否从该特征中学习到任何有用的模式是值得怀疑的。然而，如果特征向量非常宽（包含数千或数百万个特征），训练时间会变得非常长。此外，训练数据的整体大小可能会变得太大，无法容纳在传统服务器的 RAM 中。

如果能够估计特征的重要性，我们将只保留最重要的特征。这让我们能够节省时间，在内存中容纳更多的样本，并提高模型的质量。下面，我们探讨一些特征选择技术。

4.5.1　切除长尾

通常情况下，如果一个特征只包含少数样本的信息（例如，非零值），这样的特征可以从特征向量中删除。在词袋中，你可以用词条计数的分布建立一个图，然后切除所谓的长尾，如图 4.15 所示。

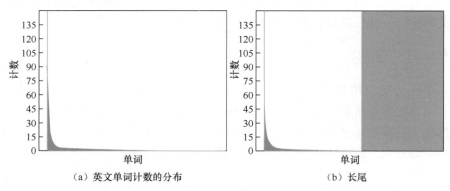

（a）英文单词计数的分布　　　　　（b）长尾

图 4.15　一组英文文本和长尾的单词数分布。计数最多的是"the"（615 个）；计数最少的是"zambia"（1 个）

一个分布的**长尾**（**long tail**）是指该分布中的这样一部分，它包含的元素的数量大大低于具有最高数量的元素的较小群体。这个较小的群体被称为分布的头部，它们的总计数至少占所有计数的一半。

决定定义长尾的阈值是有点主观的。一方面，你可以把它设置为问题的超参数，并通过实验发现最佳值。另一方面，可以通过观察计数的分布来决定，如图 4.15a 所示。如你所见，我在尾部元素的分布在视觉上已经变得平坦的地方切除长尾（见图 4.15b）。

是否要切除长尾，以及在哪里切除长尾，是值得商榷的。在有许多类的分类问题中，一些类之间的差异可能非常微妙。即使是其值很少为非零的特征也可能变得很重要。然而，去掉长尾特征往往会带来更快的学习和更好的模型。

4.5.2 Boruta

切除长尾并不是选择重要特征和去除不重要特征的唯一方法。**Kaggle** 比赛中使用的一个流行工具是 **Boruta**。Boruta 迭代训练**随机森林**（**random forest**）模型，并运行**统计测试**（**statistical test**）来识别重要和不重要的特征。该工具提供 R 包和 Python 模块。

Boruta 作为随机森林学习算法的封装器，它的名字 Boruta 是斯拉夫神话中的森林之灵。为了理解 Boruta 算法，我们先来回顾一下随机森林学习算法的工作原理。

随机森林是基于**装袋**（**bagging**）的思想。它利用训练集得到很多随机样本，然后在每个样本上训练不同的统计模型。然后通过取所有模型的多数票（用于分类）或平均值（用于回归）进行预测。随机森林与纯装袋（vanilla bagging）算法唯一的实质性区别是，在随机森林中，训练的统计模型是决策树。在决策树的每个分割处，都会考虑所有特征的随机子集。

随机森林有一个有用的特点，它内置了估计每个特征的重要性的能力。下面，我将解释这种估计如何在分类的情况下工作。

该算法分两个阶段工作。首先，它对原始训练集中的所有训练样本进行分类。随机森林模型中的每一棵决策树只对没有用于构建该树的样本的分类进行投票。在对一棵树进行测试后，记录该树的正确预测数。

在第二阶段，将某一特征的值在各样本中随机重新排列，并重复测试。再次记录每棵树的正确预测数。然后，对单棵树的特征重要性计算为原始设置和重新排列后的设置之间的正确分类数之差，除以样本数。为了得到特征重要性得分，对单个树的特征重要性测量值进行平均。虽然不是严格必要的，但使用 **z 分数**（**z-score**）

来代替原始重要性分数是很方便的。

为了得到一个特征的 z 分数，我们首先要找到各个树的各个特征得分的平均值和标准差。从得分中减去平均值，然后除以标准差，就可以得到特征的 z 分数。

你可能会止步于此，用各个特征的 z 分数作为判据来保留它（越高越好）。然而，在实践中，单凭重要性得分往往不能反映特征与目标之间有意义的相关性。因此，我们需要一个不同的工具来区分真正重要的特征和非重要的特征，你可能猜到了，Boruta 提供了这个工具。

Boruta 的基本思想很简单：我们首先通过添加每个原始特征的随机副本来扩展特征列表，然后基于这个扩展的数据集构建一个分类器。为了评估一个原始特征的重要性，我们将其与所有随机化特征进行比较。只有重要性高于随机化特征的特征（并且在统计学上显著）才会被认为是真正重要的特征。

下面我用其作者[1]描述的方式，概述了 Boruta 算法的主要步骤。为了一致和清晰，我进行了一点调整。

Boruta 算法

- 构建扩展的训练特征向量，其中每个原始特征被复制。在训练样本中随机重排列复制特征的值，以消除复制的变量和目标之间的任何相关性。
- 运行几次随机森林学习。复制的特征在每次运行前通过应用与上一步相同的随机特征值重排列过程进行随机化。
- 对于每次运行，计算所有原始和复制特征的重要性（z 分数）。如果一个特征的重要性高于所有复制特征中的最大重要性，则认为该特征对单次运行是重要的。
- 对所有原始特征进行**统计检验（statistical test）**。
  - **零假设（null hypothesis）**是该特征的重要性等于复制特征中的最大重要性（MIRA）。
  - 统计检验是一个**双边平等检验（two-sided equality test）**——当特征的重要性显著高于或显著低于 MIRA 时，该假设可能会被拒绝。
  - 对于每个原始特征，计算并记录命中数。
  - 一个特征的命中数是指该特征的重要性高于 MIRA 的运行次数。
  - R 运行的预期命中数为 $E(R)=0.5R$，标准差 $S=\sqrt{0.25R}$〔二项分布（**binomial distribution**），$p=q=0.5$〕。
  - 当命中数显著高于预期命中数时，一个原始特征被认为是重要的（接

1　Miron B. Kursa, Aleksander Jankowski, Witold R. Rudnicki, "Boruta - A System for Feature Selection," published in Fundamenta Informaticae 101 in 2010, pages 271–285.

受），当命中数显著低于预期时，被认为是不重要的（拒绝）。（对于所需的置信度，可以计算任意运行次数的接受和拒绝特征的限制。）

- 从特征向量（包括原始和复制的）中删除被认为不重要的特征。
- 在预定义的迭代次数中执行同样的过程，或者直到所有的特征被拒绝或最终被认为是重要的，以先到者为准。

Boruta 在许多 Kaggle 竞赛中都有很好的表现，因此，你可以认为它是一个普遍适用的特征选择工具。不过，在生产中使用 Boruta 之前，有一件事值得注意：Boruta 是一个启发式的工具。它的表现没有理论上的保证。如果你想确定 Boruta 不会造成伤害，请多次运行它，并确保特征选择是稳定的（即在多次 Boruta 应用于你的数据时保持一致）。如果特征选择不稳定，要确保随机森林中的树木数量足够大，以产生稳定的结果。

虽然 Boruta 是一种有效的特征选择方法，但它并不是从业者使用的唯一方法。在本书配套的 wiki 中有本章的扩展版本，其中你会发现其他几种方法的描述。

4.5.3　L1 正则化

正则化（**regularization**）是一系列提高模型**泛化能力**（**generalization**）的技术的总称。而泛化则是模型对未见过的样本正确预测标签的能力。

虽然正则化并不能让你识别重要的特征，但一些正则化技术（如 L1）允许机器学习算法学习忽略一些特征。

根据训练的模型种类不同，L1 的应用方式可能不同，但主要原理是一样的：L1会简化模型的复杂度。

在实践中，L1 正则化会产生一个**稀疏模型**（**sparse model**），也就是大部分参数等于零的模型。因此，L1 隐含地执行特征选择，决定哪些特征对预测是必不可少的，哪些不是。我们将在下一章更详细地探讨正则化。

4.5.4　特定任务的特征选择

特征选择也可以是针对任务的。例如，我们可以从表示自然语言文本的词袋向量中删除一些特征，排除与**停顿词**（**stop word**）相关的维度。停顿词是指对我们试图解决的问题来说，过于通用或常见的一些词。停顿词的常见例子是冠词、介词和代词。大多数语言的停顿词词典都可以在网上找到。

为了进一步降低从文本数据中获得的特征向量维度，有时对文本进行预处理是很实用的，将不常见的词（例如，语料库中的数量低于 3 个的词）替换为相同的合成词条，如 RARE_WORD。

4.6 合成特征

在最流行的 Python 机器学习包 **scikit-learn** 中实现的学习算法只适用于数字特征。但是将数字特征转换为分类特征还是很有用的。

4.6.1 特征离散化

对一个实值数字特征进行离散化的原因可能有很多。例如，一些特征选择技术只适用于分类特征。当训练数据集相对较小时，成功的离散化会给学习算法增加有用的信息。许多研究表明，离散化可以提高预测准确率。如果模型是基于离散的数值组，如年龄组或工资范围，那么人类解释模型的预测也会更简单。

分箱（**binning**），也称为**分桶**（**bucketing**），是一种流行的技术，它可以通过用一个恒定的分类值代替特定范围内的数值，将一个数字特征转化为一个分类特征。

有三种典型的分箱方法：

- 均匀分箱；
- 基于 k 均值的分箱；
- 基于分位数（quantile-based）的分箱。

在这三种情况下，你应该决定想有多少个箱。考虑图 4.16 中的图示。这里，我们有一个数字特征 j 和这个特征的 12 个值，在我们的数据集中，12 个样本各有一个。假设我们决定有 3 个箱。在均匀分箱中，一个特征的所有箱都有相同的宽度，如图 4.16 顶部所示。

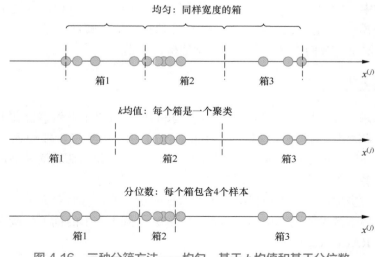

图 4.16 三种分箱方法——均匀、基于 k 均值和基于分位数

在基于 k 均值的分箱中，每个箱中的值属于最近的一维 k 均值聚类，如图 4.16 中部所示。

在基于分位数的分箱中，所有的箱都有相同数量的样本，如图 4.16 底部所示。

在均匀分箱中，一旦模型部署在生产环境中，如果输入特征向量中的特征值低于或高于任何一个箱的范围，那么就会分配最接近的箱，也就是最左边或最右边的箱。

记住，大多数现代机器学习算法的实现都需要数字特征。必须通过使用**独热编码**等技术将箱转化回数值。

4.6.2　从关系数据中合成特征

数据分析师经常在**关系型数据库**（relational database）中处理数据。例如，一个移动电话运营商想知道一个客户是否会很快放弃订阅。这个概率被称为**客户流失分析**。我们必须将每个客户表示为一个特征向量。

假设用户的数据包含在三个关系表中，用户、订单和通话，如图 4.17 所示。

用户表已经包含了两个潜在的有用特征：性别和年龄。我们还可以使用订单表和通话表中的数据创建合成特征。如你所见，用户 2 在订单表中有 3 条记录，而用户 4 在订单表中有 1 条记录，但在通话表中有 3 条记录。为了创建一个代表一个用户的特征，我们必须将这几条记录还原成一个值。一个典型的方法是从来自多行的数据中计算出各种统计量，并将每个统计量的值作为一个特征。最常用的统计量是**样本均值**（sample mean）和**标准差**（standard deviation）。标准差是**样本方差**（sample variance）的平方根。

举一个具体的例子，我计算了用户 2 和用户 4 的 4 个特征值。你可以在图 4.18 中找到它们。

有时，关系型数据库可以有更深的结构。例如，一个用户可以有订单，而每个订单可以有订购的项目。在这种情况下，我们可以计算一个统计值的统计值。例如，可以先计算出每个订单中商品价格的标准差，然后取这些标准差的平均值，为特定用户创建一个特征。你可以用任意的方式组合统计值：均值的均值、均值的标准差、标准差的标准差，等等。同样的原理也适用于表结构深度超过两层的数据库。

一旦根据所有可能的统计值组合生成了特征，你就可以使用特征选择方法中的一种，从而选择最有用的特征。

用户

用户ID	性别	年龄	…	订阅日期
1	M	18	…	2016-01-12
2	F	25	…	2017-08-23
3	F	28	…	2019-12-19
4	M	19	…	2019-12-18
5	F	21	…	2016-11-30

订单

订单ID	用户ID	金额	…	订单日期
1	2	23.0	…	2017-09-13
2	4	18.0	…	2018-11-23
3	2	7.5	…	2019-12-19
4	2	8.3	…	2016-11-30

通话

通话ID	用户ID	通话时长	…	通话日期
1	4	55	…	2016-01-12
2	2	235	…	2016-01-13
3	3	476	…	2016-12-17
4	4	334	…	2019-12-19
5	4	14	…	2016-11-30

图 4.17　用于客户流失分析的关系数据

用户特征

用户ID	性别	年龄	平均订单金额	订单金额标准差	平均通话时长	通话时长标准差
2	F	25	12.9	7.1	235.0	0.0
4	M	19	18.0	0.0	134.3	142.7

图 4.18　基于样本均值和标准差的合成特征

如果你想提高特征向量的预测能力，或者当训练集相当小的时候，你可以合成额外的特征，这将有助于预测。有两种典型的方法可以合成额外的特征：通过数据，或通过其他特征。

4.6.3　通过数据合成特征

通常用于合成一个或多个附加特征的技术是**聚类**（**clustering**）。假设我们使用 **k 均值聚类**（**k-means clustering**）。选择一个 k 值。如果你的最终目标是建立一个分类模型，那么为 k 分配一个值的常见方法是使用类的数量 C。在回归中，运用你的直觉或应用任何允许确定数据中聚类的正确值的技术，如**预测强度**（**prediction strength**）或肘部法则（**elbow method**）。对你的训练数据中的特征向量应用 k 均值聚类。然后添加 k 个附加特征到你的特征向量。额外的特征 $D+j$（其中 $j=1, \cdots, k$）将是二元的，如果相应的特征向量属于聚类 j，则等于 1。

可以通过应用不同的聚类算法，或从随机选择的起点多次重新开始 k 均值来合成更多的特征。

4.6.4　通过其他特征合成特征

神经网络（**neural network**）以其通过以非同寻常的方式组合简单特征来学习复杂特征的能力而著称。它们通过让简单特征的值经历几个层次的嵌套非线性变换来组合简单特征。如果你有丰富的数据，你可以训练一个深度多层感知器（**multilayer perceptron**）模型，它将学会巧妙地结合它接收到的基本一元的特征作为输入。

如果你没有无限量的训练样本供应（实践中经常出现这种情况），非常深的神经网络就会失去吸引力[1]。在数据集较小到中等大的情况下（训练样本的数量在一千到十万之间），你可能更喜欢使用浅层学习算法，并通过提供更丰富的特征集来"帮助"你的学习算法学习。

在实践中，从现有特征中获得新特征的最常见方法是对现有的一个或一对特征进行简单的变换。应用于样本 i 中的数字特征 j 的三种典型的简单变换是：①对特征进行**离散化**（**discretization**）；②对特征进行平方化；③利用欧氏距离或余弦相似度等一些度量，从样本 i 的 k 个最近邻居中找到的特征 j 的样本均值和标准差进行计算。

应用于一对数值特征的变换是简单的算术运算符：+、−、× 和 ÷〔这种技术也称为**特征交叉**（**feature-crossing**）〕。例如，你可以获得样本 i 中新特征 q 的值，其中 $q>D$，通过如下的方式组合特征 2 和特征 6 的值：$x_i^{(q)} \overset{\text{def}}{=} x_i^{(2)} \div x_i^{(6)}$。我任意地选取了特征 2 和特征 6 以及变换操作 ÷。如果原有特征的数字 D 不是太大，你可以生成

1　除非你在**迁移学习**（**transfer learning**）中使用深度预训练模型，这一模型将在第5章中讨论。

所有可能的变换（通过考虑所有的特征对和所有算术操作符）。然后，通过一种特征选择方法，选择那些能提高模型质量的特征。

4.7　从数据中学习特征

有时，可以从数据中学习有用的特征。当我们可以获得大量的相关有标签或无标签数据集合（如文本语料库或网络上的图像集合）时，从数据中学习特征是非常有效的。

4.7.1　单词嵌入

在第 3 章中，我们使用单词嵌入进行数据增强。**单词嵌入**是表示一些单词的一些特征向量。相似的单词有相似的特征向量，其中相似度由某种度量给出，如**余弦相似度**。单词嵌入是从文本文档的大语料库中学习来的。有一个隐藏层〔称为**嵌入层（embedding layer）**〕的浅层神经网络（**shallow neural network**）经过训练，它根据一个单词周围的单词来预测该单词，或根据中间的单词预测周围的单词。一旦神经网络得到训练，嵌入层的参数就会被用于单词嵌入。有很多算法可以从数据中学习单词嵌入。最广泛使用的算法是 **word2vec**，是谷歌发明的，代码开源，可以获取。预先训练好的 word2vec 嵌入可以下载，适用于多种语言。

一旦有了某个语言的单词嵌入集合，你就可以用它们来表示用该语言写的句子或文档中的单个词，而不是使用**独热编码**。

我们来看看 word2vec 算法的一个版本，即**跳连续词（skip-gram）**是如何训练单词嵌入的。在单词嵌入学习中，我们的目标是建立一个模型，可以用它将一个单词的独热编码转换为单词嵌入。假设我们的字典包含 10 000 个单词。每个单词的独热向量是一个 10 000 维的向量，除了一个维度包含 1 之外，其余都是 0，不同的单词在不同的维度上有一个 1。

考虑一个句子："I am attentively reading the book on machine learning engineering."现在，取同样的句子，但去掉一个单词，比如说"book"。句子就变成了："I am attentively reading the · on machine learning engineering."现在我们只保留"·"前面的三个单词和后面的三个单词："attentively reading the · on machine learning."看着"·"前后的 6 词窗口；如果要你猜测"·"是什么，你可能会说"book""article"或"paper"。这就是上下文单词如何让你预测它们所包围的单词。这也是机器如何学习到"book""article"或"paper"这些词有相似的含义。它们在多个文本中有着相似的上下文。

事实证明，让它反过来工作也行：一个词可以预测它周围的上下文。"attentively reading the · on machine learning" 这一小块叫作跳连续词（skip-gram），窗口大小为 6（3+3）。通过使用网络上的文档，我们可以很容易地创造出数亿个跳连续词。

　　我们用下面的方式来表示一个跳连续词：$[x_{-3}, x_{-2}, x_{-1}, x, x_{+1}, x_{+2}, x_{+3}]$。在我们的句子中，$x_{-3}$ 是 "attentively" 的独热向量，x_{-2} 对应 "reading"，x 是跳过的词 "·"，x_{+1} 是 "on"，等等。

　　窗口大小为 4 的跳连续词是这样的：$[x_{-2}, x_{-1}, x, x_{+1}, x_{+2}]$。它也可以用图示描述，如图 4.19 所示。它是一个**全连接的网络（fully-connected network）**，就像**多层感知器（multilayer perceptron）**一样。在跳连续词中，输入词表示为 "·"。神经网络要学习根据给定输入的中心词，预测跳连续词的上下文词。

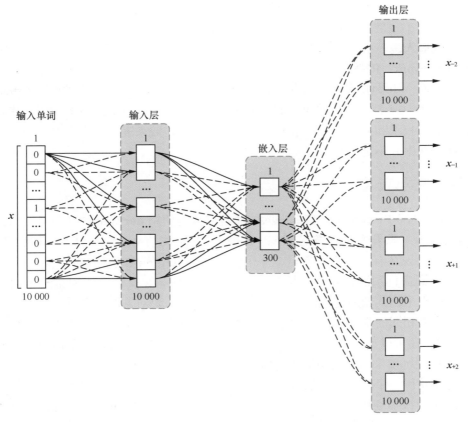

图 4.19　窗口大小为 4 的跳连续词模型，嵌入层为 300 个单元

输出层中使用的**激活函数（activation function）**是 **softmax**。**成本函数**是**负对数似然（negative log-likelihood）**。一个词的嵌入由嵌入层的参数给出，这些参数在给定一个独热编码词作为模型的输入时适用。

使用 word2vec 训练的单词嵌入有一个问题，就是单词嵌入的集合是固定的，你不能将模型用于词汇表以外的单词，也就是用于训练单词嵌入的语料中不存在的单词。还有其他神经网络的架构，可以获得任何单词的嵌入，包括词汇表以外的单词。其中一个在实践中经常使用的架构是 **fastText**。它是 Facebook 发明的，代码开源，可以获得。

word2vec 和 fastText 之间的关键区别在于，word2vec 将语料库中的每个单词作为一个一元的实体，并为每个单词学习一个向量。与之不同，fastText 将每个单词视为一些嵌入向量的平均值，这些嵌入向量代表组成该单词的 n 元连续字符。例如，"mouse" 一词的嵌入是 "<mo" "mou" "<mou" "mous" "<mous" "mouse" "<mouse" "mouse>" "ous" "ouse" "ouse>" "use" "use>" "se>" 等 n 元连续字符的嵌入向量的平均值（假设最小和最大 n 元连续字符的大小分别为 3 和 6）。

单词嵌入是表示自然语言文本的一种有效方式，可用于**循环神经网络（Recurrent Neural Network，RNN）**和卷积神经网络（CNN）等适应于处理序列的神经网络架构中。然而，如果你想使用单词嵌入来表示可变长度的文本，用于**浅层学习（shallow learning）**算法（需要固定维度的输入特征向量），你必须对单词向量应用一些聚合操作，如加权求和或平均。以组成文档的单词的平均数来表示一个文本文档，结果发现在实践中并不是很有用。

4.7.2　文档嵌入

获取一个句子或整个文档的嵌入的流行方法是使用 **doc2vec** 神经网络架构，该架构也是由谷歌开发的，并且开源。doc2vec 的架构与 word2vec 非常相似。唯一的区别是，现在有两个嵌入向量，一个针对文档 ID，一个针对单词。对一个输入词的周边词进行预测，其方法是首先对两个嵌入向量（文档嵌入向量和单词嵌入向量）进行平均，然后通过这个平均数预测周边词。要对这两个向量进行平均，它们必须具有相同的维度。有趣的是，这使得不仅可以比较文档向量（通过寻找余弦相似度），还可以比较一个文档和一个单词向量。这样训练出来的单词向量与使用 word2vec 训练出来的单词向量非常相似。

为了获得一个新文档的嵌入（它不属于用于训练文档嵌入的语料库），首先将这个新文档添加到语料库中。它得到一个分配给它的新文档 ID。然后，对现有的模型另外再进行一些训练周期，冻结除新参数外所有训练过的参数，对应新的文档

ID。输入的文档 ID 是以独热编码的方式提供的。

4.7.3 任何东西的嵌入

以下技术常用于获取任何对象（而不仅仅是单词或文档）的嵌入向量。首先，我们制定一个监督学习问题，将对象作为输入并输出一个预测。然后我们建立一个有标签数据集，并训练一个神经网络模型，以解决监督学习问题。然后我们将神经网络模型输出层附近的一个全连接层的输出（在非线性之前）作为输入对象的嵌入。

例如，ImageNet 的有标签图像数据集和深度**卷积神经网络**架构，类似于**AlexNet**，经常被用来训练图像的嵌入。图 4.20 为图像的嵌入层的图示。在这个图示中，我们有一个深度卷积神经网络，在输出附近有两个**全连接层**（**fully connected layer**）。该神经网络被训练成预测图像中所描绘的对象。为了获得不用于训练模型的图像的嵌入，我们将该图像（通常表示为三个像素矩阵，每个矩阵表示 R、G 和 B 通道之一）发送到神经网络的输入，然后在非线性之前使用其中一个全连接层的输出。哪一个全连接层更好，取决于你要解决的任务，必须通过实验来决定。

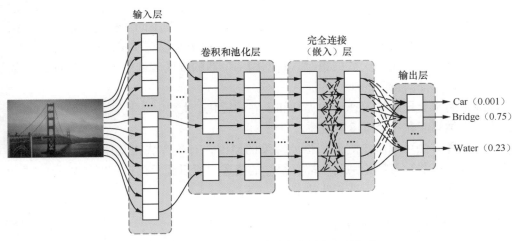

图 4.20 用于训练图像嵌入的神经网络架构

按照上述方法，我们可以训练任何类型的嵌入。数据分析师只需要弄清楚如下三件事。

- 要解决什么监督学习问题（对于图像，通常是物体分类）。
- 如何表示神经网络的输入（对于图像，像素矩阵每个通道一个）。
- 在全连接层之前，神经网络的架构将是什么（对于图像，通常是深度CNN）。

4.7.4　选择嵌入维度

嵌入维度通常由实验或经验来确定。例如，谷歌在其 TensorFlow 的文档中推荐了以下经验法则：

$$d = \sqrt[4]{D}$$

其中，d 为嵌入维度，D 为"类别数"。对单词嵌入来说，类别数就是语料库中唯一的词的数量。对于任意嵌入，则是原始输入的维度。例如，如果语料库中唯一词的数量为 D=5 000 000，那么嵌入维度 $d = \sqrt[4]{5\,000\,000} = 47$。在实践中，经常使用 50 ~ 600 的数值。

选择嵌入维度的一个更有原则的方法是，将其视为根据下游任务调整的一个超参数。例如，如果你有一个有标签文档语料库，那么你可以通过最小化在该有标签数据上训练的分类器所犯的预测错误数来优化嵌入维度，其中文档中的单词由嵌入来表示。

4.8　降维

有时，可能需要减少样本的维度。这与特征选择问题不同。在特征选择中，我们分析所有现有特征的属性，并删除那些在我们看来对模型质量贡献不大的特征。当我们将**降维**技术应用于数据集时，我们用一个新的维度较低的、合成特征的向量来替换原始特征向量中的所有特征。

降维通常会导致学习速度的提高和更好的泛化。此外，它还改善了数据集的可视化：人类只能在三个维度上观察。

有几种方法可以降维。而根据要降维的原因，有些方法比其他方法更受欢迎。降维技术在机器学习理论书籍中都有很好的描述，所以我只讨论何时数据分析师应该优先选择一种技术而不是其他技术。

4.8.1　用PCA快速降维

主成分分析（**Principal Component Analysis，PCA**）是最古老的技术。到目前为止，它也是最快的选择。表现对比测试显示，PCA 算法的速度对数据集大小的依赖性非常弱。因此，你可以有效地将 PCA 作为模型训练之前的一个步骤，并通过实验找降维的最佳值，作为超参数调整过程的一部分。

PCA 最显著的缺点是，数据必须完全放入内存，算法才能工作。PCA 有一个基于外存的版本，叫作**增量 PCA**（**incremental PCA**），它允许在数据集的批次上运行算法，一次只在内存中加载一个批次。不过，增量 PCA 还是比 PCA 慢了一个数量级。与下面探讨的其他两种技术相比，PCA 对于可视化目的也不太实用。

4.8.2 用于可视化的降维

如果你的目标是可视化，那么你会更喜欢**一致的流形逼近和投影**（**Uniform Manifold Approximation and Projection，UMAP**）算法，或者**自编码器**。这两种算法都可以通过专门的编程来产生二维或三维特征向量，而在 PCA 中，算法会产生 D 个所谓的**主成分**（**principal component**），其中 D 是数据的维度，分析师必须选择前两个或三个主成分作为可视化的特征。UMAP 通常比自编码器快得多，但这两种技术产生的可视化效果非常不同，所以你会根据特定数据集的属性选择其中一种。此外，和 PCA 一样，UMAP 要求所有数据都在内存中，而自编码器可以分批训练。

降维也可以是针对任务的。例如，我们可以通过使用图像编辑器来减少图片的维度。同样，我们可以减少声音序列的比特率和通道数。

4.9 缩放特征

一旦你的所有特征都是数值化的，就差不多可以开始研究你的模型了。剩下的唯一可能会有帮助的一步，那就是缩放特征。

特征缩放（**feature scaling**）就是将所有特征的值或分布范围调整到相同或非常相似。多个实验表明，应用于缩放特征的学习算法可能会产生更好的模型。虽然不能保证缩放会对模型的质量产生积极影响，但它被认为是一种最佳实践。缩放还可以提高深度神经网络的训练速度。它还可以保证没有单个特征占主导地位，特别是在梯度下降或其他迭代优化算法的初始迭代中。最后，缩放可以降低**数字溢出**（**numerical overflow**）的风险，这是计算机在处理非常小或非常大的数字时的问题。

4.9.1 归一化

归一化（**normalization**）是指将一个数字特征可以采取的实际值范围转换为一个预定义的、人为规定的值范围的过程，通常是在 [-1, 1] 或 [0, 1] 的区间内。

例如，设一个特征的自然范围是 350 ~ 1 450。通过从特征的每个值中减去 350，并将结果除以 1 100，我们将这些值归一化到 [0, 1] 的范围内。更一般地，归一化公式是这样的：

$$\overline{x}^{(j)} \leftarrow \frac{x^{(j)} - \min^{(j)}}{\max^{(j)} - \min^{(j)}}$$

其中，$x^{(j)}$ 是某个样本中特征 j 的原始值；$\min^{(j)}$ 和 $\max^{(j)}$ 分别是训练数据中特征 j 的最小值和最大值。

如果你喜欢 $[-1, 1]$ 的范围，那么归一化公式是这样的：

$$\overline{x}^{(j)} \leftarrow \frac{2 \times x^{(j)} - \max^{(j)} - \min^{(j)}}{\max^{(j)} - \min^{(j)}}$$

归一化有一个缺点，即 $\max^{(j)}$ 和 $\min^{(j)}$ 的值通常是离群值，所以归一化会把正常的特征值"挤"到一个很小的范围内。解决这个问题的一个方法是应用**剪裁**（**clipping**），即为 $\max^{(j)}$ 和 $\min^{(j)}$ 选取"合理"的值，而不是使用训练数据中的极端值。设一个特征的合理范围估计为 $[a, b]$。在使用上述两个公式之一计算缩放值之前，如果 $x^{(j)}$ 低于 a，则将特征的值 $x^{(j)}$ 设置（"剪裁"）为 a，如果高于 b，则设置为 b。估计 a 和 b 的值的常用方法是**温莎缩尾处理**（**winsorization**）。该技术以工程师和生物统计学家 Charles Winsor（1895—1951）的名字命名。温莎缩尾处理包括将所有离群值设置为一个指定的数据百分位数，例如，90% 的温莎缩尾处理将看到所有低于第 5 百分位数的数据设置为第 5 百分位数，高于第 95 百分位数的数据设置为第 95 百分位数。在 Python 中，温莎缩尾处理可以应用于一个数字列表，如下所示：

```
1   from scipy.stats.mstats import winsorize
2   winsorize(list_of_numbers, limits=[0.05, 0.05])
```

`winsorize` 函数的输出将是一个与输入相同长度的数字列表，离群值被"剪裁"。R 中对应的代码如下所示：

```
1   library(DescTools)
2   DescTools::Winsorize(vector_of_numbers, probs = c(0.05, 0.95))
```

有时，会采用**均值归一化**（**mean normalization**）：

$$\overline{x}^{(j)} \leftarrow \frac{x^{(j)} - \mu^{(j)}}{\max^{(j)} - \min^{(j)}}$$

其中，$\mu^{(j)}$ 是特征 j 的值的样本均值。

4.9.2　标准化

标准化〔**standardization**，或 **z 分数归一化**（**z-score normalization**）〕是指在这个过程中，对特征值进行重新调整，使其具有标准正态分布（**standard normal distribution**）的特点，即 $\mu=0$，$\sigma=1$，其中 μ 是**样本均值**（特征的平均值，是训练

数据中所有样本的平均值），σ 是样本均值的标准差。

特征的标准分（或 z 分数）计算如下：

$$\hat{x}^{(j)} \leftarrow \frac{x^{(j)} - \mu^{(j)}}{\sigma^{(j)}}$$

其中，$\mu^{(j)}$ 为特征 j 的值的样本均值，$\sigma^{(j)}$ 为从样本均值中提取特征 j 的值的**标准差**。

此外，有时在应用上述缩放技术之前，对特征值进行简单的数学变换是有帮助的。这样的变换包括取特征的对数，对其进行平方，或者提取特征的平方根。我们的想法是获得一个尽可能接近正态分布的分布。

你可能会想知道什么时候应该使用归一化，或者什么时候应该使用标准化。这个问题没有明确的答案。理论上，归一化对均匀分布的数据效果会更好，而标准化往往对正态分布的数据效果最好。然而，在实践中，数据很少按照完美的曲线分布。通常，如果你的数据集不是太大，而且你有时间，可以尝试这两种方法，看看哪种方法对你的任务表现更好。特征缩放通常对大多数学习算法有利。

4.10　特征工程中的数据泄露问题

在特征工程中，数据泄露可能发生在几种情况下，包括特征离散化和特征缩放。

4.10.1　可能出现的问题

设想你使用整个数据集来计算每个箱的范围或特征缩放因子。然后将数据集分成训练集、验证集和测试集。如果你这样进行，训练数据中的特征值将部分地通过使用属于留出集的样本来获得。当你的数据集足够小的时候，可能会导致你的模型在留出集数据上的表现过于乐观。

现在假设你正在处理文本，用**词袋**来创建整个数据集的特征。在建立词汇后，你将数据分成了三组。在这种情况下，学习算法将接触到基于仅存在于留出集中的词条的特征。同样，与你在特征工程之前划分数据相比，模型将显示出假的更好表现。

4.10.2　解决方案

有一个解决方案，你可能已经猜到：首先将整个数据集拆分为训练集和留出集，只对训练数据进行特征工程。当你使用**均值编码（mean encoding）**将分类特征转化为数字时，这也是适用的：先拆分数据，然后只根据训练数据计算标签的样本均值。

4.11 存储特征和编写文档

即使你计划在完成特征工程后立即训练模型，也建议设计一个提供特征预期属性描述的模式文件（schema file）。

4.11.1 模式文件

模式文件是一个描述特征的文件。这个文件是机器可读的，版本化的，并且在每次有人对特征进行重大更新时都会更新。下面是几个可以在模式中编码的属性的例子。

- 特征的名称。
- 对于每个特征：
  - 它的类型（分类的，数字的）；
  - 预计具有该特征的样本的比例；
  - 最小值和最大值；
  - 样本均值和方差；
  - 是否允许有零；
  - 是否允许未定义的值。

下面是一个 4 维数据集的模式文件的例子。

```
1   feature {
2       name : "height"
3       type : float
4       min : 50.0
5       max : 300.0
6       mean : 160.0
7       variance : 17.0
8       zeroes : false
9       undefined : false
10      popularity : 1.0
11  }
12
13  feature {
14      name : "color_red"
15      type : binary
16      zeroes : true
17      undefined : false
```

```
18        popularity : 0.76
19    }
20
21    feature {
22        name : "color_green"
23        type : binary
24        zeroes : true
25        undefined : false
26        popularity : 0.65
27    }
28
29    feature {
30        name : "color_blue"
31        type : binary
32        zeroes : true
33        undefined : false
34        popularity : 0.81
35    }
```

4.11.2　特征商店

　　大型和分布式组织可能会使用一个**特征商店（feature store）**，允许在多个数据科学团队和项目之间保存、记录、复用和共享特征。在不同的项目和团队中，维护和服务特征的方式可能有很大的不同。这就引入了基础设施的复杂度，并经常导致重复的工作。大型分布式组织面临着其中的一些挑战。

特征没有复用

　　代表一个实体的同一属性的特征被不同的工程师和团队多次实现，而其他团队的现有工作和现有的机器学习流水线本来是可以重复使用的。

特征定义各不相同

　　不同的团队对特征的定义不同，而且不一定能访问特征的文档。

计算密集型特征

　　一些实时机器学习模型并不是基于信息性的，而是计算密集型的特征。在快速存储中拥有这些特征将允许实时使用这些特征，而不仅仅是在批处理模式下。

训练和服务之间的不一致

　　模型通常使用历史数据进行训练，但在服务时，会暴露在实时在线数据中。一些特征的值可能取决于服务时不可用的整个历史数据集。为了使模型正确工作，每个特征必须在离线（开发）和在线（生产）模式下，对相同的输入数据实体给出相同的值。

特征到期时间未知

当一个新的输入样本进入生产环境时，无法知道到底哪些特征需要重新计算，而是需要运行整个流水线来计算预测所需的所有特征的值。

特征商店是一个中央保险库，用于存储一个组织机构内的文档化、有策划和访问控制的特征。每个特征由 4 个元素描述：名称、描述、元数据、定义。

特征名称是一个唯一标识该特征的字符串，例如，average_session_length（平均会话长度）或 document_length（文档长度）。

特征描述是对它所代表的对象属性的自然语言文字描述，例如，"用户会话的平均长度"或"文档的单词数"。

除了模式文件中的这些属性外，特征元数据还可以提供：为什么该特征被添加到模型中，它是如何对泛化做出贡献的，负责维护特征数据源的组织机构中的人名[1]，输入类型（如数值、字符串、图像），输出类型（如数值标量、分类、数值矢量），特征商店是否必须缓存该特征的值，如果是，缓存多长时间。一个特征还可以被标记为在线和离线可用，或者只用于离线处理。可供在线处理的特征必须以这样的方式实现，即其值可以是以下两种：①从缓存或值存储中快速读取；②实时计算。可以实时计算的特征包括，例如，对输入的数字进行平方，确定单词的形状，或者在组织机构的内部网中进行搜索。

特征的定义是版本化的代码，如 Python 或 Java。它将在运行时环境中执行，并应用于输入来计算特征值。

特征商店允许数据工程师插入特征。而数据分析师和机器学习工程师则使用 API 来获取他们认为相关的特征值。一个特征商店可以为一个在线输入提供特征。或者，离线工作的分析师可能希望将训练数据转换为特征向量的集合，并将向特征商店发送一批输入。

为了实现**可重复性**，特征商店中的特征值是有版本的。通过特征值版本化，数据分析师能够使用与训练前一个模型版本相同的特征值重建模型。在给定输入的特征值更新后，之前的值不会被清除。相反，它保存时带有一个时间戳，表示该值是何时生成的。此外，模型 m_B 使用的特征 j 本身可以是某个模型 m_A 的输出。一旦模型 m_A 发生变化，保留其旧版本是很重要的：模型 m_B 仍然可能期望将旧版本 m_A 产生的输出作为输入。

如图 4.21 所示，特征商店位于整体机器学习流水线中。该架构的灵感来自 Uber 的 Michelangelo 机器学习平台。它包含两个特征商店，在线和离线，其数据

---

1 如果该特征的负责人离开公司，必须自动提醒产品负责人。

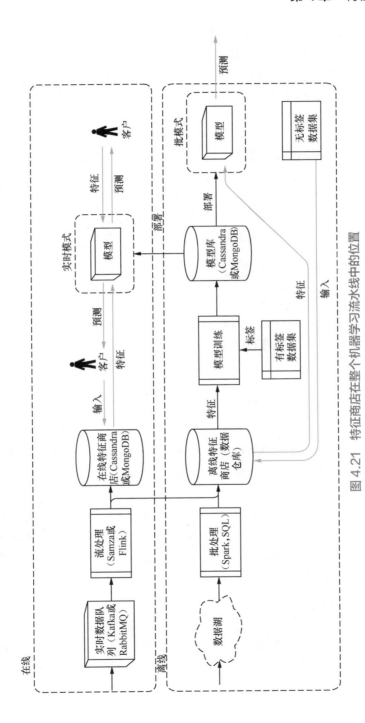

图 4.21 特征商店在整个机器学习流水线中的位置

是同步的。在 Uber，在线特征商店通过使用实时数据，近乎实时地频繁更新。相比之下，离线特征商店是通过使用在线计算的一些特征的值，以及来自日志和离线数据库的历史数据，以批处理模式进行更新。一个在线计算的特征的例子是"餐厅过去一小时的平均备餐时间"。离线计算出的特征的一个例子是"餐厅过去七天的平均备餐时间"。在 Uber，离线商店的特征每天都会同步到在线商店一次或几次。

4.12 特征工程最佳实践

多年来，分析师和工程师发明、试验和评估了各种最佳实践。今天，几乎所有的机器学习项目都推荐使用这些最佳实践。使用这些最佳实践可能不会显著地改善每个项目，但绝对不会有坏处。本章已经探讨过的一个最佳实践是将特征归一化或标准化。

4.12.1 生成许多简单的特征

在建模之初，尽量多设计一些"简单"的特征。当一个特征不需要花费大量的时间来编码时，它就是简单的。例如，文档分类中的词袋方法只需几行代码就能生成数千个特征。只要你的硬件有能力，就可以使用任何可测量的东西作为特征。你不可能事先知道某个量与其他量的结合，是否对预测有用。

4.12.2 复用遗留系统

如果用一个统计模型替换一个旧的、非机器学习的算法，请用旧算法的输出作为新模型的一个特征。确保旧的算法不再改变，否则，随着时间的推移，模型的表现可能会受到负面影响。如果旧算法的速度太慢，无法成为特征，则将旧算法的输入作为新模型的特征。

只有当你控制外部系统的行为时，才使用外部系统作为特征源。否则，外部系统有可能会随着时间的推移而进化，而你却不知道。此外，外部系统的所有者可能会决定将你的模型的输出作为他们模型的输入。这就形成了**隐藏的反馈环路**（**hidden feedback loop**），即你影响了你所学习的现象的情况。

4.12.3 在需要时使用 ID 作为特征

在需要的时候使用 ID 作为特征。这似乎有悖于直觉，因为唯一的 ID 对泛化没有贡献。然而，使用 ID 可以创建一个模型，在一般情况下有一种行为，而在其他情况下有不同的行为。

例如，你想对某个地点（城市或村庄）进行预测，你有该地点的一些属性作为特征。通过使用位置 ID 作为特征，你可以添加一个一般位置的训练样本，并训练模型在其他特定位置的不同行为。

但是，要避免使用样本 ID 作为特征。

4.12.4 但在可能时要减少基数

只有当你想让模型有不同的"行为模式"时，才会使用具有许多值（超过十几个）的分类特征。典型的例子是邮政编码或国家。如果你想让模型在俄罗斯和美国有不同的行为，你可以考虑使用分类特征"国家"，而其他方面的输入是相似的[1]。

如果你有一个有很多值的分类特征，但你不需基于该特征有多个模式的模型，可以尝试减少该特征的基数（即不同值的数量）。有几种方法可以做到这一点。我们在 4.2.4 节已经探讨了其中的一种，即**特征哈希**（**feature hashing**）。下面将简要讨论其他技术。

将相似的值分组

试着将一些值归入同一类别。例如，如果你认为在一个区域内，不同的地点可能需要不同的预测，那么就将同一州的所有邮政编码归为一个州代码。将州分组为区域。

将长尾分组

同样，尝试将长尾的罕见值归类到"其他"这个名称下，或者将它们与类似的常见值合并。

删除特征

如果一个分类特征的所有或几乎所有的值都是唯一的，或者一个值支配了所有其他的值，考虑完全删除该特征。

缩小特征的粒度要慎重。分类特征往往与其他分类特征存在功能上的依赖关系，其预测能力往往来自它们的组合。以州和城市为例。如果我们决定对州特征中的一些值进行分组或删除，我们可能会无意中破坏了模型用于区分不同州的 "Springfield" 的信息。

4.12.5 谨慎使用计数

谨慎使用基于计数的特征。有些计数随着时间的推移大致保持在同一个边界。

1　通常情况下，你希望模型做的事情和数据所决定的事情是两件非常不同的事情。即使你认为模型必须独立于国家做出类似的预测，但实际上，你可能会得到很差的模型表现，因为不同国家的训练数据中的标签分布是不同的。

例如，在词袋中，如果你使用每个词条的计数而不是二进制值，那么只要输入的文档长度不随时间增长或缩小，就没有问题。但是，如果你有一个类似于"订阅以来的通话次数"这样的特征，一方面，对一个成长中的手机供应商的客户来说，一些老客户的通话次数可能会非常高，相比之下，新客户群的通话次数会更高。另一方面，训练数据可能是在公司还很年轻，没有任何老客户的时候建立的。

当你根据这些值在数据集中的常见程度将特征值分门别类时，也必须采取同样的谨慎态度。随着时间的推移，随着更多数据的添加，今天不常见的值可能会变得更加频繁。不时重新评估模型和特征，这被认为是最佳实践。

4.12.6　必要时进行特征选择

在必要的时候进行特征选择。可能的原因如下。

- 需要有一个可解释的模型（所以你要保留最重要的预测因素）。
- 严格的硬件要求，如RAM、硬盘空间。
- 实验和在生产中重建模型的时间很短。
- 你期望两个模型训练之间有显著的**分布偏移**。

如果你决定进行特征选择，请从 Boruta 开始。

4.12.7　认真测试代码

特征工程代码必须认真测试。单元测试应覆盖每个特征提取器。检查每个特征是否使用尽可能多地输入正确生成。对于每个布尔特征，检查它在应该为真时为真，在应该为假时为假。检查数值特征的合理值范围。检查 NaN（非数字值）、无值、零值和空值。一个有缺陷的特征提取器会导致模型的表现任意变差。如果模型的行为很奇怪，特征提取器是寻找问题的首选之地。

每个特征都必须测试速度、内存消耗以及与生产环境的兼容性。在你的本地环境中工作得很好的东西，在生产环境中部署时可能会表现很差。

模型部署在生产环境之后，每次加载时，必须重新运行特征提取器测试。如果一个特征使用了一些外部资源，如数据库或 API，这些资源可能在特定的生产运行时实例上不可用。如果特征提取过程中的任何资源不可用，特征提取器必须抛出异常并死机。避免悄无声息的故障，这些故障可能会在很长一段时间内不被察觉，模型表现下降或变得完全错误。

同时建议在固定的测试数据上定期运行特征提取器，以确保特征值分布保持不变。

4.12.8　保持代码、模型和数据的同步性

特征提取代码的版本必须与模型的版本和用于建立模型的数据同步。这三者必须同时部署或回滚。每次在生产环境中加载模型时,检查这三个元素是否同步(即它们的版本是相同的)是很有用的。

4.12.9　隔离特征提取代码

特征提取代码必须独立于支持模型的其余代码。应该可以更新负责每个特征的代码,而不影响其他特征、数据处理流水线或模型的调用方式。唯一的例外是当许多特征是批量生成的时候,比如独热编码和词袋。

4.12.10　将模型和特征提取器序列化在一起

在可能的情况下,联合序列化(Python 中的 pickle,R 中的 RDS)模型和建立模型时使用的特征提取器对象。在生产环境中,将两者反序列化并使用。在可能的情况下,避免拥有多个版本的特征提取代码。

如果生产环境不允许你同时反序列化模型和特征提取代码,那么在训练模型和服务模型时,要使用相同的特征提取代码。数据科学家用来训练模型的代码,与 IT 团队可能为生产环境编写的优化代码之间,哪怕是微小的差异,都可能导致重大的预测错误。

一旦用于特征提取的生产环境代码准备就绪,就用它来重新训练模型。在特征提取代码发生任何变化后,一定要完全重新训练模型。

4.12.11　记录特征的值

对在线样本的随机抽样在生产环境中提取的特征值进行记录。当你在新版本的模型上工作时,这些值将有助于控制训练数据的质量。它们允许你比较并确保在生产环境中记录的特征值与你在训练数据中观察到的特征值相同。

4.13　小结

特征是从模型打算要处理的数据实体中提取的值。每个特征代表数据实体的一个特定属性。特征被组织在特征向量中,模型学习对这些特征向量进行数学运算,以生成所需的输出。

对于文本，可以通过使用词袋等技术批量生成特征。词袋特征向量中的数字意味着文本文档中存在或不存在特定词汇。这些数字可以是二进制的，也可以包含更多的信息，比如文档中每个词的频率，或者 TF-IDF 值。

大多数机器学习算法和库都要求所有特征都是数字。为了将分类特征转换为数字，会使用独热编码和均值编码等技术。如果分类特征的值是周期性的，比如一周中的天数或一天中的小时数，一个更好的选择是将该周期性特征转换成两个特征，使用正弦－余弦变换。

特征哈希是一种将文本数据或具有许多值的分类属性转换为任意维度的特征向量的方法。当独热编码或词袋生成的特征向量的维度不切实际时，这可能是有用的。

主题建模是一个算法技术系列，如 LDA 和 LSA，它允许我们学习一个模型，将任意文档转换为所需维度的主题向量。

时间序列是一个有序的观测序列。每个观测值都标有一个与时间相关的属性，如时间戳、日期、年份等。在神经网络达到现代的学习能力之前，分析师使用浅层的机器学习工具箱来处理时间序列数据。时间序列必须被转换为"平的"特征向量。现在，分析师使用适应于处理序列的神经网络架构，如 LSTM、CNN 和 Transformer。

好特征具有很高的预测能力，可以快速计算。它们也是可靠的和不相关的。

重要的是，训练集里特征值的分布与生产环境模型将收到的值分布相似。此外，好特征是一元的，易于理解和维护。一元的特征意味着它代表了一个简单易懂和易解释的量。

为了提高数据的预测能力，可以通过对现有的数字特征进行离散化，对训练样本进行聚类，或者对现有特征进行简单的变换，或者对特征对进行组合，来合成额外的特征。

对于文本，可以从无标签数据中学习特征，以单词嵌入和文档嵌入的形式。更一般而言，如果我们设法制定一个合适的预测问题并训练一个深度模型，就可以对任何类型的数据进行嵌入训练。然后从几个最右边（即最接近输出）的全连接层中提取嵌入向量。

明智地使用特征选择技术，去除对模型质量没有贡献的特征。两个常见的技术是切除长尾和 Boruta。L1 正则化也可以作为一种特征选择技术。

降维可以改进高维数据集的可视化程度。它还可以提高模型的预测质量。目前，PCA、UMAP 和自编码器等技术被用于降维。PCA 的速度非常快，但 UMAP 和自编码器能产生更好的可视化效果。

在训练模型之前扩展特征，在模式文件或特征商店中存储和记录特征，保持代码、模型和训练数据同步，这些被认为是最佳实践。

特征提取代码是机器学习系统中最重要的部分之一。它必须经过广泛而系统的测试。

第5章 监督模型训练（第一部分）

模型训练（或建模）是机器学习项目生命周期（如图 5.1 所示）的第四个阶段。

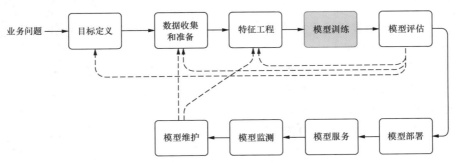

图 5.1 机器学习项目生命周期

很明显，没有训练，就无法建立模型。然而，模型训练是机器学习中最被高估的活动之一。平均来说，一个机器学习工程师只花了 5% ~ 10% 的时间在建模上，如果有。成功的数据收集、准备工作和特征工程更为重要。通常，建模只是简单地将 scikit-learn 或 R 中的算法应用到你的数据中，并随机尝试超参数的几个组合。所以，如果你跳过了前面两章，直接跳进了建模，请回去阅读这些章节，它们很重要。

正如本章标题所示，我将监督模型训练分为两部分。在第一部分中，我们将考虑学习准备、选择学习算法、浅层学习策略、评估模型表现、偏差‐方差折中、正则化、机器学习流水线的概念和超参数调整。

5.1 开始模型工作之前

在开始模型工作之前，你应该验证数据模式的一致性，定义一个可实现的表现水平，选择一个表现指标，并做出其他一些决定。

5.1.1 验证模式一致性

首先，确保数据符合模式，像**模式文件**定义的那样。即使你最初准备了数据，很可能原始数据和当前数据不一样。这种差异可以由各种因素来解释，最可能的原因如下。

- 将数据持久化到硬盘或数据库的方法包含一个错误。
- 从数据持久化的地方读取数据的方法包含一个错误。
- 别人可能在没有通知你的情况下更改了数据或模式。

这些模式错误必须被识别和纠正，像检测到编程代码错误时一样。如果需要，整个数据收集和准备流水线应该从头开始运行，正如 3.12.1 节谈到**可重复性**时讨论的那样。

5.1.2 定义可实现的表现水平

定义可实现的表现水平是至关重要的一步。它让你知道何时停止尝试改进模型。下面是一些指导原则。

- 如果人不需要花费太多精力、数学或复杂的逻辑推导就能给样本贴上标签，你可以希望模型达到人的表现水平。
- 如果做出贴标决策所需的信息完全包含在特征中，你可以期望有接近零的误差。
- 如果输入的特征向量有大量的信号（如图像中的像素，或文档中的文字），你可以期望接近零误差。
- 如果有一个计算机程序在解决同样的分类或回归问题，你可以期望模型至少有同样的表现。通常情况下，随着更多有标签数据的到来，机器学习模型的表现可以得到改善。
- 如果你观察一个相似但不同的系统，你可以期望得到相似但不同的机器学习模型表现。

5.1.3 选择表现指标

我们将在后面探讨评估模型的表现。现在，有以下几种方法（指标）来估计模型的表现水平（它的质量）。没有一个最好的指标可以用于每个项目。你要根据数据和问题来选择。

建议你在开始研究模型之前，选择一个（且仅有一个）**表现指标**。然后，比较不同的模型，并通过使用这一个指标来跟踪整体进展。

在 5.5 节中，你将看到最流行和最方便的模型表现指标，以及允许我们将多个指标结合起来以获得一个单一数字的方法。

5.1.4 选择正确的基线

在开始研究预测模型之前，建立问题的基线表现是很重要的。**基线**是一种模型或算法，它提供了一个比较的参考点。

　　有了基线，分析师就会对基于机器学习的解决方案的工作有信心。如果机器学习模型的表现指标值比使用基线获得的值更好，那么机器学习就提供了价值。

　　将你当前模型的表现与基线进行比较，可以在不同的方向为工作提供指导。假设我们知道在问题上可以达到人类水平的表现。那么我们将人类的表现作为基线，如图 5.2 所示。一方面，在图 5.2a 中，模型看起来不错，所以我们可以决定对其进行正则化，或者添加更多的训练样本。另一方面，在图 5.2b 中，模型的表现并不好，所以我们应该增加更多的特征，或者增加**模型复杂度（model complexity）**。

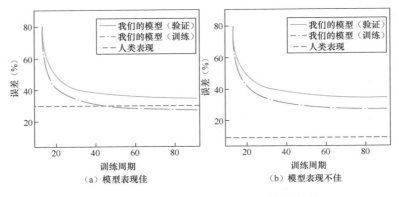

图 5.2　一个模型表现与人类表现基线的比较

　　基线是一个模型或一个算法，它得到一个输入，并输出一个预测。基线的预测输出必须和模型的预测性质相同。否则，你无法对它们进行比较。

　　基线不一定是某个学习算法的结果。它可以是基于规则的算法或启发式算法，也可以是应用于训练数据的简单统计，或者其他东西。

　　最常用的两种基线算法是：

● 随机预测；

● 零规则。

　　随机预测算法（random prediction algorithm）从分配给训练样本的标签集合中随机选择一个标签，从而进行预测。在分类问题中，它相当于从问题中的所有类中随机选取一个类。在回归问题中，它意味着从训练数据中所有不同的目标值中选择。

　　零规则算法（zero rule algorithm）产生的基线比随机预测算法更严格。这意味着与随机预测相比，它通常会提高表现指标的值。为了进行预测，零规则算法利用了更多关于问题的信息。

在分类中，零规则算法策略总是预测训练集中最常见的类，与输入值无关。这看起来可能是无效的，但请考虑以下问题。假设你的分类问题的训练数据包含 800 个正例类的样本，以及 200 个负例类的样本。零规则算法将一直预测正例类，基线的**准确率**（5.5.2 节将探讨的流行表现指标之一）将是 800/1 000=0.8，即 80%，这对这样一个简单的分类器来说还不错。现在你知道了，你的统计模型，不管它有多接近最优，它的准确率必须至少达到 80%。

现在，我们来考虑回归的零规则算法。根据该算法，回归的策略是预测训练数据中观察到的目标值的样本平均值。这种策略可能会比随机预测的错误率更低。

如果你处理的是在一个标准的、所谓的经典预测问题，你可以使用一个在流行的库中找到的最先进的算法，比如 Python 的 scikit-learn。例如，对于文本分类，将文本表示为**词袋**，然后训练一个带有**线性核**（linear kernel）的**支持向量机**模型。然后尝试用自己更先进的方法来击败这个结果。这种方法也可以很好地用于图像分类、机器翻译和其他充分研究过的问题，即所谓的基准问题。

对于一般的数字数据集，一个线性模型，如线性或逻辑斯谛回归，或 k 最近邻，$k = 5$，将是一个相当好的基线。对于图像分类，一个简单的**卷积神经网络**，有三个卷积层（每层 32—64—32 个单元，每个卷积层后面有一个最大池化层和一个丢弃层），最后有两个全连接层（一个层有 128 个单元，一个层的单元数对应于所需输出的数量）将是一个很好的基线。

你也可以使用现有的基于规则的系统，或者建立自己的简单规则系统。例如，如果问题是建立一个模型，预测某个网站的访问者是否会喜欢推荐的文章，一个简单的基于规则的系统可以这样工作。对于用户喜欢的所有文章，根据 **TF-IDF** 得分，找出这些文章中排名前 10 的词，然后预测，如果这 10 个词中至少有 5 个能在推荐文章中找到，那么用户就会喜欢这篇文章。此外，网上还有多个专业的机器学习库和 API。如果它们可以直接使用，或者被重新利用来解决你的问题，一定要考虑将它们作为基线。

找到一个好的人类基线并不总是简单的。你可以使用亚马逊的 **Mechanical Turk** 服务。Mechanical Turk（MT）是一个网络平台，人们通过解决简单的任务来获得奖励。MT 提供了一个 API，你可以调用它来获取人类的预测。这种预测的质量可以从很低到相对较高，取决于任务和奖励。MT 的价格相对便宜，所以你可以快速、大量地获得预测。

为了提高 turker（这是 MT 人类工人的称呼）提供的预测质量，一些分析师使

用 **turker** 的集成（**ensemble of turker**）。你可以要求 3 ～ 5 个 turker 给同一个样本贴标签，然后在标签中挑选出多数类（或回归的平均标签）。一个更昂贵的选择是请领域专家（或专家的集成，以获得更好的质量）为你的数据贴标签。

5.1.5 将数据分成三个集

回顾一下，建立一个可靠的模型一般需要三个集。第一个是**训练集**，用于训练模型。它是机器学习算法"看到"的数据。第二个和第三个是留出集。**验证集**不会被机器学习算法看到。数据分析师用它来估计不同的机器学习算法（或配置不同超参数值的同一算法）或模型应用于新数据时的表现。剩下的**测试集**，也是学习算法看不到的，在项目结束时，用来评估和报告验证数据上表现最好的模型的表现。

将整个数据集拆分为三个集的过程在 3.6 节中讨论过。这里只重申该过程中最重要的两个特性。

- 验证集和测试集必须来自相同的统计分布。也就是说，它们的属性必须最大限度地相似，但属于两个集合的样本必须是明显的、理想的，并且是相互独立获得的。
- 从一个分布中抽取验证和测试数据，这个分布看起来很像你期望在生产环境中部署模型后观察到的数据。它可以与训练数据的分布不同。

关于第二点，再说两句。大多数时候，分析师只是将整个数据集进行简单的洗牌，然后从洗牌后的数据中随机填充三个数据集。但在实践中，常见的情况是，许多样本看起来不像生产数据。有时，这些样本是丰富的和廉价的。在项目中使用这些数据可能会导致**分布偏移**，分析师可能意识到，也可能没意识到。

如果你意识到分布偏移，就会将所有这些容易获得的样本放入你的训练集，但会避免在验证和测试集中使用它们。这样一来，你可以根据与生产环境中的数据相似的数据来评估模型，否则可能会导致在模型测试期间取得表现指标的过于乐观的值，并为生产环境选择一个次优模型。

分布偏移可能是一个很难解决的问题。由于数据的可用性，使用不同的数据分布进行训练可能是一种有意识的选择。然而，分析师可能不知道训练数据和开发数据的统计属性是不同的。当模型在生产环境部署后频繁更新，新的样本被添加到训练集时，这种情况经常发生。用于训练模型的数据和用于验证与测试模型的数据的属性，可能会随着时间的推移而发生变化。6.3 节将提供如何处理该问题的指导。

5.1.6 监督学习的前提条件

在开始对你的模型进行工作之前，请确保满足以下条件。

- 有一个有标签数据集。
- 已经将数据集分成了三个子集：训练集、验证集和测试集。
- 验证集和测试集中的样本在统计上是相似的。
- 只用训练数据进行了特征工程，并填充了遗漏值。
- 将所有的样本转换成数字特征向量[1]。
- 选择了一个返回单一数字的表现指标（见5.5节）。
- 有一个基线。

5.2 为机器学习表示标签

在分类的经典表述中，标签看起来就像一个分类特征的值。例如，在图像分类中，标签可以是"猫""狗""汽车""建筑"等。

一些机器学习算法，比如你在scikit-learn中找到的那些，接受自然形式的标签：字符串。该库负责将字符串转换为特定学习算法所接受的数字。

然而，有些实现，比如神经网络中的实现，需要分析师将标签转换为数字。

5.2.1 多类分类

在**多类分类**的情况下（也就是说，给定一个输入特征向量，当模型只预测一个标签时），通常使用**独热编码**来将标签转换为二进制向量。例如，假定你的类是{ 狗，猫，其他 }，如表 5.1 所示。

表 5.1 { 狗，猫，其他 } 数据

图像	标签
image_1.jpg	狗
image_2.jpg	狗
image_3.jpg	猫
image_4.jpg	其他
image_5.jpg	猫

---

1 如第4章所述，大多数现代机器学习库和软件包都期望使用数字特征向量。然而，一些算法（如决策树学习）可以自然地使用分类特征。

独热编码将为你的类生成以下二进制向量：

狗 = [1, 0, 0]

猫 = [0, 1, 0]

其他 = [0, 0, 1]

当你把分类标签转换为二进制向量后，数据如表 5.2 所示。

表 5.2　把分类标签转换为二进制向量的数据

图像	标签
image_1.jpg	[1, 0, 0]
image_2.jpg	[1, 0, 0]
image_3.jpg	[0, 1, 0]
image_4.jpg	[0, 0, 1]
image_5.jpg	[0, 1, 0]

5.2.2　多标签分类

在**多标签分类**（**multi-label classification**）中，模型可能会同时预测一个输入的多个标签（例如，一张图像可以同时包含一只狗和一只猫）。在这种情况下，你可以使用**词袋**来表示分配给每个样本的标签。假定你的数据如表 5.3 所示。

表 5.3　给每个样表分配标签

图像	标签
image_1.jpg	狗，猫
image_2.jpg	狗
image_3.jpg	猫，其他
image_4.jpg	其他
image_5.jpg	猫，狗

当你把标签转换为二进制向量后，数据如表 5.4 所示。

表 5.4　把标签转换为二进制向量后的数据

图像	标签
image_1.jpg	[1,1,0]
image_2.jpg	[1,0,0]
image_3.jpg	[0,1,1]
image_4.jpg	[0,0,1]
image_5.jpg	[1,1,0]

请阅读学习算法的具体实现文档，了解学习算法所期望的输入格式。

5.3 选择学习算法

选择一个机器学习算法可能是一项艰巨的任务。如果你有很多时间，你可以尝试所有的算法。然而，通常情况下，解决一个问题的时间是有限的。为了做出一个明智的选择，你可以在开始研究问题之前问自己几个问题。根据你的答案，可以列出一些算法的候选名单，并在你的数据上进行尝试。

5.3.1 学习算法的主要属性

以下是几个问题和答案，可以指导你选择机器学习算法或模型。

可解释性

该模型的预测是否需要为非技术性的受众解释？最准确的机器学习算法和模型是所谓的"黑盒子"。它们的预测错误非常少，但可能很难理解，更难以解释为什么一个模型或算法做出了特定的预测。这类模型的例子有**深度神经网络**和**集成模型**（**ensemble model**）。

相比之下，*k*NN、线性回归（**linear regression**）和决策树学习（**decision tree learning**）算法并不总是最准确的。然而，它们的预测很容易让非专家解释。

内存与外存的比较

数据集能否完全加载到你的笔记本电脑或服务器的内存中？如果是，那么你可以从各种各样的算法中选择。否则，你会更喜欢**增量学习算法**（**incremental learning algorithm**），这些算法可以通过逐步读取数据来改进模型。这种算法的例子有**朴素贝叶斯**（**Naïve Bayes**）和训练神经网络的算法。

特征和样本的数量

你的数据集中有多少个训练样本？每个样本有多少个特征？有些算法，包括那些用于训练神经网络和随机森林（**random forest**）的算法，可以处理大量的样本和数百万个特征。其他的算法，比如训练支持向量机的算法，其处理能力相对较小。

数据的非线性

你的数据是可以线性分离的吗？能否使用线性模型进行建模？如果是，带有线性核的SVM、线性和逻辑斯谛回归都是不错的选择。否则，深度神经网络或集成模型可能会更好。

训练速度

学习算法允许使用多少时间来建立一个模型，你需要多长时间根据更新的数据重新训练模型？如果训练需要两天，你需要每 4 小时重新训练一次模型，那么你的模型将永远无法更新。神经网络的训练速度很慢。像线性和逻辑斯谛回归，或者决策树这样的简单算法要快得多。

专门的库包含一些算法的非常高效的实现。你可能更喜欢在网上寻找这样的库。有些算法，比如随机森林学习，得益于多个 CPU 内核，因此在一台有几十个内核的机器上，它们的训练时间可以大大缩短。一些机器学习库利用 GPU（图形处理单元）来加快训练速度。

预测速度

在生成预测时，模型的速度必须有多快？你的模型会在需要非常高吞吐量的生产环境中使用吗？像 SVM、线性和逻辑斯谛回归模型，以及不是很深的前馈神经网络等模型，在预测时间上是非常快的。其他的模型，如 kNN、集成算法和很深的神经网络或递归神经网络，则速度较慢。

如果你不想猜测数据的最佳算法，一个流行的选择方法是通过在**验证集**上测试几个候选算法作为超参数。5.6 节将会讲到超参数的调整。

5.3.2　算法抽查

针对给定的问题初步筛选候选学习算法，有时被称为**算法抽查**（**algorithm spot-checking**）。为了实现最有效的抽查，建议：

- 根据不同的原则（有时称为正交）选择算法，如基于实例的算法、基于核函数的算法、浅层学习、深度学习、集成学习；
- 用 3 ~ 5 个最敏感的超参数的不同值来尝试每个算法（如 k 最近邻的邻居数 k，支持向量机中的罚分 C，或逻辑斯谛回归中的决策阈值）；
- 在所有实验中使用相同的训练集和验证集划分；
- 如果学习算法不是确定性的（如神经网络和随机森林的学习算法），运行几次实验，然后对结果进行平均；
- 一旦项目结束，记录到哪种算法表现最好，并在将来处理类似的问题时使用这些信息。

当你对自己的问题不是很了解的时候，尽量用尽可能多的正交方法来解决它，而不是把大量的时间花在最有前途的方法上。一般来说，花时间去试验新的算法和库是一个更好的主意，而不是试图从你最有经验的算法中榨取最大的效果。

如果你没有时间仔细抽查算法，一个简单的"取巧方法"是找到一个高效的学习算法的实现，或者一个大多数现代论文声称在应用于与你类似的问题时能打败的模型，用该模型来解决你的问题。

如果你使用 scikit-learn，可以尝试他们的算法选择图，如图 5.3 所示。

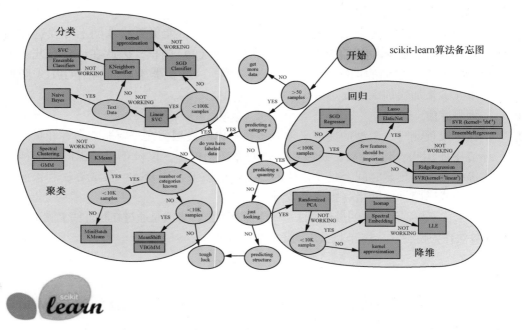

图 5.3　scikit-learn 的机器学习算法选择图（来自 scikit-learn 网站）

5.4　建立流水线

许多现代机器学习包和框架都支持**流水线**的概念。流水线是训练数据在成为模型之前所经历的一系列转换。图 5.4 展示了一个流水线的例子，用于从有标签文本文档集合中训练文档分类模型。

图 5.4　用于从原始数据开始生成模型的流水线

流水线的每个阶段都会接收上一阶段的输出，第一阶段除外，它的输入是训练数据集。

下面是一个 Python 代码片段，它构建了一个简单的 **scikit-learn** 流水线。它包括两个步骤：1）使用**主成分分析**进行降维；2）训练一个**支持向量机**分类器。

```
1  from sklearn.pipeline import Pipeline
2  from sklearn.svm import SVC
3  from sklearn.decomposition import PCA
4
5  # Define a pipeline
6  pipe = Pipeline([('dim_reduction', PCA()), ('model_
   training', SVC())])
7
8  # Train parameters of both PCA and SVC
9  pipe.fit(X, y)
10
11  # Make a prediction
12  pipe.predict(new_example)
```

当命令 `pipe.predict(new_example)` 被执行时，输入的样本首先会经PCA 模型转化为一个降维向量。该降维向量被用作 SVM 模型的输入。当执行命令 `pipe.fit(X, y)` 时，PCA 和 SVM 模型一个接一个地被训练。

遗憾的是，在 R 中定义和训练流水线不像在 Python 中那样直接，所以我没有将代码放在书中。

流水线可以保存到一个文件，类似于保存模型。它将被部署到生产中，用于生成预测。换言之，在打分（**scoring**）过程中，输入的样本会通过整个流水线，并"形成"一个输出。

如你所见，流水线的概念是模型概念的概括。从这一点来看，除非另有说明，当我提到模型训练、保存、部署、服务、监测或后期维护时，我指的是整个流水线。

在我们考虑训练模型的挑战之前，需要决定如何衡量模型的质量。通常情况下，我们要在几个竞争模型（即所谓的模型候选者）之间进行选择，但只有一个模型会部署到生产环境中。

5.5 评估模型表现

回忆一下，**留出数据**（**holdout data**）由学习算法在训练期间没有看到的样本组成。如果模型在**留出集**上表现良好，我们就可以说模型**泛化得很好**，质量很好，或者简单地说，它很好。最常见的方法是通过计算留出数据上的**表现指标**来比较不同的模型。

5.5.1　回归的表现指标

回归和分类模型使用不同的指标进行评估。我们先来看看回归的表现指标：均方误差（MSE）、中值绝对误差（MAE）和几乎正确的预测误差率（ACPER）。

最常被用来量化回归模型表现的指标与成本函数，即均方误差（Mean Squared Error，MSE）相同。它定义为：

$$\mathrm{MSE}(f) \overset{\text{def}}{=\!=} \frac{1}{N} \sum_{i=1,\cdots,N} (f(\boldsymbol{x}_i) - y_i)^2 \tag{5.1}$$

其中，f 是以特征向量 $\boldsymbol{x}$ 作为输入并输出预测的模型，i（范围为 $1 \sim N$）表示数据集中一个样本的索引。

一个拟合良好（well-fitting）的回归模型预测的值接近于观察到的数据值。如果没有信息特征，一般会使用均值模型（mean model），它总是预测训练数据标签的平均值。因此，回归模型的拟合度应该比均值模型的拟合度更好。所以，均值模型作为一个基线。如果回归模型的 MSE 大于基线 MSE，那么我们的回归模型就有问题了。可能是过拟合（overfitting）或欠拟合（underfitting），5.8 节中将探讨这些问题。也可能是问题的定义有误，或者编程代码中包含一个缺陷。

如果数据中包含离群值，即离"真的"回归线非常远的样本，它们会显著影响 MSE 的值。根据定义，这种离群值样本的平方误差会很高。在这种情况下，最好采用不同的度量方法，即中值绝对误差（Median Absolute Error，MdAE）：

$$\mathrm{MdAE}(f) \overset{\text{def}}{=\!=} \mathrm{median}(\{|f(\boldsymbol{x}_i) - y_i|\}_{i=1}^{N})$$

其中，$\{|f(\boldsymbol{x}_i) - y_i|\}_{i=1}^{N}$ 表示所有样本（从 $i = 1$ 到 N）的绝对误差值的集合，基于它评估模型的表现。

几乎正确的预测误差率（Almost Correct Predictions Error Rate，ACPER）是指预测值在真实值的 $p\%$ 以内的百分比。计算 ACPER 的步骤如下。

（1）定义一个你认为可以接受的阈值百分比误差（比方说2%）。

（2）对于目标 y_i 的每个真实值，期望的预测值应该在 $y_i+0.02y_i$ 和 $y_i-0.02y_i$ 之间。

（3）通过使用所有的样本 $i = 1,\cdots,N$，计算预测值满足上述规则的百分比。这将给出模型的 ACPER 指标值。

5.5.2　分类的表现指标

对分类来说，事情就比较复杂了。评估一个分类模型最广泛使用的指标是：

- 查准率-查全率；
- 准确率；
- 成本敏感准确率；
- ROC曲线下面积（AUC）。

为了简化，我将用一个二分类问题来说明。必要时，我将展示如何将该方法扩展到多类的情况。

首先，我们需要理解混淆矩阵。

混淆矩阵（confusion matrix）是一个表格，它总结了分类模型在预测属于不同类的样本方面的成功程度，如表 5.5 所示。混淆矩阵的一个轴是模型预测的类；另一个轴是实际的标签。假设我们的模型预测了"垃圾邮件"和"非垃圾邮件"这两个类。

表 5.5 混淆矩阵

	垃圾邮件（预测）	非垃圾邮件（预测）
垃圾邮件（实际）	23（TP）	1（FN）
非垃圾邮件（实际）	12（FP）	556（TN）

上面的矩阵显示，在 24 个实际的垃圾邮件样本中，模型正确分类了 23 个。在这种情况下，我们说我们有 23 个**真正例（true positive）**，即 TP = 23。该模型错误地将 1 个垃圾邮件样本分类为非垃圾邮件。在这种情况下，我们有 1 个**假负例（false negative）**，即 FN = 1。同样，在 568 个实际的非垃圾邮件样本中，模型正确分类了 556 个，不正确分类了 12 个〔556 个**真负例（true negative）**，TN = 556，12 个**假正例（false positive）**，FP = 12〕。

多类分类的混淆矩阵的行数和列数，与不同分类数一致。它可以帮助你确定错误模式。例如，混淆矩阵可以揭示，一个被训练来识别不同种类动物的模型往往会错误地预测"猫"而不是"豹"，或者"小鼠"（mouse）而不是"大鼠"（rat）。在这种情况下，你可以添加更多的这些物种的标签示例，以帮助学习算法"看到"这些动物之间的差异。另外，你也可以添加一些特征，帮助学习算法更好地区分这些物种对。

混淆矩阵用于计算三个表现指标：查准率、查全率和准确率。查准率和查全率最常用来评估一个二分类模型。

查准率（precision）是指真正例预测与正例预测总数的比率：

$$查准率 \stackrel{\text{def}}{=} \frac{\text{TP}}{\text{TP} + \text{FP}}$$

查全率（recall）是指真正例预测与正例样本总数之比：

$$查全率 \overset{\text{def}}{=} \frac{TP}{TP + FN}$$

为了理解查准率和查全率对模型评估的意义和重要性，我们可以把预测问题看作利用查询对数据库中的文档进行研究的问题。查准率是指在所有返回的文档列表中实际找到的相关文档的比例。查全率是指搜索引擎返回的相关文档与应该返回的相关文档总数的比例。

在垃圾邮件检测中，我们希望有较高的查准率，以避免错误地将合理的信息放入垃圾邮件文件夹中。我们愿意容忍较低的查全率，因为我们可以处理收件箱中的一些垃圾信息。

在实践中，我们要在高查准率和高查全率之间做出选择。实际上二者不可得兼。这就是所谓的**查准率-查全率折中**（**precision-recall tradeoff**）。我们可以通过不同的方式来实现其中之一。

- 通过给特定类别的样本分配更高的权重。例如，scikit-learn中的SVM接受类的权重作为输入。
- 通过调整超参数来最大化验证集的查准率或查全率。
- 通过改变返回预测分数的算法的决策阈值。假设我们有一个逻辑斯谛回归模型或决策树。为了提高查准率（以较低的查全率为代价），我们可以决定只有当模型返回的分数高于0.9（而不是默认值0.5）时，预测才是正例。

即使查准率和查全率是为二分类定义的，你也可以用它们来评估多类分类模型。首先选择一个你想要评估这些指标的类。然后，你将所选类的所有样本视为正例，将其余类的所有样本视为负例。

在实践中，为了比较两个模型的表现，你希望只有一个数字代表每个模型的表现。例如，你希望避免出现第一种模型具有更高的查准率，而第二种模型具有更高的查全率的情况：如果是这样，哪种模型更好？

基于一个数字来比较模型的一种方法是对一个指标（比如查全率）的最小可接受值进行阈值化，然后只根据另一个指标的值来比较模型。例如，假设你将接受任何查全率高于90%的模型。那么你将优先选择查准率最高的模型（假设其查全率高于90%）。这种技术被称为**优化和满足技术**（**optimizing and satisficing technique**）。

有些专家使用的是查准率和查全率的组合，称为 **F 度量**（**F-measure**），也称为 **F 分数**（**F-score**）。传统的 F 度量，即 F_1 分数，是查准率和查全率的调和平均值：

$$F_1 = \left(\frac{2}{查全率^{-1} + 查准率^{-1}} \right) = 2 \times \frac{查准率 \times 查全率}{查准率 + 查全率}$$

更一般而言，F 度量用一个正实数 β 作为参数，选择这样的参数，使得查全率的重要性被认为是查准率的 β 倍：

$$F_\beta = (1+\beta^2) \times \frac{\text{查准率} \times \text{查全率}}{(\beta^2 \times \text{查准率}) + \text{查全率}}$$

其中，β 的两个常用值是 2 和 0.5，前者让查全率是查准率的 2 倍，后者让查准率是查全率的 2 倍。

你应该找到一种方法将这两个指标结合起来，对你的问题最有效。除了 F 分数，还可以通过组合多个指标来获得一个单一的数字的方法如下。

● 简单平均，或指标的加权平均；
● 阈值 $n-1$ 个度量指标，并优化第 n 个度量指标（上述优化和满足技术的泛化）；
● 发明自己特定领域的"做法"。

准确率（accuracy） 由正确分类的样本数量除以分类样本总数给出。就混淆矩阵而言，它由以下公式给出：

$$\text{准确率} \overset{\text{def}}{=} \frac{\text{TP} + \text{TN}}{\text{TP} + \text{TN} + \text{FP} + \text{FN}} \tag{5.2}$$

如果预测所有类的错误被判断为同等重要，准确率是一个有用的指标。例如，对于家用机器人的物体识别就是如此：椅子并不比桌子更重要。在垃圾邮件 / 非垃圾邮件预测的情况下，可能不会是这样。很可能，你容忍假负例多于假正例。回忆一下，假正例是指你的朋友给你发了一封电子邮件，但模型把它放到了垃圾邮件文件夹里，你没有看到。假负例是指垃圾邮件进入收件箱的情况，这问题不大。

对于处理不同类别具有不同重要性的情况，一个有用的度量指标是**成本敏感准确率（cost-sensitive accuracy）**。首先，给两种类型的错误（FP 和 FN）分配一个成本（一个正数）。然后像往常一样计算计数 TP、TN、FP、FN，并将 FP 和 FN 的计数乘以相应的成本，然后再使用式（5.2）计算准确率。

准确率可以一次性衡量模型对所有类的表现，它方便地返回一个单一的数字。然而，当数据不平衡时，准确率不是一个好的表现指标。在**不平衡数据集（imbalanced dataset）**中，属于某个类或少数类的样本占绝大多数，而其他类包括的样本非常少。不平衡的训练数据会对模型产生显著的不利影响。6.4 节将详细讨论如何处理不平衡数据。

对于不平衡数据，更好的指标是**每类准确率（per-class accuracy）**。首先，计算每个类 $\{1, \cdots, C\}$，然后取 C 个准确率的平均值来衡量。对于上述垃圾邮件检测问题的混淆矩阵，对于"垃圾邮件"类的准确率为 23/(23+1)=0.96，"非垃圾邮件"

类的准确率为 556/(12+556) = 0.98。因此，每类准确率为 (0.96+0.98)/2=0.97。

对多类分类问题来说，每类准确率不是一个合适的模型质量指标，因为在这个问题上，许多类的样本非常少（大概每类少于十几个样本）。在这种情况下，对应于这些少数类的二分类问题所得到的准确率值将不具有统计学上的可靠性。

Cohen's kappa 统计量（Cohen's kappa statistic）是一个适用于多类和不平衡学习问题的表现指标。相比于准确率，这个指标的优势在于，它告诉你，与根据每个类的频率随机猜测一个类的分类器相比，你的分类模型的表现有多好。

Cohen's kappa 统计量定义为：

$$\kappa \overset{\text{def}}{=} \frac{p_{\text{o}} - p_{\text{e}}}{1 - p_{\text{e}}}$$

其中 p_{o} 称为观察到的符合，p_{e} 为预期的符合。

我们再来看一个混淆矩阵，如表 5.6 所示。

表 5.6　混淆矩阵样例

	分类1（预测）	分类2（预测）
分类1（实际）	a	b
分类2（实际）	c	d

观察到的符合 p_{o} 从混淆矩阵中求得，为：

$$p_{\text{o}} \overset{\text{def}}{=} \frac{a + d}{a + b + c + d}$$

而预期的符合 p_{e}，相应地求得为 $p_{\text{e}} \overset{\text{def}}{=} p_{\text{分类1}} + p_{\text{分类2}}$，其中

$$p_{\text{分类1}} \overset{\text{def}}{=} \frac{a + b}{a + b + c + d} \times \frac{a + c}{a + b + c + d}$$

且

$$p_{\text{分类2}} \overset{\text{def}}{=} \frac{c + d}{a + b + c + d} \times \frac{b + d}{a + b + c + d}$$

Cohen's kappa 值总是小于或等于 1。数值为 0 或小于 0 表示模型有问题。虽然没有普遍接受的方法来解释 Cohen's kappa 的数值，但通常认为，数值在 0.61 和 0.80 之间表示模型是好的，数值等于或高于 0.81 表示模型非常好。

ROC 曲线（ROC curve，代表"接收器工作特性"，该术语来自雷达工程）是评估分类模型的一种常用方法。ROC 曲线使用**真正例率（true positive rate**，定义与**查全率**完全一样）和**假正例率（false positive rate**，错误预测的负例样本的比例）

的组合来建立分类表现的总结图。

真正例率（TPR）和假正例率（FPR）分别定义为：

$$\text{TPR} \overset{\text{def}}{=\joinrel=} \frac{\text{TP}}{\text{TP} + \text{FN}}, \quad \text{FPR} \overset{\text{def}}{=\joinrel=} \frac{\text{FP}}{\text{FP} + \text{TN}}$$

ROC 曲线只能用于评估那些返回一个分数（或概率）的预测的分类器。例如，逻辑斯谛回归、神经网络和决策树（以及基于决策树的集成模型）可以使用 ROC 曲线进行评估。

要绘制 ROC 曲线，首先要对分数的范围进行离散化。例如，你可以像这样对范围 [0，1] 进行离散化：[0, 0.1, 0.2, 0.3, 0.4, 0.5, 0.6, 0.7, 0.8, 0.9, 1]。然后，使用每个离散值作为模型的预测阈值。例如，如果你想计算阈值等于 0.7 的 TPR 和 FPR，就将模型应用于每个样本并获得分数。如果分数大于或等于 0.7，就预测为正例类。否则，就预测为负例类。

请看图 5.5 中的图示。很容易看出，一方面，如果阈值等于 0，我们所有的预测都将是正例的，所以 TPR 和 FPR 都将等于 1（右上角）；另一方面，如果阈值等于 1，那么就不可能有正例的预测。TPR 和 FPR 都将等于 0，这对应于左下角。

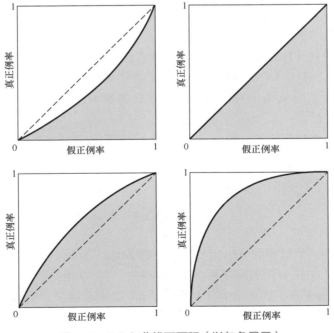

图 5.5 ROC 曲线下面积（以灰色显示）

ROC 曲线下面积（Area Under the ROC Curve，AUC）越大，分类器越好。AUC 大于 0.5 的分类器比随机分类的模型要好。如果 AUC 低于 0.5，那就说明有问题了，很可能是代码中的缺陷或者数据中的标签错误。一个完美的分类器应该是 AUC 为 1。在实践中，你可以通过选择阈值来获得一个好的分类器，这个阈值可以使 TPR 接近 1，同时保持 FPR 接近 0。

ROC 曲线很受欢迎，因为它们相对简单易懂。它们通过将假正例和假负例都考虑在内，抓住了分类的多个方面。它们允许分析师轻松、直观地比较不同模型的表现。

5.5.3 排名的表现指标

查准率和查全率可以很自然地应用到排名问题上。回想一下，把这两个指标看作衡量文档搜索结果质量的指标是很方便的。查准率是指在所有返回的文档列表中实际找到的相关文档的比例。查全率是指搜索引擎返回的相关文档与应该返回的相关文档总数的比例。

用查准率和查全率来衡量排名模型的质量，其缺点是这些指标对所有检索到的文档一视同仁。列在位置 k 的相关文档与列在榜首的相关文档的价值是一样的。这通常不是我们在文档检索中想要的。当人类查看搜索结果时，最前面的几个结果比列表底部显示的结果更重要。

折现累积收益（Discounted Cumulative Gain，DCG）是搜索引擎中衡量排名质量的一种流行方法。DCG 根据一个文档在结果列表中的位置来衡量它的有用性，或者说收益。收益是从结果列表的顶部到底部的累积，每个在较低的位置上的结果，其收益要打折。

为了理解折现累积收益，我们引入一个叫作累积收益的指标。

累积收益（CG）是搜索结果列表中所有结果的分级相关性值之和。某一排名位置 p 处的 CG 定义为：

$$CG_p \stackrel{\text{def}}{=} \sum_{i=1}^{p} rel_i$$

其中，rel_i 是位置 i 处结果的分级相关性。一般来说，分级相关性反映了文档与查询的相关性，使用数字、字母或描述（如"不相关""有点相关""相关"或"非常相关"）来衡量。为了在上面的公式中使用它，rel_i 必须是数字，例如，范围从 0（位置 i 的文档与查询完全不相关）到 1（位置 i 的文档与查询最大程度相关）。另外，rel_i 也可以是二进制的：当文档与查询不相关时为 0，相关时为 1。注意，CG_p 与每个文档在排名结果列表中的位置无关。它只将排名到位置 p 的文档描述为与查询相关或不相关。

折现累积收益基于两个假设：

- 高度相关的文档在结果列表中出现的时间越早越有用；
- 高度相关的文档比有点相关的文档更有用，而后者又比不相关的文档更有用。

对于一个给定的搜索结果，在某一排名位置 p 处累积的 DCG 通常定义为：

$$\mathrm{DCG}_p \overset{\mathrm{def}}{=\!=} \sum_{i=1}^{p} \frac{\mathrm{rel}_i}{\log_2(i+1)} = \mathrm{rel}_1 + \sum_{i=2}^{p} \frac{\mathrm{rel}_i}{\log_2(i+1)}$$

DCG 的另一种表述，通常用于工业和数据科学竞争中，如 Kaggle，更强调检索相关文档：

$$\mathrm{DCG}_p \overset{\mathrm{def}}{=\!=} \sum_{i=1}^{p} \frac{2^{\mathrm{rel}_i} - 1}{\log_2(i+1)}$$

对于一个查询，归一化折现累积收益（**normalized Discounted Cumulative Gain，nDCG**），定义如下：

$$\mathrm{nDCG}_p \overset{\mathrm{def}}{=\!=} \frac{\mathrm{DCG}_p}{\mathrm{IDCG}_p}$$

其中，IDCG 为理想折现累积收益：

$$\mathrm{IDCG}_p \overset{\mathrm{def}}{=\!=} \sum_{i=1}^{|\mathrm{REL}_p|} \frac{2^{\mathrm{rel}_i} - 1}{\log_2(i+1)}$$

而 REL_p 表示语料库中与查询相关的文档列表，直至位置 p（按其相关性排序）。因此，REL_p 是搜索引擎排名算法（或模型）对该查询应该返回的理想排名，直到位置 p。通常对所有查询的 nDCG 值进行平均，以获得搜索引擎排名算法或模型的表现指标。

我们考虑下面的例子。假定一个搜索引擎返回一个响应搜索查询的文档列表。我们要求一个排名者（一个人）来判断每个文档的相关性。排名者必须分配一个 $0 \sim 3$ 的分数，其中 0 表示不相关，3 表示高度相关，而 1 和 2 表示"介于两者之间"。假设文件是按这个顺序出现的：

$$D_1, D_2, D_3, D_4, D_5$$

排名者提供了以下的相关性分数：

$$3, 1, 0, 3, 2$$

这意味着，文档 D_1 的相关性为 3，D_2 的相关性为 1，D_3 的相关性为 0，以此类推。这个搜索结果的累积收益（直到位置 $p=5$），是：

$$CG_5 = \sum_{i=1}^{5} \text{rel}_i = 3+1+0+3+2 = 9$$

你可以看到，改变任何文档的顺序都不会影响累积收益的值。现在，我们将计算折现累积收益，在对数折现的预设下，如果高度相关的文档在结果列表中出现较早，则折现累积收益的值会更高。为了计算 DCG_5，我们计算每个 i 的表达式 $\dfrac{\text{rel}_i}{\log_2(i+1)}$ 的值，如表 5.7 所示。

表 5.7　计算结果

i	rel_i	$\log_2(i+1)$	$\dfrac{\text{rel}_i}{\log_2(i+1)}$
1	3	1.00	3.00
2	1	1.58	0.63
3	0	2.00	0.00
4	3	2.32	1.29
5	2	2.58	0.77

所以这个排名的 DCG_5 是 $3.00 + 0.63 + 0.00 + 1.29 + 0.77 = 5.69$。

现在，如果我们把 D_1 和 D_2 的位置调换一下，DCG_5 的值就会变低。这是因为相关度较低的文档现在放在了较高的位置，而相关度较高的文档由于放在了较低的位置而被打了更多的折扣。

为了计算归一化折现累积收益 nDCG_5，我们首先需要找到理想排序的折现累积收益值 IDCG_5。根据相关性得分，理想排序为 3，3，2，1，0，那么 IDCG_5 的值等于 $3.00+1.89+1.00+0.43+0.0=6.32$。最后，$\text{nDCG}_5$ 由以下公式给出：

$$\text{nDCG}_5 = \frac{\text{DCG}_5}{\text{IDCG}_5} = \frac{5.69}{6.32} = 0.90$$

为了得到测试查询的集合和相应的搜索结果列表的 nDCG，我们对每个单独查询得到的 nDCG_p 值进行平均。与其他测量方法相比，使用归一化折现累积收益的优点在于，对于不同的 p 值，得到的 nDCG_p 值是可以比较的。当排名者提供的相关性分数 p 的数量对不同的查询来说是不同的时候，这个特性是有用的。

既然我们已经有了一个表现指标，就可以在超参数调整的过程中，用它来比较模型。

5.6 超参数调整

超参数在模型训练过程中起着重要作用。一些超参数会影响训练的速度，但最重要的超参数控制着两个折中：偏差－方差和查准率－查全率。

超参数不是由学习算法来优化的。数据分析师通过实验每个超参数的数值组合来"调整"超参数。每个机器学习模型和每个学习算法都有一套独特的超参数。此外，在整个机器学习流水线中的每一步，数据预处理、特征提取、模型训练和进行预测，都可以有自己的超参数。

例如，在数据预处理中，超参数可以指定是使用数据增强还是使用哪种技术来填补缺失值。在特征工程中，超参数可以定义应用哪种特征选择技术。当使用返回分数的模型进行预测时，一个超参数可以指定每个类的决策阈值。

下面，我们考虑几种流行的**超参数调整技术**（**hyperparameter tuning technique**）。

5.6.1 网格搜索

网格搜索（**grid search**）是最简单的超参数调整技术。当超参数的数量和范围不是太大时，就会用到它。

我们针对两个数值超参数的调整问题进行解释。该技术包括对两个超参数中的每一个进行离散化，然后对每一对离散值进行评估，如图 5.6 所示。

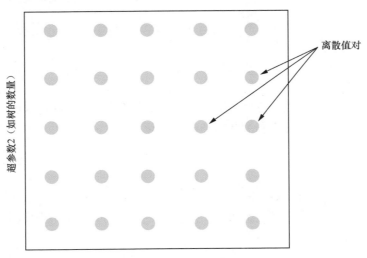

图 5.6 两个超参数的网格搜索（每个绿色圆圈代表一对超参数值）

每个评估包括：

- 用一对超参数值配置流水线；
- 将流水线应用于训练数据并训练模型；
- 计算模型在验证数据上的表现指标。

然后选择得到最佳表现的模型的一对超参数值来训练最终的模型。

下面的 Python 代码使用了交叉验证的网格搜索[1]。它展示了如何优化上面考虑的简单两阶段 scikit-learn 流水线的超参数：

```
1   from sklearn.pipeline import Pipeline
2   from sklearn.svm import SVC
3   from sklearn.decomposition import PCA
4   from sklearn.model_selection import GridSearchCV
5
6   # Define a pipeline
7   pipe = Pipeline([('dim_reduction', PCA()), ('model_training', SVC())])
8
9   # Define hyperparamer values to try
10  param_grid = dict(dim_reduction__n_components=[2, 5, 10], \
11  model_training__C=[0.1, 10, 100])
12
13  grid_search = GridSearchCV(pipe, param_grid=param_grid)
14
15  # Make a prediction
16  pipe.predict(new_example)
```

在上面的例子中，我们使用网格搜索来尝试 PCA 的超参数 n_components 的值 [2，5，10] 和 SVM 的超参数 C 的值 [0.1，10，100]。

对大数据集来说，尝试多种超参数组合可能会很耗时。我们有更高效的技术，如随机搜索、由粗到精搜索和贝叶斯超参数优化。

5.6.2　随机搜索

随机搜索（**random search**）与网格搜索的不同之处在于，不是提供一组离散的值来探索每个超参数，而是提供每个超参数的统计分布，从中随机取样。然后设置你要评估的组合总数，如图 5.7 所示。

---

[1]　5.6.5节将探讨交叉验证。

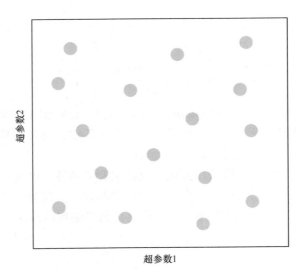

图 5.7 随机搜索两个超参数并测试 16 对超参数

5.6.3 由粗到精搜索

在实践中，分析师经常使用网格搜索和随机搜索相结合的方法，称为**由粗到精搜索**（**coarse-to-fine search**）。这种技术采用粗随机搜索，首先找到潜力大的区域。然后，在这些区域使用精细网格搜索，找到超参数的最佳值，如图 5.8 所示。

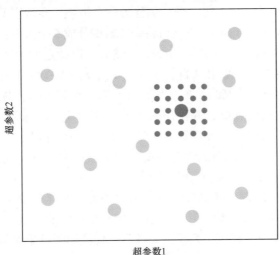

图 5.8 两个超参数的由粗到精搜索。粗随机搜索并测试 16 对超参数，在随机搜索发现的最高值区域进行一次网格搜索

你可以根据拥有的时间和计算资源，决定只探索一个高潜力区域或几个这样的区域。

5.6.4 其他技术

贝叶斯技术（**Bayesian technique**）不同于随机搜索和网格搜索，因为它们使用过去的评估结果来选择下一个要评估的值。在实践中，这使得贝叶斯超参数优化技术能够在更短的时间内找到更好的超参数值。

此外，还有基于梯度的技术、进化优化技术和其他算法的超参数调整方法。大多数现代的机器学习库都实现了一个或多个这样的技术。还有一些超参数调整库可以用来调整几乎所有学习算法的超参数，包括你自己编程的算法。

5.6.5 交叉验证

如果你有一个规模不错的验证集[1]，就会使用网格搜索和上面讨论的其他超参数调整技术。如果你没有这样的验证集，一个常见的模型评估技术就是**交叉验证**。事实上，如果你的训练样本很少，同时拥有验证集和测试集可能很难。你更希望使用更多的数据来训练模型。在这种情况下，应该只将数据分成两个部分：一个训练集和一个测试集。然后在训练集上使用交叉验证来模拟验证集。

交叉验证的工作原理如下。首先，你固定要评估的超参数的值。然后将训练集分割成若干个相同大小的子集。每一个子集称为一个折叠。通常情况下，使用**五折交叉验证**（**five-fold cross-validation**），你随机将训练数据分成 5 个折叠：$\{F_1, F_2, \cdots, F_5\}$。每个 F_k（$k = 1, \cdots, 5$）包含训练数据的 20%。然后你以特定的方式训练 5 个模型。为了训练第一个模型 f_1，你使用来自折叠 F_2、F_3、F_4 和 F_5 的所有样本作为训练集，并使用来自 F_1 的样本作为验证集。为了训练第二个模型 f_2，你使用来自折叠 F_1、F_3、F_4 和 F_5 的样本进行训练，并使用来自 F_2 的样本进行验证。你继续对所有剩余的折叠迭代[2]训练模型 f_k，并计算每个验证集上感兴趣的度量值，从 F_1 到 F_5。然后你对 5 个度量值进行平均，得到最终的值。更一般的是，在 n 折交叉验证中，除了第 n 个折叠 F_n，你在所有折叠上训练模型 f_n。

你可以使用网格搜索、随机搜索或任何其他此类技术与交叉验证来寻找超参数的最佳值。一旦找到了这些值，你通常会使用整个训练集，通过使用通过交叉验证找到的超参数的最佳值来训练最终模型。最后，你使用测试集对最终模型进行评估。

---

1 像样的验证集至少包含100个样本，而验证集中的每个类至少有几十个样本来代表。

2 交叉验证的过程更容易展示成一个迭代的过程；不过，当然可以并行建立F_1到F_5的所有5个模型。

虽然找到超参数的最佳值很诱人，但尝试所有的超参数可能是不现实的。记住，时间是宝贵的，完美往往是好的敌人。将一个"足够好"的模型部署到生产环境中，然后继续运行搜索超参数的理想值（如果需要，可以持续数周）。

现在，我们探讨一下训练一个浅层模型的挑战。

5.7　浅层模型训练

浅层模型直接根据输入特征向量中的值进行预测。大多数流行的机器学习算法都会产生浅层模型。唯一一种常用的深度模型是深度神经网络。6.1 节将探讨训练它们的策略。

5.7.1　浅层模型训练策略

浅层学习算法的典型模型训练策略如下：

（1）定义一个表现指标 P ；

（2）初步筛选学习算法；

（3）选择一个超参数调整策略 T ；

（4）选择一个学习算法 A ；

（5）利用策略 T 为算法 A 选取一个超参数值的组合 H ；

（6）使用训练集，使用超参数值 H 的算法 A 参数化训练一个模型 M ；

（7）使用验证集，计算模型 M 的表现指标值 P ；

（8）决定，

- 如果仍有未验证的超参数值，则用策略 T 选择另一个超参数值组合 H ，然后回到步骤（6）；
- 否则，选取不同的学习算法 A ，回到步骤（5），或者如果没有更多的学习算法可以尝试，则进入步骤（9）；

（9）返回表现指标值 P 最大化的模型。

在步骤（1）中，你定义了问题的表现指标。正如在 5.5 节中所看到的，它是一个数学函数或子程序，它将一个模型和一个数据集作为输入，并产生一个反映模型工作情况的数值。

在步骤（2）中，你选择候选算法，然后筛选出其中一些算法（通常是 2 或 3 个）。为了做到这一点，你可以使用 5.3 节中介绍的选择标准。

在步骤（3）中，你选择一个超参数调整策略。它是一个产生要测试的超参数值组合的动作序列。5.6 节中探讨了几种超参数调整策略。

5.7.2 保存和恢复模型

一旦你训练了一个模型或流水线，必须将它保存到文件中，以便将它部署到生产环境中，然后用于打分。模型和流水线都可以被序列化。在 Python 中，**Pickle** 通常用于对象的序列化（保存）和反序列化（恢复），在 R 中是 RDS。

下面是 Python 中模型序列化 / 反序列化的方法。

```
1   import pickle
2   from sklearn.svm import SVC
3   from sklearn import datasets
4
5   # Prepare data
6   X, y = datasets.load_iris(return_X_y=True)
7
8   # Instantiate the model
9   model = SVC()
10
11  # Train the model
12  model.fit(X, y)
13
14  # Save the model to file
15  pickle.dump(model, open("model_file.pkl", "wb"))
16
17  # Restore the model from file
18  restored_model = pickle.load(open("model_file.pkl", "rb"))
19
20  # Make a prediction
21  prediction = restored_model.predict(new_example)
```

R 中类似的代码如下。

```
1   library("e1071")
2
3   # Prepare data
4   attach(iris)
5   X <- subset(iris, select=-Species)
6   y <- Species
7
8   # Train the model
9   model <-  svm(X,y)
10
```

```
11    # Save the model to file
12    saveRDS(model, "./model_file.rds")
13
14    # Restore the model from file
15    restored_model <-  readRDS("./model_file.rds")
16
17    # Make a prediction
18    prediction <- predict(restored_model, new_example)
```

现在，我们来探讨模型训练过程中的特殊性。分析师在实际工作中必须注意这些特殊性，才能产生一个最优的模型。

5.8 偏差－方差折中

开发模型既包括寻找最优算法，也包括寻找表现最好的超参数。调整超参数实际上控制了两个折中。我们已经讨论过第一个：查准率－查全率折中。第二个同样重要，即**偏差－方差折中**（**bias-variance tradeoff**）。

5.8.1 欠拟合

如果模型能够预测训练数据的标签，就说它**低偏差**（**low bias**）。如果模型在训练数据上犯了太多的错误，我们就说它**高偏差**（**high bias**），或者说模型对训练数据欠拟合。欠拟合可能有以下几个原因：

- 模型对数据来说太简单了（比如线性模型经常会出现欠拟合）；
- 特征的信息量不够大；
- 正则化太多（5.9节将讨论正则化）。

图 5.9a 所示是回归中欠拟合的一个例子。回归线并没有重复数据似乎属于的线的弯曲。该模型过度简化了数据。解决欠拟合问题的可能方法包括：

- 尝试更复杂的模型；
- 用更高的**预测能力**进行特征工程；
- 在可能的情况下，增加更多的训练数据；
- 减少正则化。

5.8.2 过拟合

过拟合是模型可能表现出的另一个问题。过拟合的模型通常能很好地预测训练数据标签，但在留出数据上的效果很差。

图 5.9c 是回归中过拟合的一个例子。回归线几乎完美地预测了几乎所有训练样本的目标，但如果你决定用它来进行预测，很可能会在新数据上出现显著误差。

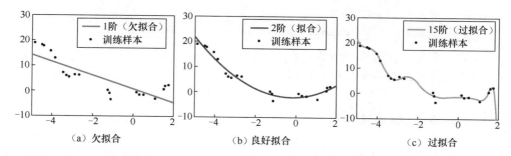

图 5.9　欠拟合（线性模型）、良好拟合（二阶方程模型）和过拟合（15 阶多项式）的例子

你会在文献中发现过拟合的另一个名称：**高方差（high variance）**。该模型对训练集的小波动过于敏感。如果你对训练数据进行不同的采样，结果会是一个明显不同的模型。这些过拟合模型在留出数据上的表现很差，因为留出数据和训练数据的采样是相互独立的。所以，训练数据和留出数据的小波动很可能是不同的。

导致过拟合的原因如下。

● 模型对数据来说太复杂了。很高的决策树或很深的神经网络往往会过拟合。

● 特征太多，训练样本太少。

● 正则化不够。

解决过拟合的可能方法如下。

● 使用更简单的模型。试着用线性回归代替多项式回归，或在SVM中用线性核代替**径向基函数（Radial Basis Function，RBF）**，或用较少层/单元的神经网络[1]。

● 对数据集中的样本降维。

1　虽然一般建议减少模型参数的数量，以减少过拟合，提高模型的泛化能力，但**深层双下降（deep double descent）**现象有时证明不是这样。在包括**CNN**和**Transformer**在内的各种架构中都观察到了这一现象：验证表现先是提高，然后变得更差，然后随着模型大小的增加又会提高。截至2020年7月，我们还没有完全理解为什么会发生这种情况。

- 如果可能，增加更多的训练数据。
- 将模型正则化。

5.8.3 折中

在实践中，通过尝试减少方差，就会增加偏差，反之亦然。换言之，减少过拟合导致欠拟合，反之亦然。这就是所谓的**偏差-方差折中**：通过太过努力地构建一个在训练数据上表现完美的模型，你最终得到的是一个在留出数据上表现不佳的模型。

虽然很多因素决定了模型在训练数据上是否表现良好，但最重要的因素是模型的复杂度。一个足够复杂的模型将学习记忆所有的训练样本及其标签，因此，当应用于训练数据时，不会出现预测错误。它的偏差会很低。然而，一个依靠记忆的模型将无法正确预测以前未见过的数据的标签。它将具有高方差。

随着模型复杂度的增加，模型应用于训练数据和留出数据时的平均预测误差的典型演变如图 5.10 所示。

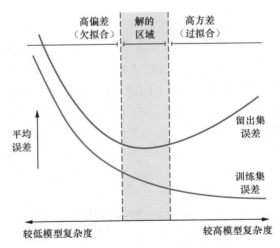

图 5.10 偏差-方差折中

你希望处于的区域是"解的区域"，也就是浅蓝色的矩形，在这个区域中，偏差和方差都很低。一旦进入这个区域，你可以微调超参数，以达到所需的查准率-查全率之比，或者优化另一个适合你问题的模型表现指标。

为了达到解的区域，你可以：

- 通过增加模型的复杂度向右移动，并通过这样做减少其偏差；
- 通过对模型进行正则化向左移动，使模型变得更简单，从而减少方差（我们在下一节探讨正则化）。

如果你处理的是浅层模型，比如线性回归，那么可以通过切换到高阶多项式回归来增加复杂度。同样，你可以在支持向量机（SVM）中增加决策树的深度，或者使用多项式或 RBF 核函数，而不是线性核函数。集成学习算法，基于提升的思想，通过组合一些（通常是数百个）高偏差的"弱"模型，可以减少偏差。

如果你使用神经网络，可以通过增加模型的大小来增加模型的复杂度：每层的单元数和层数。训练神经网络模型的时间越长（即更多的周期），通常也会导致较低的偏差。使用神经网络的优点是，在偏差 - 方差折中方面，你可以稍微增加网络的大小，并观察到偏差的轻微下降。大多数流行的浅层模型和相关的学习算法无法为你提供这样的灵活性。

如果通过增加模型的复杂度，你发现自己处于图 5.10 的右侧，就必须降低模型的方差。最常见的方法是应用正则化。

5.9 正则化

正则化是强迫学习算法训练一个不太复杂的模型的方法的一个总称。在实践中，它会导致更高的偏差，但会显著降低方差。

最广泛使用的两种正则化类型是 **L1 正则化（L1 regularization）**和 **L2 正则化（L2 regularization）**。其思想非常简单。为了创建一个正则化模型，我们修改目标函数。这是学习算法在训练模型时优化的表达式。正则化增加了一个惩罚项，当模型比较复杂时，它的值比较高。

简单起见，我们将用线性回归来说明正则化，但同样的原理也可以应用于各种各样的模型。

设 x 为二维特征向量 $[x^{(1)}, x^{(2)}]$。回顾线性回归目标：

$$\min_{w^{(1)}, w^{(2)}, b} \left[\frac{1}{N} \times \sum_{i=1}^{N} (f_i - y_i)^2 \right] \tag{5.3}$$

在式（5.3）中，$f_i \overset{\text{def}}{=} f(x_i)$，$f$ 是回归线的方程。回归线 f 的方程形式为 $f = w^{(1)}x^{(1)} + w^{(2)}x^{(2)} + b$。学习算法将通过最小化目标，从训练数据中推导出参数 $w^{(1)}$、$w^{(2)}$ 和 b 的值。如果部分参数 $w^{(\cdot)}$ 接近或等于零，则认为模型的复杂度较低。

5.9.1　L1和L2正则化

式（5.3）中的 L1 正则化目标是这样的：

$$\min_{w^{(1)},w^{(2)},b}\left[C\times(|w^{(1)}|+|w^{(2)}|)+\frac{1}{N}\times\sum_{i=1}^{N}(f_i-y_i)^2\right]\qquad(5.4)$$

其中，C 是控制正则化重要性的**超参数**。一方面，如果我们将 C 设置为零，模型就会变成一个标准的非正则化线性回归模型。另一方面，如果我们将 C 设置为高值，学习算法将尝试将大部分 $w^{(\cdot)}$ 设置为一个接近或等于零的值，以使目标最小化。模型将变得非常简单，这可能导致欠拟合。数据分析师的工作是找到这样一个超参数 C 的值，它不会增加太多的偏差，但会将方差降低到对当前问题合理的水平。

在我们的二维问题设定中，一个 L2 正则化的目标是这样的：

$$\min_{w^{(1)},w^{(2)},b}\left[C\times((w^{(1)})^2+(w^{(2)})^2)+\frac{1}{N}\times\sum_{i=1}^{N}(f_i-y_i)^2\right]\qquad(5.5)$$

在实践中，L1 正则化会产生一个**稀疏模型**，假设超参数 C 的值足够大。这是一个大部分参数完全等于零的模型。所以，正如上一章所讨论的那样，L1 隐式地执行了**特征选择**（**feature selection**），通过决定哪些特征是预测所必需的，哪些不是。如果我们想提高模型的**可解释性**（**explainability**），L1 正则化的这个特性是很有用的。然而，如果我们的目标是最大化模型在留出数据上的表现，那么 L2 通常会得到更好的结果。

在文献中，你还会看到有人用 **lasso** 指 L1，用**岭正则化**（**ridge regularization**）和**权重衰减**（**weight decay**）指 L2。

5.9.2　其他形式的正则化

L1 和 L2 可以结合在一起，这就是所谓的**弹性网正则化**（**elastic net regularization**）。

除了广泛用于线性模型外，L1 和 L2 还经常用于神经网络和许多其他类型的直接最小化目标函数的模型。

神经网络还可以从另外两种正则化技术中获益：**丢弃**（**dropout**）和**批归一化**（**batch-normalization**）。另有一些非数学方法也具有正则化效果：**数据增强**和**早停法**（**early stopping**）。第 6 章在探讨训练神经网络时将更详细地探讨这些技术。

5.10 小结

在开始对模型进行工作之前，你应该做一些检查和决定。首先，确保数据符合模式，正如模式文件所定义的那样。然后，定义一个可实现的表现水平，并选择一个表现指标。理想情况下，它应该用一个单一的数字来表示模型的表现。此外，建立一个基线很重要，它提供了一个参考点来比较你的机器学习模型。最后，将你的数据分成三个集——训练集、验证集和测试集。

大多数现代分类学习算法的实现都要求训练样本有数字标签，所以你通常必须将标签转化为数字向量。两种流行的方法是独热编码（用于二进制和多类问题）和词袋（用于多标签问题）。

要选择一个最适合你的问题的机器学习算法，请问自己以下问题。

- 该模型的预测是否必须可以向无技术背景的受众解释？如果是，你会更倾向于使用精度较低，但更容易解释的算法，如kNN、线性回归和决策树学习。
- 数据集可以完全加载到笔记本电脑或服务器的内存中吗？如果不能，你会更喜欢增量学习算法。
- 数据集中有多少个训练样本？每个样本有多少个特征？有些算法，包括那些用于训练神经网络和随机森林的算法可以处理大量的样本和数百万个特征。其他算法的能力则相对较小。
- 数据是否可以线性分离，或者可以用线性模型来建模？如果是，线性核的SVM、线性回归和逻辑斯谛回归可以是不错的选择。否则，深度神经网络或集成模型可能会更好。
- 学习算法允许使用多少时间来训练一个模型？众所周知，神经网络的训练比较慢。简单的算法（如线性和逻辑斯谛回归，或决策树）要快得多。
- 评分在生产环境中必须执行得多快？像SVM、线性和逻辑斯谛回归等模型，以及不是很深的前馈神经网络，在预测时间上非常快。使用深度神经网络和递归神经网络以及梯度提升模型的评分则比较慢。

如果你不想猜测最好的算法，推荐的方法是抽查几种算法，然后作为一个超参数，在验证集上测试它们。

知道模型有多好的一个典型方法是，计算出留出数据上的表现指标值。有为分类和回归模型定义的表现指标，也有为排名模型定义的表现指标。

调整超参数的值可以控制两种折中：查准率－查全率和偏差－方差。通过改变模型的复杂度，我们可以达到所谓的"解的区域"，即模型的偏差和方差都相对较低的情况。优化表现指标的解通常是在该区域内找到的。

正则化是强迫学习算法建立一个不太复杂的模型的方法的总称。在实践中，这往往会导致略高的偏差，但会显著降低方差。正则化的两种流行技术是 L1 和 L2。另外，神经网络还受益于另外两种正则化技术：丢弃和批归一化。

大多数现代机器学习包和框架都支持流水线的概念。流水线是训练数据在成为模型之前所经历的一系列转换。在流水线中，每个阶段都会对其接收的输入进行一些转换。除了第一阶段，每个阶段都会接收前一阶段的输出。第一阶段接收训练数据集作为输入。流水线可以保存到一个文件，类似于保存模型。它可以部署到生产环境中，用于生成预测。

超参数不是由学习算法本身优化的。数据分析师必须通过实验不同的数值组合来"调整"超参数。网格搜索是最简单也是应用最广泛的超参数调优技术。它包括将超参数的值离散化，并通过以下方式尝试所有的值组合：①为每个超参数组合训练一个模型；②将每个训练好的模型应用到验证集上计算表现指标。

一个像样的验证集至少包含上百个样本，集中的每个类至少由几十个样本代表。如果没有一个像样的验证集来调整超参数，你可以使用交叉验证。

第 6 章　监督模型训练（第二部分）

在关于监督模型训练的第二部分中，我们探讨训练深度模型、堆叠模型、处理不平衡数据集、分布偏移、模型校准、故障排除和误差分析等主题，以及其他最佳实践。

与浅层模型相比，一方面，深度神经网络的模型训练策略有更多的可动部件。另一方面，它更加条理化，更容易实现自动化。

6.1　深度模型训练策略

模型训练首先要筛选出几种网络架构，也就是所谓的**网络拓扑结构**（**network topology**）。如果你处理的是图像数据，并且想从头开始建立模型，那么你的默认拓扑选择可能是这样的**卷积神经网络**：它至少有一个**卷积层**（**convolutional layer**）、一个**最大池化层**（**max-pooling layer**）和一个**全连接层**。

如果你处理文本或其他序列数据，如时间序列，可以在 CNN、**门控递归神经网络**〔**gated recurrent neural network**，如**长短期记忆**（**LSTM**）或**门控递归单元**（**GRU**）〕或 **Transformer** 之间进行选择。

除了从头开始训练模型，你也可以从一个**预训练的模型**（**pre-trained model**）开始。像谷歌和微软这样的公司，已经用针对图像或自然语言处理任务优化的架构训练了非常深的神经网络。

在图像处理任务中，最常用的预训练的模型有 **VGG16** 和 **VGG19**〔基于 **Visual Geometry Group**（**VGG**）架构〕、**InceptionV3**（基于 **GoogLeNet** 架构）和 **ResNet50**〔基于**残差网络**（**residual network**）架构〕。

对于自然语言文本处理，与从头开始训练模型相比，一些预训练的模型往往能提高模型的质量，例如**基于 Transformer 的双向编码表征**（**BERT**，基于 Transformer 架构）和**来自语言模型的嵌入**〔**ELMo**，基于**双向 LSTM**（**bi-directional LSTM**）架构〕。

使用预训练的模型有一个优势：这些模型是在其创建者可用的海量数据上训练的，但你很可能无法获得。即使你的数据集较小，且与用于预训练的模型的数据集不完全相似，预训练的模型所学到的参数可能仍然有用。

你可以用两种方式使用预训练的模型：

（1）利用它学习的参数来初始化你自己的模型；

（2）将预训练的模型作为你的模型的特征提取器。

如果你用前一种方式使用预训练的模型，它提供了更多的灵活性。缺点是你最终要训练一个很深的神经网络。这需要大量的计算资源。在后一种方式中，你会"冻结"预训练的模型的参数，只训练新的增加层的参数。

6.1.1　神经网络训练策略

使用现有的模型来创建一个新的模型叫作**迁移学习**（**transfer learning**）。6.1.10 节将进一步探讨这个话题。目前，假设你是基于所选择的架构，从头开始建立一个模型。构建神经网络的常见策略如下：

（1）定义一个表现指标 P；

（2）定义成本函数 C；

（3）选择一个参数初始化策略 W；

（4）选取一个成本函数优化算法 A；

（5）选择一个超参数调整策略 T；

（6）选取一个使用调优策略 T 的超参数值组合 H；

（7）训练模型 M，使用算法 A，以超参数 H 为参数，优化成本函数 C；

（8）如果仍有未检验的超参数值，则使用策略 T，再选取一个超参数值的组合 H，并重复步骤（7）；

（9）返回优化了指标 P 的模型。

现在我们来详细讨论一下上述策略的一些步骤。

6.1.2　表现指标和成本函数

步骤（1）类似于浅层模型训练策略的步骤（1），详见 5.7 节：我们定义一个度量指标，可以比较两个模型在留出数据上的表现，并选择两者中较好的一个。表现指标的例子是 **F 分数**（**F- score**）或 **Cohen's kappa 统计量**。

在步骤（2）中，我们定义学习算法将优化什么来训练一个模型。如果我们的神经网络是一个回归模型，那么，在大多数情况下，**成本函数**是式（5.1）中定义的**均方误差**。这里重复如下：

$$\text{MSE}(f) \stackrel{\text{def}}{=} \frac{1}{N} \sum_{i=1,\cdots,N} (f(\boldsymbol{x}_i) - y_i)^2$$

对于分类，成本的典型选择是**分类交叉熵**（**categorical cross-entropy**，用于多类分类）或**二分类交叉熵**（**binary cross-entropy**，用于二分类和多标签分类）。

回想一下，当我们为多类分类训练一个神经网络时，我们应该使用**独热编码**重新表示标签。假定 C 是分类问题中的类数。$\boldsymbol{y}_i$ 是样本 i 的独热编码标签，其中 i 的跨度从 1 到 N。$y_{i,j}$ 表示样本 i 中第 j 个位置的值（其中 j 的跨度为从 1 到 C），样本 i 分类的分类交叉熵损失定义为：

$$\text{CCE}_i \stackrel{\text{def}}{=} - \sum_{j=1}^{C} \left[y_{i,j} \times \log_2(\hat{y}_{i,j}) \right]$$

其中，$\hat{\boldsymbol{y}}_i$ 是神经网络对输入 $\boldsymbol{x}_i$ 发出的 C 维预测向量。成本函数通常被定义为各个样本的损失之和：

$$\text{CCE} \stackrel{\text{def}}{=} \sum_{i=1}^{N} \text{CCE}_i$$

在**二分类**（**binary classification**）中，神经网络对输入特征向量 $\boldsymbol{x}_i$ 的输出，是一个单一的值 $\hat{y}_i$，而样本的标签是一个单一的值 y_i，就像在逻辑斯谛回归中一样。样本 i 分类的二分类交叉熵损失定义为：

$$\text{BCE}_i \stackrel{\text{def}}{=} - y_i \times \log_2(\hat{y}_i) - (1 - y_i) \times \log_2(1 - \hat{y}_i)$$

同样，*训练集分类的成本函数通常被定义为各个样本的损失之和：

$$\text{BCE} \stackrel{\text{def}}{=} \sum_{i=1}^{N} \text{BCE}_i$$

二分类交叉熵也被用于**多标签分类**。现在的标签是 C 维的**词袋**向量 $\boldsymbol{y}_i$，而预测是 C 维的向量 $\hat{\boldsymbol{y}}_i$，它在每个维度 j 上的值 $\hat{y}_{i,j}$ 在 0 和 1 之间，一个标签 $\hat{\boldsymbol{y}}_i$ 的预测损失定义为：

$$\text{BCEM}_i \stackrel{\text{def}}{=} \sum_{j=1}^{C} \left[-y_{i,j} \times \log_2(\hat{y}_{i,j}) - (1 - y_{i,j}) \times \log_2(1 - \hat{y}_{i,j}) \right]$$

整个训练集分类的成本函数通常定义为单个样本的损失之和：

$$\text{BCEM} \stackrel{\text{def}}{=} \sum_{i=1}^{N} \text{BCEM}_i$$

注意，多类和多标签分类中的输出层是不同的。在多类分类中，使用一个 **softmax** 单元。它生成一个 C 维向量，其值限定在范围（0，1）内，其和等于 1。在多标签分类中，输出层包含 C 个逻辑斯谛单元，其值也在范围（0，1）内，但其和在范围（0，C）内。

神经网络输出

　　好奇的读者可能希望更好地理解选择特定损失函数背后的逻辑。本部分将从数学上描述神经网络的输出。

　　在回归中，输出层只包含一个单元。一方面，如果输出值可以是任何数字，从负无穷大到无穷大，那么输出单元将不会包含非线性。另一方面，如果神经网络必须预测一个正数，那么可以使用 **ReLU**（修正线性单元）的非线性。假定输入样本 i 的非线性前的输出单元的输出值表示为 z_i，那么应用 ReLU 非线性后的输出由 $\max(0, z_i)$ 给出。

　　在二分类中，输出层只包含一个逻辑斯谛单元。假定输入样本 i 的非线性前的输出单元的输出值表示为 z_i，应用对数非线性后的输出 $\hat{y}_i$ 如下：

$$\hat{y}_i \stackrel{\text{def}}{=\!=} \frac{1}{1 + e^{-z_i}}$$

　　其中，e 是自然对数的基数，也称为欧拉数（**Euler number**）。

　　二分类和多标签分类模型的定义方式类似。唯一不同的是，在多标签分类中，输出层包含 C 个逻辑斯谛单元，每类一个。如果 $\hat{y}_{i,j}$ 表示当输入样本为 i 时，第 j 类的逻辑斯谛单元在非线性后的输出，那么对于所有 $j = 1, \cdots, C$，$\hat{y}_{i,j}$ 之和位于 0 和 C 之间。

　　在多类分类中，输出层也会产生 C 个输出。然而，在这种情况下，输出层每个单元的输出由 softmax 函数控制。假定输出单元 j 的输出，在非线性之前，对于输入样本 i，是 $z_{i,j}$。那么，非线性后的输出 $\hat{y}_{i,j}$ 如下：

$$\hat{y}_{i,j} \stackrel{\text{def}}{=\!=} \frac{e^{z_{i,j}}}{\sum_{k=1}^{C} e^{z_{i,k}}}$$

　　对于所有 $j = 1, \cdots, C$，$\hat{y}_{i,j}$ 之和等于 1。

6.1.3 参数初始化策略

　　在步骤（3）中，我们选择一个**参数初始化策略**（**parameter-initialization strategy**）。在训练开始之前，所有单元的参数值都是未知的。我们必须用一些值来初始化它们。神经网络的训练算法，如我们稍后探讨的梯度下降及其随机变体，本质上是迭代的，需要分析师指定一些初始点，从这里开始迭代。这个初始化可能会影响训练模型的属性。你可能会从以下策略中选择一种。

- **全1（one）**：所有参数都初始化为1。
- **全0（zero）**：所有参数都初始化为0。
- **随机正态（random normal）**：参数初始化为从**正态分布**（**normal distribution**）中采样的值，通常均值为0，标准差为0.05。
- **随机均匀（random uniform）**：参数初始化为从**均匀分布**（**uniform distribution**）中采样的值，范围为[-0.05, 0.05]。
- **Xavier正态（Xavier normal）**：参数初始化为从截断的正态分布中取样的值，以0为中心，标准差等于$\sqrt{2/(in+out)}$，其中"in"是当前单元所连接的前一层（你初始化其参数的那一层）的单元数；"out"是当前单元所连接的后一层的单元数。
- **Xavier均匀（Xavier uniform）**：参数初始化为限制在[-limit，limit]范围内的均匀分布的采样值。其中"limit"是$\sqrt{6/(in+out)}$，"in"和"out"如前面Xavier正态中的定义。

还有其他的初始化策略。如果你使用 TensorFlow、Keras 或 PyTorch 等神经网络训练模块，它们会提供一些参数初始化器，也会推荐默认选择。

偏置项的初始化通常为零。

虽然我们知道参数初始化会影响模型属性，但我们无法预测哪种策略能为你的问题提供最佳结果。随机和 Xavier 初始化器是最常见的。建议用这两种中的一种开始你的实验。

6.1.4 优化算法

在步骤（4）中，我们选择一种成本函数优化算法。当成本函数是可微分的（我们上面考虑的所有成本函数都是如此），**梯度下降**（**gradient descent**）和**随机梯度下降**（**stochastic gradient descent**）是两种最常用的优化算法。

梯度下降是一种迭代优化算法，用于寻找任何可微分函数的**局部最小值**（**local minimum**）。我们说$f(x)$在$x=c$处有一个局部最小值，如果$f(x) \geqslant f(c)$，则在$x=c$周围的某个**开区间**（**open interval**）内的每一个x都有一个局部最小值。一个**区间**（**interval**）是一个实数集，其属性是位于集内两个数字之间的任何数字也包含在集内。一个开区间不包括它的端点，用括号表示。例如，（0，1）表示"所有大于0而小于1的数"。所有局部最小值中的最小值称为**全局最小值**（**global minimum**）。

一个函数的局部最小值和全局最小值的区别如图 6.1 所示。

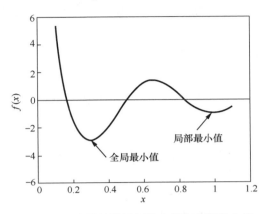

图 6.1　一个函数的局部最小值和全局最小值

函数和优化

在这部分，对于好奇的读者，我们解释数学函数和函数优化的基础知识。如果你只想知道训练神经网络的机制，跳过它也没有问题。

函数（**function**）是一种关系，它将一个集合 $\mathcal{X}$ 中的每个元素 x〔即函数的**定义域**（**domain**）〕与另一个集合 $\mathcal{Y}$ 中的单个元素 y〔即函数的**陪域**（**codomain**）〕联系起来。函数通常有一个名字。如果函数被称为 f，那么这个关系表示为 $y=f(x)$，读作 "y 等于 x 的 f"。元素 x 是函数的参数（即输入），y 是函数的值（即输出）。用来表示输入的符号就是函数的变量。我们常说 f 是变量 x 的函数。

函数 f 的**导数**（**derivative**）f' 是描述 f 增加或减少速度的函数或数值。如果导数是一个定值，如 5 或 -3，那么函数在其域的任何一点 x 上都会不断增加或减少。如果导数 f' 本身是一个函数，那么函数 f 在其定义域的不同区域可以以不同的速度增长。如果导数 f' 在某点 x 为正值，那么函数 f 在这一点上就会增大。如果 f 的导数在某点 x 处为负，那么函数在这一点上就会减小。在 x 处导数为零，表示函数在 x 处既不减小也不增大；函数在 x 处的斜率是水平的。

求导数的过程叫**微分**（**differentiation**）。

基本函数的导数是已知的。例如，如果 $f(x)=x^2$，则 $f'(x)=2x$；如果 $f(x)=2x$，则 $f'(x)=2$；如果 $f(x)=2$，则 $f'(x)=0$。任何函数 $f(x)=c$ 的导数都是零，其中 c 是常数。

如果要微分的函数不是基本函数，我们可以利用**链式法则**（**chain rule**）找到它的导数。例如，如果 $F(x)=f(g(x))$，其中 f 和 g 是某函数，那么 $F'(x)=f'(g(x))g'(x)$。例如，如果 $F(x)=(5x+1)^2$，那么 $g(x)=5x+1$，$f(g(x))=(g(x))^2$。应用链式法则，我们发

现 $F'(x)=2(5x+1)g'(x)=2(5x+1)5=50x+10$。

梯度（gradient） 是对函数导数的泛化，这些函数接受几个输入，或者输入是一个向量或其他复杂结构的形式。一个函数的梯度就是一个 **偏导数（partial derivative）** 的向量。寻找函数的偏导数，就是把注意力集中在函数的一个输入上，并把其他所有输入都看作常量值，从而找到导数的过程。

例如，如果我们的函数定义为 $f\left(\left[x^{(1)}, x^{(2)}\right]\right)=ax^{(1)}+bx^{(2)}+c$，那么函数 f 相对于 $x^{(1)}$ 的偏导数表示为 $\dfrac{\partial f}{\partial x^{(1)}}$，由下式给出：

$$\frac{\partial f}{\partial x^{(1)}}=a+0+0=a$$

其中，a 是函数 $ax^{(1)}$ 的导数。这两个零分别是 $bx^{(2)}$ 和 c 的导数，因为当我们计算相对于 $x^{(1)}$ 的导数时，$x^{(2)}$ 被认为是常数，而任何常数的导数都是零。

同样，函数 f 相对于 $x^{(2)}$ 的偏导数，$\dfrac{\partial f}{\partial x^{(2)}}$，由下式给出：

$$\frac{\partial f}{\partial x^{(2)}}=0+b+0=b$$

函数 f 的梯度表示为 ∇f，由向量 $\left[\dfrac{\partial f}{\partial x^{(1)}}, \dfrac{\partial f}{\partial x^{(2)}}\right]$ 给出。

链式规则也适用于偏导数。

要使用 **梯度下降法** 寻找函数的局部最小值，我们从函数域中的某个随机点开始。然后我们根据当前点的函数梯度（或近似梯度）的减小，按比例移动。

机器学习中的梯度下降是以 **周期（epoch）** 为单位进行的。一个周期包括完全使用训练集来更新每个参数。在第一个周期中，我们使用上面讨论的参数初始化策略之一来初始化神经网络的参数。**反向传播（backpropagation）** 算法使用复函数导数的链式规则计算每个参数的偏导数[1]，在每个周期，梯度下降使用偏导数更新所有参数。**学习率（learning rate）** 控制了更新的显著性。这个过程一直持续到 **收敛（convergence）**，也就是在每一个周期后参数值变化不大的状态。然后算法停止。

梯度下降对学习率 α 的选择很敏感，为你的问题选择合适的学习率并不容易。一方面，如果选择一个太高的值，可能根本不会收敛。另一方面，过小的 α 值会减

---

1 关于反向传播的解释超出了本书的范围。你只需要知道，每一个现代训练神经网络的软件库都包含了这个算法的实现。好奇的读者可以在《机器学习精讲》的扩展版中，在其配套的wiki上找到关于反向传播的解释。

慢学习速度，以至于无法观察到任何进展。在图 6.2 中，你可以看到一个神经网络的一个参数和三个学习率值的梯度下降的说明。每次周期时的参数值以蓝色圆圈表示。圆圈内的数字表示周期。红色箭头表示沿水平轴的梯度方向，即远离最小值的方向。绿色箭头表示每个时期后成本函数值的变化。图 6.2a 中，学习率太小，收敛速度会很慢；图 6.2b 中，学习率太大，不会收敛；图 6.2c 中，学习率良好。

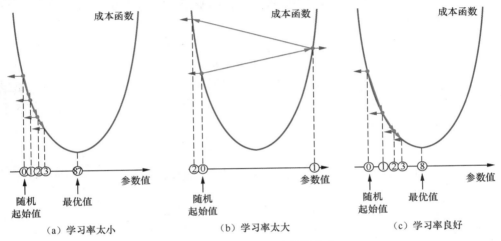

图 6.2 学习率对收敛性的影响

因此，在每一个周期，梯度下降都会使参数值向最小值移动，如果学习率太小，向最小值移动的速度会非常慢（见图 6.2a）。如果学习率过大，参数值将远离最小值而振荡（见图 6.2b）。

梯度下降对大数据集来说相当缓慢，因为它使用整个数据集来计算每个参数在每个周期的梯度。幸运的是，对该算法的一些重大改进已经被提出。

小批次随机梯度下降（minibatch Stochastic Gradient Descent，或称小批次 SGD） 是梯度下降算法的一种变体。它使用被称为**小批次（minibatch）** 的训练数据的小子集来逼近梯度。这有效地加快了计算速度。小批次的大小是一个超参数，你可以对它进行调整。建议使用二的幂数，在 32 到几百之间，如 32，64，128，256，等等。

在"纯"小批次 SGD 中，学习率 α 的选值问题依然存在。在较后的周期中，学习仍然会停滞不前。由于更新量过大，梯度下降可能不会达到局部最小值，而是一直在其周围振荡。有许多**学习率衰减安排表（learning rate decay schedule）**，允许随着学习的进展，通过在较后的周期计数中降低学习率，让学习率更新。使用学习率衰减安排表的好处包括更快的梯度下降收敛（更快的学习）和更高的模型质量。下面，我们探讨几种流行的学习率衰减安排表。

6.1.5 学习率衰减安排表

学习率的衰减包括随着周期的推进，逐渐降低学习率 α 的值。因此，参数更新变得更精细。有几种技术，即所谓的安排表，来控制 α。

基于时间的学习率衰减安排表（**time-based learning rate decay schedule**）根据前一个周期的学习率来改变学习率。根据流行的基于时间的学习率衰减安排表，学习率更新的数学公式为：

$$\alpha_n \leftarrow \frac{\alpha_{n-1}}{1+d \times n}$$

其中，α_n 是学习率的新值，α_{n-1} 是前一个周期 $n-1$ 时的学习率值，d 是**衰减率**（**decay rate**），它是一个超参数。例如，如果学习率的初始值 $\alpha_0 = 0.3$，那么前 5 个周期的学习率值如表 6.1 所示。

表 6.1　前 5 个周期的学习率值

学习率	周期
0.15	1
0.10	2
0.08	3
0.06	4
0.05	5

基于阶梯的学习率衰减安排表（**step-based learning rate decay schedule**）按照一些预先定义的下降阶梯来改变学习率。根据流行的基于阶梯的学习率衰减安排表，学习率更新的数学公式为：

$$\alpha_n \leftarrow \alpha_0 d^{\text{floor}\left(\frac{1+n}{r}\right)}$$

其中，α_n 是在周期 n 时的学习率，α_0 是学习率的初始值，d 是反映学习率在每一个下降步骤中应该变化多少的衰减率（0.5 对应减半），r 是所谓的**下降率**（**drop rate**），定义了下降阶梯长度（10 对应每 10 个周期下降一次）。如果其参数值小于 1，则上式中的 floor 算子等于 0。

指数学习率衰减安排表（**exponential learning rate decay schedule**）与基于阶梯的类似。但是，不使用下降阶梯，而是使用了一个递减的指数函数。根据流行的指数学习率衰减安排表，学习率更新的数学公式为：

$$\alpha_n \leftarrow \alpha_0 e^{-d \times n}$$

其中，d 是衰减率，e 是**欧拉数**。

小批次 **SGD** 有几种流行的升级方法，如动量、均方根传播（RMSProp）和 Adam。这些算法会根据学习过程的表现自动更新学习率。你不必担心选择初始学习率值、衰减安排表和速率，或者其他相关的超参数。这些算法在实践中获得了良好的表现，从业者经常使用它们来代替手动调整学习率。

动量（**momentum**）通过将梯度下降定向到相关方向，减少振荡，帮助加速小批次 SGD。动量不是只使用当前梯度的周期来指导搜索，而是积累过去周期的梯度来确定方向。动量使得我们不需要手动调整学习率。

神经网络成本函数优化算法的最新进展包括 **RMSProp** 和 **Adam**，后者是最新和最通用的。建议先用 Adam 训练模型。然后，如果模型的质量没有达到可接受的水平，可以尝试不同的成本函数优化算法。

6.1.6　正则化

在神经网络中，除了 **L1 正则化**和 **L2 正则化**之外，你还可以使用神经网络特有的正则化器——丢弃、早停法和批归一化。后者从技术上讲不是一种正则化技术，但它经常对模型产生正则化效果。

丢弃的概念非常简单。每次通过网络"运行"一个训练样本时，你会在计算中随机地暂时排除一些单元。排除单元的百分比越高，正则化效应越强。流行的神经网络库允许你在两个连续的层之间添加一个丢弃层，或者可以为一个层指定丢弃超参数。丢弃超参数在 [0, 1] 范围内变化，表征计算中随机排除的单元的比例。超参数的值必须通过实验找到。虽然简单，但丢弃的灵活性和正则化效果是惊人的。

早停法通过在每个周期后保存初步模型来训练一个神经网络。每个周期后保存的模型称为**检查点**（**checkpoint**）。然后它评估每个检查点在验证集上的表现。在梯度下降过程中，你会发现成本会随着周期数量的增加而降低。在某个周期之后，模型可能会开始过拟合，模型在验证数据上的表现会变差。请记住图 5.10 中的偏差-方差图示。通过在每个周期后保留模型的版本，一旦开始观察到验证集上的表现下降，就可以停止训练。另外，你也可以在固定数量的周期中继续运行训练过程，然后选择最佳的检查点。一些机器学习从业者依靠这种技术。其他人则尝试使用适当的技术对模型进行适当的规范化。

批归一化（**batch normalization**，更确切地说，应该叫批标准化）在每一层的输出提供给下一层作为输入之前，对它们进行**标准化**（**standardizing**）。在实践中，批归一化的结果是更快、更稳定的训练，以及一些正则化效果。所以，使用批归一化总是一个好主意。在流行的神经网络库中，你经常可以在两个连续层之间插入一个批归一化层。

另一种可以应用于所有学习算法的正则化技术是**数据增强**。这种技术经常被用来对工作在图像上的模型进行正则化。在实践中，应用数据增强通常会导致模型表现提高。

6.1.7　网络规模搜索和超参数调整

深度模型训练策略的步骤（5）与浅度模型训练策略类似，即选择一个超参数调整策略 T。

在步骤（6），我们使用策略 T 选择一个超参数值的组合。典型的参数包括小批次的大小、学习率的值（如果你使用纯小批次 SGD）或自动更新学习率的算法（如 Adam）。你还可以决定初始的层数和每层的单元。建议从合理的值开始，让我们能够足够快地建立第一个模型。例如，两个隐藏层和每层 128 个单元可能是一个好起点。

步骤（7）是"训练模型 M，使用算法 A，以超参数 H 为参数，优化成本函数 C。"这是与浅层学习的主要区别。使用浅层学习算法或模型时，你只能调整一些内置的超参数。你对模型的架构和复杂度没有太多控制。对于神经网络，你拥有所有的控制权，训练一个模型更像是一个过程，而不是一个单一的动作。为了建立一个深度模型，你从一个合理大小的模型开始，然后按照图 6.3 所示的流程图进行训练。

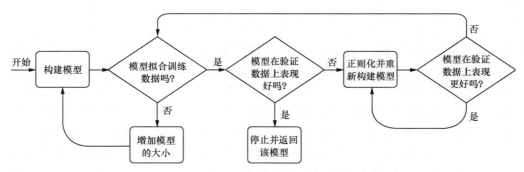

图 6.3　神经网络模型训练流程图

请注意，你从一些模型开始，然后增加它的大小，直到它很好地拟合训练数据。然后你在验证数据上评估该模型。如果它表现良好，根据表现指标，你停止并返回模型。否则，你就对模型进行正则化并重新训练。

如你所见，神经网络中的正则化通常有几种方式实现。最有效的是**丢弃**，你从网络中随机删除一些单元，使其更简单、更"笨"。一个更简单的模型会在留出数据上工作得更好，这就是你的目标。

假设在经过几个循环的正则化和模型再训练后，你没有看到模型在验证数据上的表现有任何改善，请检查它是否仍然适合训练数据。如果不适合，通过增加单个层的大小或者增加另一个层来增加模型的大小。继续进行，直到模型再次拟合训练数据。然后在验证数据上再次评估它。这个过程一直持续到一个更大的模型没有带来更好的验证数据表现，无论你的操作如何。然后，如果验证数据表现满意，你就停止并返回模型。

如果你对这个表现不满意，你可以在步骤（8）中选择不同的超参数组合，并建立一个不同的模型。继续测试不同的超参数值，直到没有更多的值可以测试。然后，你将在这个过程中训练的模型中保留最好的模型。如果最佳模型的表现仍然不满意，可以尝试不同的网络架构，添加更多的标签数据，或者尝试**迁移学习**。6.1.10 节将进一步探讨迁移学习。

训练好的神经网络，其特性很大程度上取决于超参数的值的选择。但是，在你选择超参数的具体值，训练一个模型，并在验证数据上验证它的特性之前，你必须决定哪些超参数对你来说足够重要，需要在上面花时间。

显然，如果你有无限的时间和计算资源，你会调整所有的超参数。然而，在实践中，时间是有限的，而且通常资源相对较少。要调整哪些超参数？

虽然这个问题没有明确的答案，但有几个观察结果可能会帮助你在处理特定模型时选择要调整的超参数：

- 你的模型对某些超参数比对其他超参数更敏感；
- 选择常常在于使用超参数的默认值，还是改变它。

训练神经网络的库中经常有超参数的默认值：随机梯度下降的版本（通常是**Adam**）、参数初始化策略（通常是**随机正态**或**随机均匀**）、小批次的大小（通常是32），等等。这些默认值是根据实际经验的观察而选择的。开源库和模块往往是许多科学家和工程师合作的成果。这些才华横溢、经验丰富的人在处理各种数据集和实际问题时，为许多超参数建立了"优秀"的默认值。

如果你决定调整一个超参数，与使用默认值相比，调整模型敏感的那些超参数更有意义。表 6.2 展示了几种超参数和模型对这些超参数的敏感性[1]。

1　摘自2019年1月Josh Tobin等人的演讲"Troubleshooting Deep Neural Networks"。

表 6.2　模型对某些超参数的敏感性

超参数	敏感性
学习率	高
学习率安排表	高
损失函数	高
每层单元数	高
参数初始化策略	中
层数	中
层属性	中
正则化程度	中
优化器选择	低
优化器属性	低
小批次的规模	低
非线性方法选择	低

6.1.8　处理多个输入

在实际工作中，机器学习工程师经常要处理多模态数据。例如，输入可以是一个图像和一个文本，二进制输出可以指示文本是否描述了给定的图像。

很难让**浅层学习**算法适应多模态数据的工作。例如，你可以尝试将每个输入向量化，通过应用相应的特征工程方法。然后，将两个特征向量连接起来，形成一个较宽的特征向量。如果你的图像有特征 $[i^{(1)}, i^{(2)}, i^{(3)}]$，而你的文本有特征 $[t^{(1)}, t^{(2)}, t^{(3)}, t^{(4)}]$，那么你的连接特征向量将是 $[i^{(1)}, i^{(2)}, i^{(3)}, t^{(1)}, t^{(2)}, t^{(3)}, t^{(4)}]$。

有了神经网络，你的灵活性大大增加。你可以建立两个**子网络**（**subnetwork**），每个输入类型一个。例如，一个 **CNN** 子网络读取图像，而一个 **RNN** 子网络读取文本。这两个子网络都有一个**嵌入层**，作为它们的最后一层。

CNN 有一个图像嵌入层，RNN 有一个文本嵌入层。然后，你可以将这两个嵌入层进行连接，最后在连接后的嵌入层上添加一个分类层，如 **softmax** 或**逻辑斯谛 sigmoid**。

神经网络库提供了简单易用的工具，可以对多个子网络的层进行连接或平均。

6.1.9　处理多个输出

有时，你想为一个输入预测多个输出。一些有多个输出的问题可以有效地转化为多标签分类问题。那些具有相同性质的标签（如社交网络中的标签）或假标签，可以创建为原始标签组合的完整枚举。

然而，在很多情况下，输出是多模态的，它们的组合无法有效地进行枚举。考虑下面的例子：你想建立一个模型，在图像上检测一个对象，并返回其坐标。此外，模型还必须返回一个描述对象的标签，比如"人""猫"或"仓鼠"。你的训练样本将是一个代表图像和标签的特征向量。标签可以用对象的坐标向量来表示，另一个向量则是**独热编码**的标签。

为此，你可以创建一个子网络，作为编码器。它可以使用一个或几个卷积层来读取输入图像。编码器的最后一层是图像嵌入。然后你在嵌入层的基础上再增加两个子网络；①一个子网络将嵌入向量作为输入，并预测对象的坐标；②另一个子网络将嵌入向量作为输入，并预测标签。

第一个子网络可以有一个 **ReLU** 作为最后一层，这对于预测坐标等正实数很有好处。这个子网络可以使用均方误差成本 C_1。第二个子网络将采取相同的嵌入向量作为输入，并预测每个标签的概率。它可以有一个 **softmax** 作为最后一层，这适合**多类分类**，并使用平均**负对数似然成本**（**negative log-likelihood cost**）C_2，也称为**交叉熵**（**cross-entropy**）成本。另外，坐标可以在 [0, 1] 的范围内（在这种情况下，预测坐标的层会有 4 个**逻辑斯谛 sigmoid** 输出，并平均 4 个**二分类交叉熵**成本函数），而预测标签的层可能解决**多标签分类**问题（在这种情况下，它也会有几个 sigmoid 输出，并平均几个二分类交叉熵成本，每个标签一个）。

很明显，你对坐标和标签的准确预测都很感兴趣。然而，不可能同时优化两个成本函数。如果试图改进其中一个，就有可能伤害另一个，反之亦然。你可以做的是添加另一个超参数 γ，在 (0，1) 范围内，并定义组合成本函数为 $\gamma \times C_1 + (1-\gamma) \times C_2$。然后在验证数据上调整 γ 的值，就像其他超参数一样。

6.1.10 迁移学习

回忆一下，**迁移学习**包括使用一个预训练的模型来建立一个新的模型。预训练的模型通常是利用其创建者（通常是大型组织）可用的大数据创建的，但你不一定能得到。预训练的模型学习的参数可以对你的任务有用。

预训练的模型可以通过两种方式使用。

- 它学习到的参数可以用来初始化你自己的模型。
- 它可以作为你的模型的特征提取器。

使用预训练的模型作为初始化器

如上所述，参数初始化策略的选择会影响学习模型的特性。预训练的模型，无论是互联网上提供的，还是你自己训练的，通常在解决原始学习问题时表现良好。

如果你的问题与预训练的模型解决的问题相似，那么你当前问题的最优参数与预训练参数相差不大的可能性很大，尤其是在初始神经网络层（最接近输入的层）。

对你的问题来说，学习的速度可能会更快，因为梯度下降法会在一个较小的潜在好值区域中搜索最佳参数值。

如果预训练的模型是用比你的训练集大得多的训练集建立的，那么在潜在的好值区域中搜索也可能导致更好的泛化。事实上，如果你想建立的模型的某些行为没有反映在你的训练样本中，这种行为仍然可以从预训练的模型中"继承"。

使用预训练的模型作为特征提取器

如果你使用一个预训练的模型作为模型的初始化器，它会提供更多的灵活性。梯度下降将修改所有层中的参数，并且，有可能为你的问题达到更好的表现。这样做的缺点是，你往往会最终训练出一个很深的神经网络。

一些预训练的模型包含数百层和数百万个参数。训练一个这样的大型网络是很有挑战性的。它肯定会需要大量的计算资源。此外，在深度神经网络中，消失梯度的问题比有几个隐藏层的神经网络更严重。

如果计算资源有限，你可能更倾向于使用预训练的模型的一些层作为模型的**特征提取器（feature extractor）**。在实践中，这意味着你只保留预训练的模型的几个初始层，即最接近并包括输入层的那些层。你让它们的参数保持"冻结"，也就是不改变且不可改变。然后，在冻结层的基础上添加新的层，包括适合你的任务的输出层。在对数据进行训练的过程中，只有新层的参数会通过梯度下降进行更新。

图 6.4 所示为该过程的说明。图 6.4b 所示的是你的模型，这里使用了预训练模型的左边部分，并增加了新的层，包括针对你的问题量身定做的不同输出层。蓝色的神经网络是一个预训练的模型。一些蓝色层在新模型中被重复使用，其参数被冻结；绿色层由分析师添加，并根据当前的问题进行定制。

分析师可能决定冻结新网络中整个蓝色部分的参数，只训练绿色部分的参数。另外，也可以将最右边的几个蓝色层设置为可训练层。

在新模型中使用多少层预训练的模型？冻结多少层？这由分析师决定：你要决定最适合你的问题的架构，这是决定的一部分。

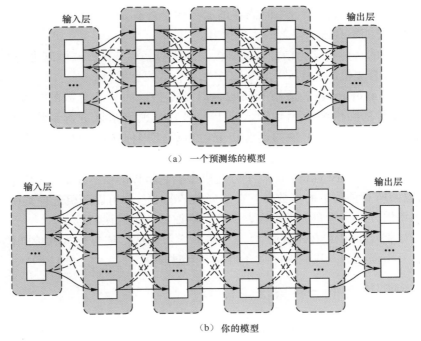

（a）一个预测练的模型

（b）你的模型

图 6.4 迁移学习的一个例子

6.2 堆叠模型

集成学习就是训练一个集成模型，它是由若干个**基础模型**（base model）组合而成的，每个基础模型的表现都比集成模型差。

6.2.1 集成学习的类型

存在一些集成学习算法，如**随机森林学习**（random forest learning）和梯度提升。它们训练一个由几百个到几千个**弱模型**（weak model）组成的集成，得到一个表现明显优于每个弱模型的**强模型**（strong model）。我们在这里不讨论这些算法。如果你缺少这些知识，可以很容易地在专门的机器学习书籍[1]中找到。

之所以结合多个模型可以带来更好的表现，是因为当几个不相关的模型达成一致时，它们更有可能就正确的结果达成一致。这里的关键词是"不相关"。理想情况下，基础模型应该通过使用不同的特征来获得，或者是不同性质的模型——例

1　你可以在《机器学习精讲》第7章中阅读关于集成学习算法的内容。

如，SVM 和随机森林。结合不同版本的决策树学习算法，或者几个具有不同超参数的 SVM，可能不会带来显著的表现提升。

集成学习的目标是学会结合各基础模型的优势。有三种方法可以将弱相关的模型组合成一个合集模型：①平均法；②多数票；③模型堆叠。

平均法（averaging）适用于回归，以及那些返回分类分数的分类模型。它包括将所有的基础模型应用到输入 x 上，然后对预测结果进行平均。要了解平均后的模型是否比每个单独的算法更好，可以使用你选择的指标在验证集上测试它。

多数票（majority vote）适用于分类模型。它将你的所有基础模型应用于输入 x，然后返回所有预测中的多数类。在平局的情况下，你可以随机选择其中一个类，或者如果错误分类会给企业带来重大损失，则返回一个错误信息。

模型堆叠（model stacking）是一种集成学习方法，通过输入其他强模型的输出来训练一个强模型。我们来详细介绍一下模型堆叠。

6.2.2 模型堆叠的一种算法

假设你想把分类器 f_1、f_2 和 f_3 组合起来，都预测同一组类。要从原始训练样本 (x_i, y_i) 为堆叠模型创建一个合成训练样本 $(\hat{x}_i, \hat{y}_i)$，设置 $\hat{x}_i \leftarrow [f_1(x), f_2(x), f_3(x)]$，$\hat{y}_i \leftarrow y_i$，如图 6.5 所示。

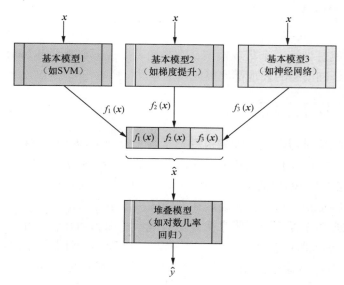

图 6.5 三个弱相关强模型的堆叠

如果你的一些基础模型返回一个类加一个类的分数，你可以将这些分数作为堆叠模型的附加输入特征。

为了训练堆叠模型，我们使用合成示例，并使用交叉验证来调整堆叠模型的超参数。确保你的堆叠模型在验证集上的表现比每个堆叠基础模型更好。

除了使用不同的机器学习算法和模型外，有些基础模型，为了做到弱相关，可以通过随机抽取原始训练集的样本和特征来训练。此外，同样的学习算法，用非常不同的超参数值进行训练，也可以产生足够不相关的模型。

6.2.3 模型堆叠中的数据泄露问题

为了避免**数据泄露**，在训练堆叠模型时要小心。要为堆叠模型创建合成训练集，请遵循类似于交叉验证的过程。首先，将所有的训练数据分成 10 个或更多的块。块越多越好，但训练模型的过程会比较慢。

暂时从训练数据中排除一块，在剩下的块上训练基础模型。然后将基础模型应用于排除块中的样本。获得预测结果，通过使用基础模型的预测结果，为被排除的块建立合成训练样本。

对剩余的每个块重复同样的过程，最终将得到堆叠模型的训练集。新的合成训练集的大小将与原始训练集的大小相同。

6.3 应对分布偏移

回顾一下，留出的数据必须与你在生产中观察到的数据相似。然而，有时它的数量不够多。同时，你可能可以访问与生产数据相似但不完全相同的有标签数据。例如，你可能有很多来自 Web 抓取集合的有标签图片，但你的目标是为 Instagram 照片训练一个分类器。你可能没有足够的有标签 Instagram 照片进行训练，所以你希望通过使用 Web 抓取数据来训练模型，然后能够使用该模型对 Instagram 照片进行分类。

6.3.1 分布偏移的类型

当训练数据和测试数据的分布不一样时，我们称之为**分布偏移**。处理分布偏移是目前一个开放的研究领域。研究者将分布偏移区分为如下三种类型。

- **协变量偏移**（**covariate shift**）：特征值的偏移。
- **先验概率偏移**（**prior probability shift**）：目标值的偏移。

● 概念漂移（concept drift）：特征和标签之间关系的转变。

你可能知道你的数据受到了分布偏移的影响，但通常不知道这是什么类型的偏移。

如果测试集的样本数量与训练集的大小相比相对较多，你可以随机选取一定比例的测试样本，并将一些转移到训练集，一些转移到验证集。然后你会像往常一样训练模型。然而，通常你有非常多的训练样本和相对较少的测试样本。在这种情况下，更有效的方法是使用**对抗验证**（adversarial validation）。

6.3.2　对抗验证

我们为对抗验证做如下准备。我们假设训练样本和测试样本中的特征向量包含相同数量的特征，并且这些特征代表相同的信息。将原始训练集分成两个子集——训练集 1 和训练集 2。

通过对训练集 1 中的样本进行如下变换，创建一个修改后的训练集 1。对训练集 1 中的每个样本，添加原始标签作为附加特征，然后将新标签"训练"分配给该样本。

通过对原始测试集中的样本进行如下变换，创建一个修改后的测试集。对测试集中的每个样本，添加原始标签作为附加特征，然后将新标签"测试"分配给该样本。

将修改后的训练集 1 和修改后的测试集合并，得到一个新的合成训练集。你将使用它来解决区分"训练"样本和"测试"样本的二分类问题。使用该合成训练集，训练一个二分类器，并返回一个预测分数。

请注意，我们训练的二分类器会预测，对于一个给定的原始样本，它是训练样本还是测试样本。将该二分类器应用于训练集 2 的样本。确定预测为"测试"的样本，即二分类模型最确定的样本。将这些样本作为原始问题的验证数据。

从训练集 1 中删除二分类模型预测为"训练"的确定性最高的样本。将训练集 1 中剩余的样本作为原始问题的训练数据。

你必须通过实验找出将原始训练集分割成训练集 1 和训练集 2 的理想方法。还必须找出从训练集 1 中使用多少个样本进行训练，以及使用多少个样本进行验证。

6.4　处理不平衡数据集

3.9 节中探讨了一些处理**不平衡数据集**（imbalanced dataset）的技术，如过采样和欠采样，以及生成合成数据。

在本节中将考虑在学习过程中应用的其他技术，而不是在数据收集和准备阶段。

6.4.1 类权重

一些算法和模型，如**支持向量机**、**决策树（decision tree）**和**随机森林**，允许数据分析师为每个类提供权重。成本函数的损失通常乘以权重。例如，数据分析师可以为少数派类提供更大的权重。这使得学习算法很难不考虑少数派类的样本，因为这会导致比没有类权重的情况下成本高得多。

我们看看它在支持向量机中是如何工作的。我们的问题是区分真正的和欺诈性的电商交易。真正交易的样本要多得多。如果你使用带有**软间隔（soft margin）**的SVM，可以定义一个误分类样本的成本。SVM算法会尝试移动超平面，以减少误分类样本的数量。如果两个类的误分类成本是一样的，那么"欺诈性"的样本（属于少数派类）就有可能被误分类，以允许正确地分类更多的多数派类。这种情况在图 6.6a 中进行说明。对大多数应用于不平衡数据集的学习算法来说，都会观察到这个问题。

如果你设置较高的少数派类样本误分类的损失，那么模型将更努力地避免误分类这些样本。但这将招致一些多数派类样本的误分类成本，如图 6.6b 所示。

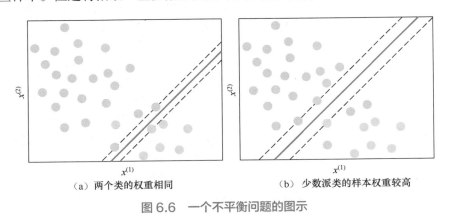

（a）两个类的权重相同　　　　　　（b）少数派类的样本权重较高

图 6.6　一个不平衡问题的图示

6.4.2 重采样数据集的集成

集成学习是缓解类不平衡问题的另一种方法。分析师将大多数样本随机分成 H 个子集，然后创建 H 个训练集。训练完 H 个模型后，分析师再对 H 个模型的输出进行平均（或取大多数）预测。

$H=4$ 的过程如图 6.7 所示。在这里，我们通过将多数派类的样本分块成 4 个子集，将不平衡二分类学习问题转化为 4 个平衡问题。少数派类的样本被完整地复制了 4 次。

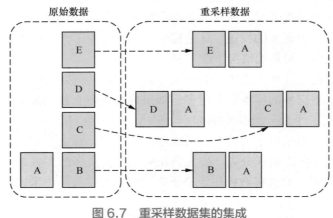

图 6.7　重采样数据集的集成

这种方法简单且可扩展：你可以在不同的 CPU 内核或集群节点上训练和运行你的模型。集成模型往往比其中的每个单独模型产生更好的预测效果。

6.4.3　其他技术

如果你使用随机梯度下降法，可以用几种方法解决类不平衡的问题。首先，可以对不同的类有不同的学习率：对多数派类的样本有较低的学习率，否则有较高的学习率。其次，可以在每次遇到一个少数派类的样本时，对模型参数进行多次连续更新。

对于不平衡学习问题，使用调整后的表现指标来衡量模型的表现，比如 5.5.2 节中提到的**每类准确率**和 **Cohen's kappa** 统计量。

6.5　模型校准

有时，分类模型不仅要返回预测的类，还要返回预测类正确的概率，这一点很重要。有些模型在返回预测类的同时，还会返回一个分数。即使它的值在 0 和 1 之间，也不一定是一个概率。

6.5.1 良好校准的模型

对于输入样本 x 和预测标签 $\hat{y}$，当它返回的分数可以解释为 x 属于 $\hat{y}$ 类的真实概率时，我们说这个模型是**良好校准的**（**well-calibrated**）。

例如，一个良好校准的二分类器会对大约 80% 的实际属于正例类的样本产生 0.8 的分数。

大多数机器学习算法训练的模型都没有经过很好的校准，如图 6.8 中的**校准图**（**calibration plot**）所示 [1]。

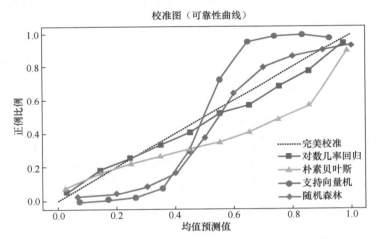

图 6.8 应用于随机二进制数据集的几种机器学习算法训练的模型的校准图

从二分类模型的校准图可以看到模型的校准情况。在 X 轴上，有按预测得分对样本进行分组的箱。例如，如果我们有 10 个箱，最左边的箱将所有预测得分在 [0, 0.1) 范围内的样本进行分组，而最右边的箱将所有预测得分在 [0.9, 1.0] 范围内的样本进行分组。在 Y 轴上，是各箱中正例样本的比例。

对于多类分类，我们会以**一对其余**的方式，每个类有一个校准图。一对其余是常用的策略，用于将二分类学习算法转化为解决多类分类问题。其思路是将多类问题转化为 C 个二分类问题，并建立 C 个二分类器。例如，如果有 3 个类，$y \in \{1, 2, 3\}$，我们创建 3 个原始数据集副本，并修改它们。在第一个副本中，我们将所有不等于 1 的标签替换为 0。在第二个副本中，将所有不等于 2 的标签替换为 0。在第三个副本中，将所有不等于 3 的标签替换为 0。现在我们有 3 个二分类问题，我们要学习区分标签 1 和 0，2 和 0，以及 3 和 0。如你所见，在 3 个二分类问题中，

---

1 该图改编自 scikit-learn 网站。

每一个标签 0 都表示"一对其余"中的"其余"。

如果模型是良好校准的，校准图会围绕对角线摆动（如图 6.8 中的虚线所示）。校准图越接近对角线，说明模型的校准效果越好。因为逻辑斯谛回归模型返回的是正例类的真实概率，所以其校准图最接近对角线。如果模型校准不好，校准图通常呈 S 形，如**支持向量机**和**随机森林**模型所示。

6.5.2　校准技术

有两种技术经常用于校准二分类模型：**Platt 缩放**（**Platt scaling**）和**保序回归**（**isotonic regression**）。两者基于相似的原理。

假定我们有一个想要校准的模型 f。首先，我们需要一个专门留作校准用的留出数据集。为了避免过拟合，我们不能使用训练或验证数据进行校准。假定这个校准数据集的大小为 M。然后，我们将模型 f 应用于每个样本 $i = 1, \cdots, M$，并针对每个样本 i 获得预测 f_i。我们建立一个新的数据集 $\mathcal{Z}$，其中每个样本是一对 (f_i, y_i)，y_i 是样本 i 的真实标签，标签的值属于集合 $\{0, 1\}$。

Platt 缩放和保序回归的唯一区别在于，前者是利用数据集 $\mathcal{Z}$ 建立逻辑斯谛回归模型，而后者则是建立 $\mathcal{Z}$ 的保序回归，也就是尽可能接近样本的非递减函数。一旦我们有了校准模型 z，无论是使用 Platt 缩放还是保序回归得到的，我们就可以预测输入 x 的校准概率为 $z(f(x))$。

请注意，经过校准的模型可能会为你的问题带来更好的预测质量，也可能不会。这取决于所选择的模型表现指标。

根据实验[1]：当预估概率的变形为 S 形时，Platt 缩放是最有效的。保序回归可以纠正更广泛的变形。遗憾的是，这种额外的力量是有代价的。分析表明，保序回归更容易出现过拟合，因此当数据稀缺时，它的表现比 Platt 缩放法更差。

对 8 个分类问题的实验也表明，在校准前，随机森林、神经网络和袋装决策树（bagged decision tree）是预测良好校准概率的最佳学习方法，但在校准后，最佳方法是提升树（boosted tree）、随机森林和 SVM。

6.6　故障排除与误差分析

排除机器学习流水线的故障是很难的。很难区分模型表现不佳是因为代码包含

1　Alexandru Niculescu-Mizil and Rich Caruana，"Predicting Good Probabilities With Supervised Learning"，appearing in Proceedings of the 22nd International Conference on Machine Learning, Bonn, Germany, 2005.

一个缺陷，还是训练数据、学习算法或设计流水线的方式有问题。此外，同样的表现下降可以由各种原因来解释。学习的结果可能对超参数或数据集构成的微小变化很敏感。

由于这些挑战，模型训练通常是一个迭代的过程，分析师训练一个模型，观察其行为，并根据观察结果进行调整。

6.6.1　模范行为不良的原因

如果你的模型在训练数据上表现不佳（对它欠拟合），常见的原因如下。

- 模型架构或学习算法的表现力不够〔尝试更高级的学习算法、集成方法（ensemble method）或更深的神经网络〕。
- 正则化太多（减少正则化）。
- 为超参数选择了次优值〔调整超参数（tune hyperparameter）〕。
- 设计的特征没有足够的预测能力（添加更多包含信息的特征）。
- 没有足够的数据让模型进行泛化（尝试获取更多的数据，使用数据增强或迁移学习）。
- 代码中有一个缺陷（调试定义和训练模型的代码）。

如果模型在训练数据上表现良好，但在留出数据上表现不佳（对训练数据过拟合），常见的原因如下。

- 没有足够的数据进行泛化（添加更多数据或使用数据增强）。
- 模型未正则化（添加正则化，或者对于神经网络，同时添加正则化和批归一化）。
- 训练数据分布与留出数据分布不同（减少分布偏移）。
- 为超参数选择了次优值（调整超参数）。
- 特征的预测能力低（添加预测能力高的特征）。

6.6.2　迭代模型的细化

如果你可以获得新的有标签数据（例如，你可以自己标注样本，或者很容易地请求贴标员的帮助），那么可以利用一个简单的迭代过程来完善模型。

（1）使用到目前为止确定的超参数的最佳值来训练模型。

（2）将模型应用于验证集的一个小子集（100～300个样本）来测试模型。

（3）在这个小的验证集上找到最频繁的误差模式。从验证集中删除这些样本，因为你的模型现在会对它们过拟合。

（4）生成新的特征，或者添加更多的训练数据来修复观察到的误差模式。

（5）重复以上步骤，直到没有观察到频繁的误差模式（大多数误差看起来不相似）。

迭代模型完善是**误差分析（error analysis）**的简化版本。下面将介绍一种更条理化的方法。

6.6.3 误差分析

误差可以是：

- 均匀的，在所有的使用场景下都以同样的比率出现。
- 聚焦的，在某些类型的使用场景中出现的频率更高。

遵循特定模式的**聚焦误差（focused error）**是那些值得特别关注的误差。通过修复一个误差模式，你可以一次修复许多样本。当某些使用场景在训练数据中没有得到很好的体现时，通常会发生聚焦误差，或者说误差趋势。例如，一个配备了夜视系统的人类存在检测系统在白天比在晚上工作得更好，只是因为夜间训练样本在训练数据中的频率较低。

均匀误差无法完全避免，但重要的聚焦误差应该在模型部署到生产中之前就被辨别出来。这可以通过对测试样本聚类，以及在来自不同聚类的样本上测试模型来实现。生产（在线）数据的分布可能与用于模型训练／预部署测试的离线数据分布有很大不同。因此，离线数据中包含很少样本的聚类，可能代表了在线时更频繁的使用场景。

在 4.8 节中，我们讨论了几种降维技术。除了使用聚类来发现误差趋势外，还可以使用**一致的流形逼近和投影（UMAP）**或**自编码器**。使用这些技术将数据降维到二维，然后直观地检查整个数据集的误差分布。

更具体地说，可以在二维散点图上可视化数据，使用不同的颜色来表示不同类的样本。为了在散点图上识别误差趋势，我们根据模型的预测是否正确，使用不同的标记。例如，用圆形表示标签预测正确的样本，否则用正方形表示。这将允许你看到模型表现不佳的区域。如果你使用的是感知数据，比如图像或文本，那么用眼睛直接检查这些表现差的区域的一些样本也是很有帮助的。

无论你对模型在留出数据上的表现是满意还是不满意，总是可以通过分析单个误差来改进模型。正如讨论过的，最好的方法是迭代式工作，每次考虑 100 ～ 300 个样本。通过一次考虑少量样本，你可以快速迭代，即在每次迭代后重新训练模型，但仍然考虑足够的样本来发现明显的模式。

如何决定一个误差模式是否值得花时间去修复它？你可以根据**误差模式频率**（**error pattern frequency**）来决定。我们看看它是如何工作的。

假定你的模型的准确率为 80%，对应的误差率为 20%。如果你修复了所有的误差模式，你最多可以将模型的表现提高 20 个百分点。如果你的小误差分析批次是 300 个样本，那么模型犯了 60（0.2×300）个错误。

逐一观察这些错误，并尝试了解输入中的哪些特殊性导致了这 60 个样本的错误分类。更具体地说，假定我们的分类问题是检测街道上的行人图像。假设在 300 张图片中有 60 张图片，模型没有检测到行人。仔细分析后，你会发现两种模式：①在 40 个样本中，图像是模糊的；②在 5 个样本中，图片是在夜间拍摄的。现在，你是否应该花时间解决这两个问题？

一方面，如果你解决了模糊图像问题（例如，通过在训练数据中添加更多的有标签模糊图像），有望将误差减少 13.3（40/60×20）个百分点。在最好的情况下，在你解决了模糊图像误分类问题后，你的误差变成 6.7（20-13.3）个百分点，比最初的 20% 误差有了很大的降低。

另一方面，如果你解决了夜间图像问题，有望减少 1.7（5/60×20）个百分点的误差。因此，在最好的情况下，你的模型将实现 18.3（20-1.7）个百分点的误差，这对一些问题来说可能是显著的，而对其他问题是微不足道的。收集额外标注的夜间图像的成本可能很大，而且可能不值得努力。

要修复误差模式，可以使用如下一种或多种技术的组合。

- 预处理输入（如去除图像背景、文本拼写校正）。
- 数据增强（例如，模糊或裁剪图像）。
- 标注更多的训练样本。
- 进行新特征的工程，使学习算法能够区分"难的"情况。

6.6.4　复杂系统的误差分析

假设你面对一个复杂的文档分类系统，该系统由三个链式模型组成，如图 6.9 所示。

图 6.9　一个复杂的文件分类系统

假定整个系统的准确率为73%。如果分类是二分类的，那么73%的准确率似乎并不高。相反，如果分类模型（图6.9中最右边的块）支持数千个类，那么73%的准确率看起来也不会太低。然而，对一些业务案例来说，用户可能会期待类似人类的表现，甚至超越人类。

设想你的处境是，业务部门期望文档分类系统能有高于73%的表现。为了从额外的努力中获得最大的收益，你必须首先决定系统的哪一部分需要改进。

当关于某件事情的决策是在几个链式层次上做出的，就像图6.9所示的问题一样，当这些决策相互独立时，准确率就会相乘。例如，如果语言预测器的准确率为95%，机器翻译模型的准确率[1]为90%，分类器的准确率为85%，那么，在三个模型相互独立的情况下，整个三级系统的总体准确率为0.95×0.90×0.85=0.73，即73%。乍一看，似乎很明显，整个系统准确率的最大提升将来自第三个模型：分类器的准确率最大化。然而，在实践中，某个模型所犯的一些错误可能并不会显著影响系统的整体表现。例如，如果语言预测器经常混淆西班牙语和葡萄牙语，机器翻译模型仍然可以为第三阶段分类模型生成足够的翻译。

在研究第三阶段分类器时，你可能已经得出结论，已经达到了它的最好表现，所以继续下去没有意义。现在，你应该改进前面两个模型（语言检测器和机器翻译器）中的哪一个，以提高整个三阶段系统的质量？

确定整个系统潜力上限的一种方法是**按部分进行误差分析（error analysis by part）**。你用完美的标签（比如人类提供的标签）替换一个模型的预测。然后你计算整个系统的表现。例如，你可以不使用图6.9中第二阶段的机器翻译系统，而是请专业的人类译员从预测的语言中翻译出文本（如果语言的预测是正确的），或者保留原文（如果语言的预测是错误的）。

假设你请专业人员进行了一百次翻译。现在你可以衡量完美的翻译对整个系统表现的影响。假定整个系统的输出准确率变成74%。所以，改进翻译对整体系统表现的潜在提升只有一个百分点。对一个机器翻译模型来说，达到人类水平的表现可能会变成一项艰巨的任务，不值得付出努力，尤其是当我们最终能够实现的是整个系统一个百分点的提升时。所以，如果整个系统表现预测质量的潜在提升更高，你可能更愿意在第一阶段花更多的时间，去构建一个更好的语言预测器。

1　衡量机器翻译系统在实践中的误差是很棘手的，因为一个翻译很少是完全准确或不准确的。作为替代，人们使用一些指标，如BLEU score（Bilingual Evaluation Understudy score，双语评估替补评分）。

6.6.5　使用切片指标

如果模型将应用于使用场景的不同部分，那么应该对每个部分进行单独测试。例如，如果你想预测借款人的还款能力，会希望模型对男性和女性借款人都同样准确。为了达到这个目的，你可以把验证数据分成几个子集，每个细分市场一个子集。然后通过将你的模型分别应用于每个子集来计算表现指标。

另外，你也可以应用查准率和查全率指标，从而分别评估每个类的模型。请记住，这些指标只定义在二分类上。通过在多类分类问题中隔离出一个类，并将其他类标记为"其他"，你可以单独计算每个类的查准率和查全率。

如果你看到表现指标的值在不同的数据分段或类之间发生了变化，可以尝试通过在模型表现不满意的数据分段或类中添加更多的标签数据来修复问题，或者设计额外的特征。

6.6.6　修复错误的标签

当人对训练样本进行标注时，分配的标签可能是错误的。这可能会导致模型在训练和留出数据上的模型表现不佳。事实上，如果类似的样本具有相互冲突的标签（有些正确，有些不正确），学习算法会学习预测错误的标签。

这里有一个简单的方法来识别有错误标签的样本。将模型应用于建立它所用的训练数据，并分析它对哪些样本做出的预测与人类提供的标签不同。如果你看到有些预测确实是正确的，就改变这些标签。

如果你有时间和资源，还可以检查那些得分接近决策阈值的预测。这些往往也是错误标签的情况。

如果训练数据中的错误标签是一个严重的问题，你可以通过要求几个人为同一个训练样本提供标签来避免。只有当所有人都为该样本分配了相同的标签时，才会接受。在要求较低的情况下，如果大多数人都分配了一个标签，你可以接受它。

6.6.7　寻找其他的样本来标记

如上所述，误差分析可能揭示出需要从特征空间的特定区域获得更多的标记数据。你可能有大量的未标注的样本。应该如何决定对哪些样本进行标记，以便最大限度地提高对模型的正面影响？

如果你的模型返回了预测得分，一个有效的方法是使用你的最佳模型对未标记的样本进行评分。然后对那些预测得分接近预测阈值的样本进行标注。

如果误差分析通过可视化的方式发现了误差模式，那么就选择那些周围有很多预测错误的样本。

6.6.8 深度学习的故障排除

为了避免在训练深度模型时出现问题，请按照图 6.10 所示的工作流程进行。

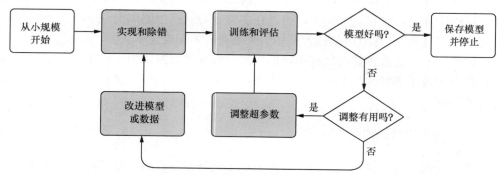

图 6.10 深度学习故障诊断工作流程

在可能的情况下，从小规模开始，例如，使用高级库（如 **Keras**）建立一个简单的模型。它应该很容易进行视觉验证，很适合在最多两个屏幕上显示。

或者，复用一个已经被证明有效的现有开源架构（注意代码许可！）。从以下几个方面入手。

● 一个小的、规范化的数据集，适合放入内存。
● 最简单易用的成本函数优化器（如**Adam**）。
● 初始化策略（如**随机正态**）。
● 与成本函数优化器和层相关的敏感超参数采用默认值。
● 无正则化。

有了第一个简单化的模型架构和数据集后，暂时将你的训练数据集进一步缩小，缩小到一个**小批次**的大小。然后开始训练。确保你的简单化模型能够对这个训练小批次**过拟合**。如果小批次的过拟合没有发生，这是一个可靠的标志，说明你的代码或数据有问题。寻找以下症状[1]及其可能的原因（如表 6.3 所示）。

模型过拟合一个小批次后，就回到整个数据集，并训练、评估，然后调整超参数，直到对验证数据没有改进的可能。

---

[1] 改编自2019年1月Josh Tobin等人的演讲"Troubleshooting Deep Neural Naetworks"。

表 6.3 通过神经网络模型得到小批次过拟合的常见问题，及最常见的问题原因

症状	可能原因
误差上升	● 翻转了损失函数或梯度的符号 ● 学习率太高 ● 在错误的维度上取了Softmax
误差暴涨	● 数字问题 ● 学习率太高
误差振荡	● 数据或标签损坏（如归零或不正确的洗牌） ● 学习率太高
误差平稳	● 学习率太高 ● 梯度没有流过整个模型 ● 太多正则化 ● 损失函数的不正确输入 ● 数据或标签损坏

　　如果模型的表现仍然不理想，请更新模型（例如，通过增加其深度或宽度），或更新训练数据（例如，通过改变预处理，或添加特征）。通过再次过拟合一个小批次来调试变化，然后训练、评估和调整新模型。继续迭代，直到你对模型的质量满意为止。

　　当你在为模型寻找最佳架构时，不仅可以使用较小的训练集，还可以通过以下两种方式简化问题，这便于：

● 创建一个简单的合成训练集；
● 减少类的数量或输入图像（或视频片段）的分辨率、文本的大小、声音频率的比特率等。

　　在图 6.10 所示的深度学习故障诊断工作流的评估步骤中，检验模型表现差是不是由 6.6.1 节中列出的原因之一引起的。根据是否可以通过调整超参数、更新模型、特征或训练数据来提高表现，选择下一步工作。

6.7　最佳实践

　　在本节中，我收集了关于训练机器学习模型的实用建议。下面的最佳实践并不是严格的处方。它们是一些建议，往往可以节省时间和精力，并可能带来更高质量的结果。

6.7.1 提供一个好模型

什么是好模型？好模型有两个属性：
- 根据表现指标，它具有所需的质量；
- 在生产环境中可以安全使用。

对模型来说，安全服务是指满足以下要求：
- 加载时，或用不良或意外输入加载时，它不会在服务系统中崩溃或导致错误；
- 不会使用不合理的资源（如CPU、GPU或内存）。

6.7.2 信任流行的开源实现方式

在流行的现代编程语言和平台（如 Python、Java 和 .NET）中，用于机器学习的现代开源库和模块包含了流行的机器学习算法的高效、工业标准实现。它们通常有宽容的许可证。此外，还有专门用于训练神经网络的开源库和模块。

只有当你使用奇异的或非常新的编程语言时，创建自己的机器学习算法才被认为是合理的。此外，如果模型打算在一个资源非常有限的环境中执行，或者你需要以现有实现无法提供的速度运行模型，你可能会从头开始编程。

避免在同一个项目中使用多种编程语言。使用不同的编程语言会增加测试、部署和维护的成本。它还会使项目控制权在员工之间难以转移。

6.7.3 优化业务特定的表现指标

学习算法试图减少训练数据误差。数据分析师则希望将测试数据误差降到最低。然而，你的客户或雇主通常希望你优化业务特定的表现指标（**business-specific performance metric**）。

如果你已经将验证误差率降到最低，请专注于调整优化业务特定指标的超参数，即使这会导致验证的误差率增加。

6.7.4 从头开始升级

一旦部署到生产环境中，一些模型必须定期用新的数据进行更新，以适应用户的需求。这些新的训练数据必须通过使用脚本自动收集（正如 3.12 节中关于**可重复性**的讨论）。

每次更新数据时，超参数必须从头开始调整。否则，新的数据可能会用旧的超参数产生次优的表现。

一些模型（如神经网络）可以迭代升级。但是，要避免**暖启动**（**warm-starting**）的做法。它是指只用新训练样本和运行额外的训练迭代来迭代升级现有模型。

此外，频繁的模型升级而不是从头开始重新训练，可能会导致**灾难性遗忘**（**catastrophic forgetting**）。这种情况下，曾经有能力的模型，因为学习了新东西而"遗忘"了这种能力。

请注意，升级模型与**迁移学习**是不一样的。如果用于建立预训练的模型的数据或足够的计算资源不可用，分析师会使用迁移学习。

6.7.5 避免修正级联

你可能有一个能解决问题 A 的模型 m_A，但需要一个能解决稍有不同的问题 B 的解决方案 m_B。使用 m_A 的输出作为 m_B 的输入，并只在一小部分样本上训练 m_B，以"修正" m_A 的输出来解决问题 B，这种做法很有诱惑。这样的技术叫作**修正级联**（**correction cascading**），不建议使用。

模型级联使得在更新模型 m_A 的同时，不可能不更新模型 m_B（以及级联的其他部分）。m_A 的变化可能对 m_B 产生的影响是无法预测的，但很可能是负面的。此外，模型 m_B 的开发者可能不知道模型 m_A 的变化，而模型 m_A 的开发者可能不知道模型 m_B 依赖于它。模型 m_A 的变化对 m_B 的负面影响可能在很长一段时间内都不会被察觉。

与其建立一个修正级联，不如更新模型 m_A，使其包含解决问题 B 的使用场景。添加特征，允许模型区分问题 B 的样本，这是明智的。也可以使用迁移学习，或者建立一个完全独立的模型来解决问题 B。

6.7.6 谨慎使用模型级联

重要的是要注意到，**模型级联**（**model cascading**）并非总是不好。将一个模型的输出作为另一个模型的许多输入之一是很常见的。它可能会大大缩短上市时间。但是，必须谨慎使用级联，因为级联中一个模型的更新必须涉及级联中所有模型的更新，从长远来看，这可能会导致成本高昂。

为了减轻模型级联的负面影响，如下两种策略是有益的。
- 分析你的软件系统中的信息流，并更新或重新训练整个链条。模型 m_A 的更新输出必须反映在模型 m_B 的训练数据中。
- 控制谁可以和谁不能对模型 m_A 进行调用，以防止未声明的消费者产生这个问题。正如谷歌的工程师提到的[1]："在没有障碍的情况下，工程师会自然而然地使用手头最方便的信号，尤其是在面对截止日期压力的工作时。"

此外，模型输出的预测不应该是一个普通的数字或字符串。它应该带有生产模型的信息，以及应该如何消费。

6.7.7　编写高效的代码、编译和并行化

通过编写快速高效的代码，你可以将训练速度提高一个数量级。与之相对的是，在实验过程中实现一个低效的"猛糙快"的脚本，只是"让它能工作"。现代的数据集很大，所以你可能要等上几个小时，甚至几天的时间来进行数据预处理。训练也可能需要几天，有时甚至几周。

编写代码时一定要考虑到效率，即使它看起来是一个你不会经常运行的函数、方法或脚本。一些原本应该运行一次的代码可能会被循环调用数百万次。

避免使用循环。例如，如果你需要计算两个向量的**点积**（**dot product**），或者用一个向量乘一个矩阵，可以使用科学库和模块中快速高效的点积或矩阵乘法。这种高效实现的例子有 Python 的 **NumPy** 和 **SciPy** 库。才华横溢、技术精湛的软件工程师和科学家们创建了这些库和模块。它们依靠 C 等低级编程语言，以及硬件加速，工作速度快得惊人。

在可能的情况下，先编译代码再执行。一些库，如针对 Python 的 **PyPy** 和 **Numba**，或者针对 R 的 **pqR**，会将代码编译成 OS（操作系统）原生的二进制代码，这样可以大大提高数据处理和模型训练的速度。

另一个重要方面是并行化。如果你使用现代库和模块，可以找到利用多核 CPU 的学习算法。有些允许用 GPU 来加快神经网络和许多其他模型的训练。一些模型的训练，如 SVM，不能有效地并行化。在这种情况下，你仍然可以通过并行运行多个实验来利用多核 CPU。为每个超参数值、地理区域或用户数据段的组合运行一个实验。此外，将各个交叉验证折叠并行计算。

在可能的情况下，使用固态硬盘（SSD）来存储数据。使用分布式计算；一些学习算法的实现旨在运行于分布式计算环境中，例如 Spark。尽量将所有需要的数据放入笔记本电脑或服务器的内存中。如今，数据分析师在 512 GB 甚至 1 TB 或更多内存的服务器上工作，这并不罕见。

将训练模型所需的时间减少到最低限度，你就可以花更多的时间来调整模型，测试数据预处理的想法，进行特征工程、神经网络架构和其他创造性活动。对机器

1　"Hidden Technical Debt in Machine Learning Systems" by Sculley et al. (2015).

学习项目来说，最大的好处在于人类的触觉和直觉。作为一个人，你能够越多工作而不是越多等待，你的机器学习项目成功的概率就越高。

尽量减少**胶水代码（glue code）**。谷歌工程师是这样说的。机器学习研究人员倾向于开发通用解决方案，形成自包含的包。其中有各种各样的开源包，或者来自内部代码、专有包和基于云的平台。使用通用包通常会导致胶水代码系统设计模式，其中编写了大量的支持代码，以使数据进入和离开通用包。

长远来看，胶水代码的成本很高。它倾向于将系统冻结在特定包的特殊性上。测试替代方案可能会变得非常昂贵。以这种方式使用一个通用的软件包会抑制改进。这使得更难利用特定领域的特性，或调整目标函数，并实现特定领域的目标。一个成熟的系统可能会变成（最多）5% 的机器学习代码和（至少）95% 的胶水代码。创建一个干净的原生解决方案，而不是重新使用一个通用的包，可能成本更低。

对付胶水代码的一个重要策略是将黑盒机器学习包封装在整个组织使用的通用API 中。基础设施变得更可复用，而且可以降低更换包的成本。

建议学会在至少两种编程语言之间切换：一种用于快速原型设计（如 Python），一种用于快速实现（如 C++）。像 Go、Kotlin 和 Julia 这样的现代语言可能在这两种情况下都能很好地工作，但在撰写本书时，与更成熟的语言相比，这些语言还没有发展出一个机器学习项目的生态系统。

6.7.8　对较新和较旧数据都进行测试

如果你使用了一段时间前的数据转储来创建训练、验证和测试集，请观察你的模型在这段时间前后收集的数据的表现。如果情况彻底恶化，那就有问题了。

数据泄露和**分布偏移**也许是最有可能的原因。回想一下，数据泄露是指未来或过去不可用的信息被用来强化一个特征。分布偏移是指数据的属性随着时间的推移而改变。

6.7.9　更多的数据胜过更聪明的算法

当面对模型表现不足的情况时，为了提高模型的表现，分析师往往会想制作一个更复杂的学习算法或流水线。

然而，在实践中，更好的结果往往来自于获得更多的数据，特别是更多的有标签样本。如果设计得好，数据标注过程可以让一个贴标员每天产生几千个训练样本。与发明更先进的机器学习算法所需的专业知识相比，成本也会更低。

6.7.10　新数据胜过巧妙的特征

如果尽管添加了更多的训练样本，设计了巧妙的特征，但你的模型的表现还是进展不大，请考虑不同的信息来源。

例如，如果你想预测用户 U 是否会喜欢一篇新闻，可以尝试添加用户 U 的历史数据作为特征。或者将所有用户进行聚类，将离用户 U 最近的 k 个用户的信息作为新特征。相比于编程非常复杂的特征，或者用复杂的方式组合现有的特征，这是更简单的方法。

6.7.11　拥抱微小进步

对你的模型进行许多微小的改进，可能比寻找一个革命性的想法更快地得到预期的结果。

此外，通过尝试不同的想法，分析师可以更好地了解数据，这可能确实有助于找到那个革命性的想法。

6.7.12　促进可重复性

大多数机器学习算法都是随机的。例如，在训练一个神经网络工作时，我们随机初始化模型参数；小批次随机梯度下降随机生成小批次；随机森林中的决策树是随机建立的；在将数据分成三组之前对样本洗牌时，我们随机进行；等等。这意味着，当你在同一个数据上训练一个模型两次时，可能最终得到两个不同的模型。为了方便重复性，建议设置用于初始化伪随机数发生器的**随机种子**（**random seed**）的值。如果随机种子保持不变，那么，如果数据没有变化，每次训练都会得到完全相同的模型。

随机种子的设置可以类似 np.random.seed(15)（在 NumPy 和 scikit-learn 中）、tf.random.set_seed(15)（在 TensorFlow 中）、torch.manual_seed(15)（在 PyTorch 中），以及 set.seed(15)（在 R 中）。只要保持不变，种子值是什么无所谓。

即使机器学习框架允许我们设置随机种子的值，也不能保证使用随机化的框架的代码在两个版本之间不发生变化。为了实现可重复性，每个项目的依赖关系应该是隔离的。这可以通过多种方式来实现：要么使用工具，如 Python 中的 **virtualenv** 和 R 中的 **Packrat**，或者在标准化的**虚拟机**（**virtual machine**）或容器（**container**）中运行机器学习实验。8.3 节将进一步探讨虚拟化。

交付模型时，确保它伴随着所有相关信息，以实现**可重复性**。除了对数据集和特征的描述，如 3.11 节和 4.11 节中介绍的文档和元数据，每个模型应该包含以下细节的文档。

- 所有超参数的规格说明，包括考虑的范围，以及使用的默认值。
- 用于选择最佳超参数配置的方法。
- 用于评估候选模式的具体措施或统计数字的定义，以及它对最佳模式的价值。
- 对所使用的计算基础设施的描述。
- 每个训练模型的平均运行时间，以及训练的估计成本。

6.8　小结

与训练浅层模型相比，深度模型训练策略有更多的可动部件。同时，它更加条理化，更容易实现自动化。

与其从头开始训练模型，不如从预训练的模型开始。能够访问大数据的组织机构已经训练并开源了非常深的神经网络工程，其架构针对图像或自然语言处理任务进行了优化。

一个预训练的模型可以用两种方式使用：①其学习的参数可以用来初始化你自己的模型；②它可以作为你的模型的特征提取器。

使用一个预训练的模型来建立你自己的模型被称为迁移学习。事实上，深度模型允许迁移学习是深度学习最重要的特性之一。

小批次随机梯度下降及其变体是深度模型最常用的**成本函数**优化算法。

反向传播算法利用复杂函数导数的链式规则，计算每个深度模型参数的偏导数。在每个周期，梯度下降利用偏导数更新所有参数。学习率控制更新的重要性。这个过程一直持续到收敛，也就是在每一个周期后参数值变化不大的状态。然后算法停止。

小批次随机梯度下降有几个流行的升级版，如 Momentum、RMSProp 和 Adam。这些算法会根据学习过程的表现，自动更新学习率。你不需要选择学习率的初始值、衰减安排表和速率，也不需要选择其他相关超参数的值。这些算法在实践中表现良好，从业者经常使用它们，而不是尝试手动调整学习率。

除 L1 和 L2 正则化之外，神经网络还受益于神经网络特有的正则化器：丢弃、早停法和批归一化。丢弃是一种简单但非常有效的正则化方法。使用批归一化是一种最佳实践。

集成学习是训练一个集成模型，它是几个基础模型的组合，每个基础模型单独的表现都比集成模型差。有一些集成学习算法，如随机森林和梯度提升，由几百个到几千个弱模型进行集成，得到一个强模型，其表现明显优于每个弱模型。

强模型可以通过对它们的输出进行平均（用于回归）或采取多数票（用于分类）的方式组合成一个集成模型。模型堆叠，是集成方法中最有效的方法，包括训练一个元模型，将基础模型的输出作为输入。

除了使用过采样和欠采样外，还可以通过应用类加权和重采样数据集的集成来解决不平衡的学习问题。如果你使用随机梯度下降法训练模型，可以通过两种额外的方式解决类不平衡问题：①为不同的类设置不同的学习率；②每次遇到少数派类的样本时，对模型参数进行多次连续更新。

对于不平衡学习问题，使用调整后的表现指标来衡量模型的表现，如每类准确率和 Cohen's kappa 统计量。

排除机器学习流水线的故障是很难的。糟糕的表现可能是由代码中的缺陷、训练数据错误、学习算法问题或流水线设计造成的。此外，学习可能对超参数和数据集构成的微小变化很敏感。

机器学习模型所出现的误差可能是均匀的，以相同的比率出现在所有使用场景中，也可能是聚焦的，只出现在某些类型的使用场景中。

聚焦误差是指那些值得特别注意的误差，因为修正一个误差模式，就等于对许多样本修正一次。

可以通过以下简单的迭代过程来完善模型。

（1）使用到目前为止确定的超参数的最佳值来训练模型。

（2）将模型应用于验证集的一个小子集（100 ~ 300 个样本）来测试模型。

（3）在这个小的验证集上找到最常见的误差模式。从验证集中删除这些样本，因为你的模型现在会对它们过拟合。

（4）生成新的特征，或者添加更多的训练数据来修复观察到的误差模式。

（5）重复以上步骤，直到没有观察到频繁的误差模式（大多数错误看起来不相似）。

在复杂的机器学习系统中，误差分析是按部分进行的。我们首先将一个模型的预测替换成完美的标签（比如人类提供的标签），然后看一下整个系统的表现如何提高。如果显著提高，那么必须投入更多的精力来改进该特定模型。

为了实现可重复性，要设置随机种子，并确保模型附有所有相关信息。

第7章 模型评估

统计模型在现代组织机构中发挥着越来越重要的作用。当在业务环境中使用时，一个模型可以影响组织机构的财务指标。然而，它也可能带来责任风险。因此，任何在生产环境中运行的模型都必须进行仔细和持续的评估。

模型评估是机器学习项目生命周期（如图7.1所示）的第五个阶段。

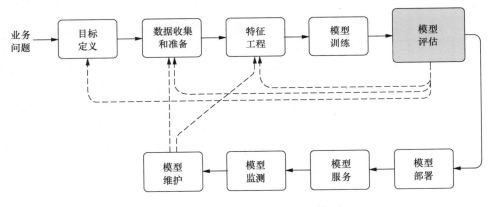

图 7.1　机器学习项目生命周期

根据模型的适用领域和组织机构的业务目标和约束条件，模型评估可能包括以下任务。

- 评估将模型投入生产环境的法律风险。例如，一些模型预测可能会间接传达机密信息。网络攻击者或竞争对手可能会试图对模型的训练数据进行反向工程。此外，在用于预测时，一些特征（如年龄、性别或种族）可能会导致组织机构被认为有偏见甚至歧视。
- 研究训练数据与生产环境数据的分布的主要属性。通过比较训练数据和生产环境数据中的样本、特征和标签的统计分布，可以发现如何检测分布偏移。两者之间的显著差异表明需要更新训练数据，重新训练模型。
- 评估模型的表现。在模型部署到生产环境中之前，其预测表现必须在外部数据上进行评估，也就是没有用于训练的数据。外部数据必须包括生产环境中的历史和在线样本。对实时、在线数据进行评估的背景应该与生产环境非常相似。

- 监测部署模型的表现。模型的表现可能会随着时间的推移而降级。重要的是要能够检测到这一点，要么通过添加新的数据来升级模型，要么训练一个完全不同的模型。模型监测必须是一个精心设计的自动化过程，并可能在该循环中包括一个人的判断。我们将在第9章中更详细地探讨这个问题。

在本章中，我们将查看统计学家在模型评估阶段使用的各种技巧的一些例子。机器学习工程是一门发展中的学科，有些问题仍然没有既定的、易于应用的答案。特别是，评估是从工程师的角度提出的，而每个企业都有自己的成功标准，这些标准都是独一无二的。在评估机器学习解决方案之前，非常重要的一点是确保合适的人已经完成了项目中最困难的工作：弄清楚成功是怎样的，以及按照适合业务的指标和目标的形式，什么是正确的问题。

失败的一个常见原因是，工程师用基本工具回答方便的问题，而不是用定制工具回答正确的问题——这可能需要在项目的领导和利益相关者完成了他们在项目中的部分后，向专业的统计学家咨询。请注意，本章中强调的一些方法，特别是 A/B 测试中使用的方法（见 7.2 节），只是作为例子提供的，可能不适合你的具体业务问题。在重要的大型项目中，如果试图自己做所有的事情，那将是一个错误。及时与你的领导团队合作并咨询统计学家，这是必不可少的。

7.1 离线和在线评估

在 5.5 节中，我们概述了应用在所谓离线模型评估（offline model evaluation）中的评估技术。离线模型评估发生在分析师训练模型的时候。分析师会尝试不同的特征、模型、算法和超参数。混淆矩阵和各种表现指标（如查准率、查全率和 AUC）等工具可以比较候选模型，并引导模型训练向正确的方向发展。

首先，验证数据用于评估所选的表现指标并比较模型。一旦确定了最佳模型，就会使用测试集（也是在离线模式下），再次评估最佳模型的表现。这最后的离线评估保证了部署后模型的表现。在本章中，我们探讨的话题之一是建立模型离线测试表现的统计界限。

本章的很大一部分内容是关于在线模型评估（online model evaluation），即利用在线数据对生产环境中的模型进行测试和比较。图 7.2 说明了离线和在线模型评估的区别，以及两种评估类型在机器学习系统中的位置。

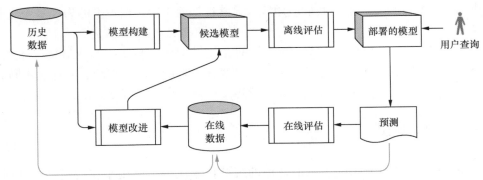

图 7.2　机器学习系统中离线和在线模型评估的位置

在图 7.2 中，历史数据首先被用来训练部署候选模型，然后对其进行离线评估，如果结果令人满意，则部署候选模型成为部署的模型，并开始接受用户查询。其次，用户查询和模型预测被用于模型的在线评估。最后，利用在线数据对模型进行改进。为了形成闭环，在线数据会被永久复制到离线数据库中。

为什么我们要同时进行离线和在线评估？离线模型评估反映了分析师成功找到正确的特征、学习算法、模型和超参数值的情况。换言之，离线模型评估反映了从工程角度看模型的好坏。

而在线评估则侧重于衡量业务结果，如客户满意度、平均在线时间、打开率和点击率等。这些信息可能不会反映在历史数据中，但却是企业真正关心的。此外，离线评估不允许我们在一些条件下测试模型，比如连接和数据丢失，以及呼叫延迟，而这些条件可以在线观察到。

只有当数据的分布随着时间的推移保持不变时，在历史数据上得到的表现结果才能在部署后保持。但在实际操作中，情况并非总是如此。**分布偏移**的典型例子包括移动或在线应用的用户的兴趣不断变化、金融市场的不稳定、气候变化或机械系统的磨损，它们的属性是模型要预测的。

因此，模型一旦部署到生产环境中，就必须持续监测。当发生分布偏移时，必须用新的数据更新模型并重新部署。进行这种监测的一种方法是，比较模型在在线数据和历史数据上的表现。如果与历史数据相比，在线数据上的表现明显变差，那就需要重新训练模型。

在线评估有不同的形式，每种形式都有不同的目的。例如，运行时监测就是检查运行中的系统是否满足运行时的要求。

另一个常见的场景是，监测用户对模型不同版本的响应行为。这种场景下使用的一种流行技术是 A/B 测试。我们将系统的用户分成 A、B 两组，分别向两组用户提供旧模型和新模型。然后我们应用统计显著性检验来决定新模型的表现是否优于旧模型。

多臂老虎机（MAB）是另一种流行的在线模型评估技术。与 A/B 测试类似，它将候选模型暴露给一部分用户，从而识别表现最好的模型。然后，它通过不断收集表现统计数据，逐渐将最佳模型暴露给更多用户，直到它可靠为止。

7.2　A/B 测试

A/B 测试（A/B testing）是最常用的统计技术之一。应用于在线模型评估时，它可以让我们回答这样的问题："新模型 m_B 在生产环境中是否比现有模型 m_A 更好用？"或"两个候选模型中哪个在生产环境中更好用？"

A/B 测试通常用于网站和移动应用程序，以测试设计或措辞的特定变化是否会对用户参与度、点击率或销售率等业务指标产生积极影响。

设想我们要决定是否用新模型替换生产环境中的现有（旧）模型。包含模型输入数据的实时流量被分成两个不相干的组：A（控制）和 B（实验）。A 组流量被路由到旧模型，而 B 组流量被路由到新模型。

通过比较两个模型的表现，决定新模型是否比旧模型表现更好。表现的比较采用**统计假设检验（statistical hypothesis testing）**。

一般来说，统计假设检验保持一个**零假设（null hypothesis）**和一个**备择假设（alternative hypothesis）**。A/B 测试通常是为了回答以下问题而制定的："新模式是否会导致这个特定业务指标发生统计学上的显著变化？"零假设指出，新模型不会改变业务指标的平均值。备择假设指出，新模型改变了该指标的平均值。

A/B 测试不是一个测试，而是一个测试系列。根据业务表现指标的不同，使用不同的统计工具箱。但是，将用户分成两组，并测量不同组间指标值差异的统计学意义，其原理是不变的。

对 A/B 测试的所有公式的描述超出了本书的范围。这里我们只考虑两种公式，但它们适用于广泛的实际情况。

7.2.1　G 检验

A/B 测试的第一个表述是基于 **G 检验（G-test）**。它适合于用作度量指标，计数"是/否"问题的答案。G 检验的一个优点是，你可以提出任何问题，只要答案仅有两种可能。问题的例子有：

● 用户是否购买了推荐的文章？

- 用户在一个月内的消费是否超过50美元？
- 用户是否续订？

我们来看看如何应用它。我们要决定新模式是否比旧模式更好用。为了做到这一点，我们构造一个"是 / 否"问题，它定义了我们的度量。然后我们将用户分成 A 组和 B 组，A 组的用户被路由到运行旧模型的环境，而 B 组的流量被路由到新模型。观察每个用户的操作，并将答案记录为"是"或"否"。填写如图 7.3 所示的表。

	是	否	
A	$\hat{a}_{yes}$	$\hat{a}_{no}$	n_a
B	$\hat{b}_{yes}$	$\hat{b}_{no}$	n_b
	n_{yes}	n_{no}	n_{total}

图 7.3 A 组和 B 组用户对"是"或"否"问题的答案计数

在图 7.3 中，$\hat{a}_{yes}$ 是分组 A 中对该问题的答案为"是"的用户数，$\hat{b}_{yes}$ 是分组 B 中对该问题的答案为"是"的用户数，$\hat{a}_{no}$ 是分组 A 中对该问题的答案为"否"的用户数，等等。类似地，$n_{yes} = \hat{a}_{yes} + \hat{b}_{yes}$，$n_{no} = \hat{a}_{no} + \hat{b}_{no}$，$n_a = \hat{a}_{yes} + \hat{a}_{no}$，$n_b = \hat{b}_{yes} + \hat{b}_{no}$，最后，$n_{total} = n_{yes} + n_{no} + n_a + n_b$。

现在，针对 A 和 B，找出"是"和"否"答案的预期数，即如果 A 和 B 相当，我们会得到的"是"和"否"的数量。

$$
\begin{aligned}
a_{yes} &\overset{def}{=\!=} n_a \frac{n_{yes}}{n_{total}} \\
a_{no} &\overset{def}{=\!=} n_a \frac{n_{no}}{n_{total}} \\
b_{yes} &\overset{def}{=\!=} n_b \frac{n_{yes}}{n_{total}} \\
b_{no} &\overset{def}{=\!=} n_b \frac{n_{no}}{n_{total}}
\end{aligned}
\tag{7.1}
$$

现在，求 G 检验的值为[1]：

$$
G \overset{def}{=\!=} 2\left(\hat{a}_{yes} \ln\left(\frac{\hat{a}_{yes}}{a_{yes}}\right) + \hat{a}_{no} \ln\left(\frac{\hat{a}_{no}}{a_{no}}\right) + \hat{b}_{yes} \ln\left(\frac{\hat{b}_{yes}}{b_{yes}}\right) + \hat{b}_{no} \ln\left(\frac{\hat{b}_{no}}{b_{no}}\right) \right)
$$

---

1 关于式（7.1）的推导，可以在统计学教科书或维基百科上找到更多细节。

其中，G 是一个指标，用于衡量来自 A 和 B 的样本的不同程度。从统计学的角度来说，在零假设（A 和 B 等价）的情况下，G 服从一个自由度的**卡方分布（chi-square distribution）**：

$$G \sim \mathcal{X}_1^2$$

换言之，如果 A 和 B 等价，我们希望 G 小。G 的大值会让我们怀疑其中一个模型的表现比另一个好。例如，想象你计算出 $G=3.84$。如果 A 和 B 等价（即在零假设下），观察到 $G \geqslant 3.84$ 的概率约为 5%。我们常把这个概率称为 p 值。

如果 p 值足够小（比如低于 0.05），那么新模型和旧模型的表现很可能不同（拒绝零假设）。在这种情况下，如果 b_{yes} 高于 a_{yes}，那么新模型很可能比旧模型的表现更好；否则，旧模型更好。

如果 G 值对应的 p 值不够小，那么观察到的新旧模型之间的表现差异在统计上并不显著，可以继续在生产环境中保留旧模型。

使用你所选择的编程语言来寻找 G 检验的 p 值是很方便的。在 Python 中，可以用下面的方法来完成。

```
1   from scipy.stats import chi2
2   def  get_p_value(G):
3       p_value = 1 - chi2.cdf(G, 1)
4       return p_value
```

以下代码适用于 R。

```
1   get_p_value <- function(G) {
2       p_value <- pchisq(G, df=1, lower.tail=FALSE)
3       return(p_value)
4   }
```

从统计学角度看，如果我们在两组中各拥有至少 10 个"是"和"否"的结果，那么 G 检验的结果就是有效的，不过对这个估计值应该是持保留态度的。如果测试费用不高，那么两组中每组有大约 1 000 个"是"和"否"的结果，每组中每种类型至少有 100 个答案，就应该足够了。需要注意的是，两组的答案总数可以不同。

如果你不能以合理的成本达到每组中每种类型的至少 100 个答案，可以使用蒙特卡罗模拟（**Monte-Carlo simulation**）对一个非常相似的测试的 p 值进行近似。

以下代码适用于 R。

```
1   p_value <- chisq.test(x,
2                simulate.p.value = TRUE)$p.value
3   }
```

其中，x 是图 7.3 所示的 2×2 列联表。

注意，可以测试超过两个模型（如模型 A、B 和 C），并定义要度量问题的两个以上的可能答案（如"是""否""也许"）。如果我们想测试 k 个不同的模型和 l 个不同的可能答案，G 统计量将服从一个具有 $(k-1) \times (l-1)$ 自由度的卡方分布。这里的问题是，一个有多个模型和答案的测试会告诉你模型之间是否有不同的地方，但它不会告诉你哪里有不同。在实践中，只用一个新模型来比较你当前的模型，并制定一个带有二元答案的问题度量，是比较容易的。更复杂的实验测试超出了本书的范围。

请注意，当我们有两个以上的模型时，使用为比较两个模型而设计的测试，针对成对的模型进行二元比较，这是很诱人的。但是，我们不建议这样做，因为这可能在科学上是错误的。最好是咨询统计学家。

7.2.2　Z检验

A/B 测试的第二种表述适用于每个用户的问题是"多少？"（与 7.2.1 节中探讨的"是否"问题不同）。问题的例子如下。

- 一个用户在一个会话期间在网站上花费了多少时间？
- 一个用户在一个月内花了多少钱？
- 一个用户在一周内阅读了多少篇新闻？

为了简化说明，我们来衡量用户在部署我们模型的网站上花费的时间。像往常一样，用户会被路由到网站的 A 和 B 版本，其中 A 版本服务于旧模型，B 版本服务于新模型。零假设是，两个版本的用户平均花费的时间相同。备择假设是他们在网站 B 上花费的时间比在网站 A 上花费的时间多。假定 n_A 是路由到版本 A 的用户数量，n_B 是路由到版本 B 的用户数量，假定 i 和 j 分别表示来自 A 和 B 组的用户。

为了计算 Z 检验的值，我们首先计算 A 和 B 的样本均值和样本方差：

$$\hat{\mu}_A \overset{def}{=} \frac{1}{n_A} \sum_{i=1}^{n_A} a_i$$
$$\hat{\mu}_B \overset{def}{=} \frac{1}{n_B} \sum_{j=1}^{n_B} b_j \tag{7.2}$$

其中，a_i 和 b_j 分别是用户 i 和 j 在网站上花费的时间，A 和 B 的样本方差分别是：

$$\hat{\sigma}_A^2 \overset{def}{=} \frac{1}{n_A} \sum_{i=1}^{n_A} (\hat{\mu}_A - a_i)^2$$
$$\hat{\sigma}_B^2 \overset{def}{=} \frac{1}{n_B} \sum_{j=1}^{n_B} (\hat{\mu}_B - b_j)^2 \tag{7.3}$$

那么，Z 检验的值为：

$$Z \overset{\text{def}}{=} \frac{\hat{\mu}_B - \hat{\mu}_A}{\sqrt{\dfrac{\hat{\sigma}_B^2}{n_B} + \dfrac{\hat{\sigma}_A^2}{n_A}}}$$

其中，Z 越大，A 和 B 之间的差异越有可能是显著的。在零假设下（即 A 和 B 是等价的），Z 大致遵循标准化的正态分布：

$$Z \approx \mathcal{N}(0,1)$$

只有当样本量较大，且 $\sigma_A^2 \approx \sigma_B^2$ 时，才会出现这种情况。如果不是，建议咨询统计学家。

就像对 G 检验那样，我们将使用 p 值来决定 Z 是否足够大，来判断花在 B 上的时间真的大于花在 A 上的时间。为了计算 p 值，你检查从这个分布中得到的 Z 值的概率，它至少与你计算的 Z 值一样极端（与零假设不一致）。例如，设想你的样本给出 Z=2.64。如果 A 和 B 等价，观察到 $Z \geqslant 2.64$ 的概率约为 5%。

为了查看检验结果，你将 p 值与选择的显著性水平进行比较。如果你的显著性水平是 5%，那么如果 p 值低于 0.05，我们就拒绝零假设（即两个模型的表现差异在统计上不显著）。因此，新模型比旧模型效果更好。

如果 p 值高于或等于 0.05，那么我们就不拒绝零假设。注意，这不等于接受零假设。两个模型仍然可能是不同的，只是我们没有得到支持的证据。在这种情况下，我们将坚持旧模型，除非证据改变我们的想法。没有证据意味着我们继续做原来的事情。还要注意的是，我们不能简单地继续收集证据，直到 p 值低于 0.05 为止，因为这样做是不科学的。建议咨询统计学家，设计一个不同的检验方法。

至于显著性水平，哪一个阈值是最佳的，目前还没有普遍的共识。实践中常用的是 0.05 或 0.01 的数值。它们是 20 世纪 20 年代一位引领潮流的统计学家 Ronald Fisher 的最爱。你应该选择一个较高或较低的值，以适合你的应用。数值越低，就需要更多的证据才能改变你的想法。

与 G 检验类似，使用编程语言查找 Z 检验的 p 值也很方便。在 Python 中，可以通过以下方式来完成：

```
1  from scipy.stats import norm
2  def get_p_value(Z):
3    p_value = norm.sf(Z)
4    return p_value
```

以下代码适用于 R。

```
1  get_p_value <- function(Z) {
2    p_value <- 1-pnorm(Z)
3    return(p_value)
4  }
```

为了达到最佳效果，建议将 n_A 和 n_B 设置为 1 000 以上的值。

7.2.3 结语和警告

正如本章开头提到的，本章强调的一些方法只是作为例子提供的，可能并不适合你的具体业务问题。尤其是上面介绍的两种统计检验方法，在学校里都有教过，在实践中也确实经常使用，但遗憾的是，并不是所有这些用法都适合你的业务问题。在指出这一点的同时，Google 的首席决策科学家、本章的审稿人之一 Cassie Kozyrkov 强调，上述两个测试在实际应用中通常不是好主意，因为它们只能表明两个模型是不同的，但并不能表明差异是否"至少为多少"。如果用新模型替换旧模型有很大的成本或带来风险，那么仅仅知道新模型"某种程度上"更好是不足以做出替换决策的。在这种情况下，必须针对当前的问题专门制作一个调整后的测试，最好的方法是咨询统计学家[1]。

仔细测试你 A/B 测试的编程代码。只有把所有的东西都正确地实现了，才会有一个有效的模型评估。否则，你会不知道有什么地方出了问题：你的测试不会显示出它是坏的。

另外，确保同时应用 A 组和 B 组的测量。请记住，网站的流量在一天中的不同时间或一周中的不同日子里表现不同。为了实验的纯粹性，要避免比较不同时间的测量结果。同样的道理也适用于其他可能会显著影响用户行为的可测量参数，如居住地、互联网连接速度或网络浏览器的版本等。

7.3 多臂老虎机

在线模型评估和选择的一种更先进，通常也更可取的方式，是**多臂老虎机**（**Multi-Armed Bandit**，**MAB**）。A/B 测试有一个主要的缺点。计算 A/B 测试值所需的 A 组和 B 组的测试结果数量很多。相当一部分用户路由到一个次优模型，会在很长一段时间内体验次优行为。

---

1 遗憾的是，在一本紧凑的书中描述所有的特殊情况和测试是不切实际的。请经常查阅本书的配套wiki页面。随着时间的推移，会增加更多的统计测试。

理想情况下，我们希望让用户接触次优模型的次数越少越好。同时，我们需要将用户暴露在两个模型中的每一个模型上的次数足够多，以获得两个模型表现的可靠估计。这就是所谓的**探索-利用困境**（exploration-exploitation dilemma）：一方面，我们希望探索模型的表现足够多，以便能够可靠地选择更好的模型；另一方面，我们希望尽可能地利用更好模型的表现。

在概率论中，多臂老虎机问题是这样一个问题：一组固定而有限的资源必须在竞争性选择之间进行分配，使预期报酬最大化。每个选择的属性在分配时只有部分已知，随着时间的推移和我们对选择的资源分配，可能会有更好的理解。

我们来看看多臂老虎机问题如何应用于两个模型的在线评估。（两个以上模型的方法是一样的。）

我们拥有的有限资源集是系统的用户。竞争的选择，也称为"臂"，是我们的模型。我们可以将资源分配给一个选择（换言之，我们可以"玩一臂"），将用户路由到运行特定模型的系统版本。我们希望最大化预期报酬，其中报酬由业务绩效度量给出。例如，可能是一个会话期间在网站上花费的平均时间、一周内阅读的新闻文章的平均数量、购买推荐文章的用户比例等。

UCB1（代表 Upper Confidence Bound，上置信界）是解决多臂老虎机问题的流行算法。该算法根据该臂过去的表现，以及算法对它的了解程度，动态地选择一臂。换言之，当 UCB1 对模型表现的信心很高时，它会更多地将用户路由到表现最好的模型。否则，UCB1 可能会将用户路由到一个次优模型，以便获得对该模型表现更有信心的估计。一旦算法对每个模型的表现有足够的信心，它几乎总是将用户路由到表现最好的模型。

UCB1 的数学工作原理如下。假定 c_a 表示臂 a 自开始以来被玩的次数，v_a 表示玩该臂获得的平均奖励。奖励对应于业务表现指标的值。为了便于说明，假定该度量值是用户在一个会话期间在系统中花费的平均时间。因此，玩一臂的奖励就是一个特定的会话时间。

在一开始，c_a 和 v_a 对于所有的臂都是零，$a = 1，\cdots，M$。一臂 a 被玩后，就会观察到一个奖励 r，c_a 就会增加 1；然后 v_a 会更新如下：

$$v_a \leftarrow \frac{c_a - 1}{c_a} \times v_a + \frac{r}{c_a}$$

在每个时间步（即当一个新用户登录时），要玩的臂（即用户将被路由到的系统版本）选择如下。如果对某个臂 a 来说 $c_a = 0$，那么就玩这个臂；否则，玩 UCB 值最大的臂。一个臂 a 的 UCB 值表示为 u_a，定义如下：

$$u_a \overset{\text{def}}{=} v_a + \sqrt{\frac{2 \times \log(c)}{c_a}}, \quad \text{其中} c \overset{\text{def}}{=} \sum_a^M c_a$$

该算法被证明可以收敛到最优解。也就是说，UCB1 最终会在大部分时间内玩表现最好的臂。

在 Python 中，实现 UCB1 的代码如下所示。

```python
class UCB1():
    def __init__(self, n_arms):
        self.c = [0]*n_arms
        self.v = [0.0]*n_arms
        self.M = n_arms
        return

    def select_arm(self):
        for a in range(self.M):
            if self.c[a] == 0:
                return a
        u = [0.0]*self.M
        c = sum(self.c)
        for a in range(self.M):
            bonus = math.sqrt((2 * math.log(c)) / float(self.c[a]))
            u[a] = self.v[a] + bonus
        return u.index(max(u))

    def update(self, a, r):
        self.c[a] += 1
        v_a = ((self.c[a] - 1) / float(self.c[a])) * self.v[a] \
                + (r / float(self.c[a]))
        self.v[a] = v_a
        return
```

在 R 中对应的代码如下所示。

```r
setClass("UCB1", representation(count="numeric", value="numeric",
M="numeric"))

setGeneric("select_arm", function(x) standardGeneric("select_arm"))
setMethod("select_arm", "UCB1", function(x) {
  for (a in seq(from = 1, to = x@M, by = 1)) {
    if(x@count[a] == 0) {
```

```
7              return(a)
8          }
9      }
10     u <- rep(0.0, x@M)
11     count <- sum(x@count)
12     for (a in seq(from = 1, to = x@M, by = 1)){
13         print(a)
14         bonus <- sqrt((2 * log(count)) / x@count[a])
15         u[a] <- x@value[a] + bonus
16     }
17     match(c(max(u)),u)
18 })
19
20 setGeneric("update", function(x, a, r) standardGeneric("update"))
21 setMethod("update", "UCB1", function(x, a, r) {
22     x@count[a]  <-  x@count[a]  +  1
23     v_a <- ((x@count[a] - 1) / x@count[a]) * x@value[a] + (r / x@count[a])
24     x@value[a] <- v_a
25 })
26
27 UCB1 <- function(M) {
28     new("UCB1", count = rep(0,  M), value = rep(0.0,  M),  M = M)
29 }
```

7.4 模型表现的统计界限

在报告模型表现时，有时除了度量值外，还需要提供统计界限，也就是**统计区间**（**statistical interval**）。

熟悉其他机器学习书籍或一些流行的在线博客的读者可能会有疑问，为什么我们要用"统计区间"而不是"置信区间"。原因是在一些机器学习的文献中，作者所说的"置信区间"其实是"可信区间"。对一个统计学家来说，两者之间的区别是很明显的，也是很重要的，因为这两个术语在频率学派统计学和贝叶斯学派统计学中有着不同的含义。在本书中，我决定不让读者对这两个术语之间的细微差别产生误解。对一个非统计学专家来说，把统计区间看成是这样的：95% 的统计区间表示你所估计的参数有 95% 的机会在区间界限之间。严格来说，这就是可信区间的定义。置信区间的解释有微妙的不同，大多数统计学的新手在学了几本教科书之后才会开始体会到其中的区别。就我们的目的而言，以上对统计区间的解释就足够了。

为一个模型建立统计界限的技术有几种。有些技术适用于分类模型，有些则可以应用于回归模型。我们将在本节中介绍这些技术。

7.4.1 分类误差的统计区间

如果你报告一个分类模型的误差率 "err"（其中 $\text{err} \stackrel{\text{def}}{=} 1 - $ 准确率），那么可以使用以下技术来获得 "err" 的统计区间。

设 N 为测试集的大小。那么，有 99% 的概率，"err" 位于以下区间：

$$[\text{err} - \delta, \text{err} + \delta]$$

其中，$\delta \stackrel{\text{def}}{=} z_N \sqrt{\dfrac{\text{err}(1 - \text{err})}{N}}$，$z_N = 2.58$。

z_N 的值取决于所需的**置信水平**（**confidence level**）。对于 99% 的置信水平，z_N=2.58。对于其他置信水平，z_N 的值如下：

置信水平	80%	90%	95%	98%	99%
z_N	1.28	1.64	1.96	2.33	2.58

与 p 值一样，使用编程语言来寻找 z_N 的值是很方便的。在 Python 中，可以通过以下方法来完成。

```
1  from scipy.stats import norm
2  def get_z_N(confidence_level): # a value in (0,100)
3      z_N = norm.ppf(1-0.5*(1 - confidence_level/100.0))
4      return z_N
```

以下代码适用于 R。

```
1  get_z_N <- function(confidence_level) {# a value in (0,100)
2      z_N <- qnorm(1-0.5*(1 - confidence_level/100.0))
3      return(z_N)
4  }
```

理论上，上述技术即使对 $N \geqslant 30$ 的极小测试集也是有效的。然而，获得测试集最小大小 N 的更准确的经验法则如下：找到 N 的值，使 $N \times \text{err}(1 - \text{err}) \geqslant 5$。直观地说，测试集的大小越大，我们对模型真实表现的不确定性就越低。

7.4.2 自举法统计区间

有一种用于报告任意度量指标的统计区间的流行技术，适用于分类和回归，它基于**自举法**（**bootstrapping**）的思想。自举法是一个统计过程，包括建立一个数据集的 B 个样本，然后用这 B 个样本训练一个模型或计算一些统计量。特别是**随机森林**学习算法基于这个思想。

下面是如何应用自举法来建立一个度量指标的统计区间。给定测试集，我们创建 B 个随机样本 S_b，$b = 1, \cdots, B$。为了获得某个 b 对应的样本 S_b，我们使用**放回抽样**（**sampling with replacement**）。放回抽样意味着我们从一个空集开始，然后从测试集中随机选取一个样本，并将其精确地复制到 S_b 中，同时在测试集中保留原始样本。我们继续随机挑选样本，并将它们放到 S_b 中，直到 $|S_b|=N$。

一旦有了测试集的 B 个自举样本，我们就以每个样本 S_b 作为测试集计算表现指标 m_b 的值。将 B 值按升序排列。然后求所有 B 个度量值之和，即 S：$\delta \overset{\text{def}}{=} \sum_{b=1}^{B} m_b$。

为了得到度量指标的 $c\%$ 的统计区间，选取最小值 a 和最大值 b 之间的最紧区间，使得位于该区间的 m_b 值之和至少占 S 的 $c\%$，那么我们的统计区间由 $[a, b]$ 给出。

上面这段话听起来可能让人困惑，所以我们用一个例子来说明。假设我们有 $B = 10$。将模型应用于 B 个自举样本计算出的度量值为 [9.8, 7.5, 7.9, 10.1, 9.7, 8.4, 7.1, 9.9, 7.7, 8.5]。首先，我们将这些值按递增顺序排列：[7.1, 7.5, 7.7, 7.9, 8.4, 8.5, 9.7, 9.8, 9.9, 10.1]。设我们的置信水平 c 为 80%。那么统计区间的最小值 a 为 7.46，最大值 b 为 9.92。以上两个值是用 Python 中的 `percentile` 函数求得的。

```
1   from numpy import percentile
2   def get_interval(values, confidence_level):
3       # confidence_level is a value in (0,100)
4       lower = percentile(values, (100.0-confidence_level)/2.0)
5       upper = percentile(values, confidence_level+((100.0-
        confidence_level)/2.0))
6       return (lower, upper)
```

在 R 中，同样可以通过使用 `quantile` 函数来实现。

```
1   get_interval <- function(values, confidence_level) {
2       # confidence_level is a value in (0,100)
3       cl <- confidence_level/100.0
4       quant <- quantile(values, probs = c((1.0-cl)/2.0, cl+((1.0-
        cl)/2.0)),
5       names = FALSE)
6     return(quant)
7   }
```

一旦有了统计区间的边界 $a = 7.46$ 和 $b = 9.92$，你就可以报告模型的度量值位

于区间 [7.46，9.92]，置信水平为 80%。

在实践中，分析师使用 95% 或 99% 的置信水平。置信水平越高，区间越宽。自举样本的数量 B 通常设置为 100。

7.4.3 回归的自举法预测区间

到目前为止，我们考虑的是整个模型和给定表现指标的统计区间。在本节中，我们将使用自举法计算一个回归模型和给定特征向量 x 的预测区间（prediction interval），该模型以该特征向量作为输入。

我们要回答以下问题：给定一个回归模型 f 和一个输入特征向量 x，什么是一个值区间 $[f_{min}(x), f_{max}(x)]$，使得预测 $f(x)$ 位于该区间内，置信水平为 $c\%$？

这里的自举法过程类似。唯一不同的是，现在我们建立训练集（而不是测试集）的 B 个自举样本。通过将 B 个自举样本作为 B 个训练集，我们建立 B 个回归模型，每个自举样本一个。设输入的特征向量为 x，固定一个置信水平 c，将 B 个模型应用于 x，得到 B 个预测。现在，通过使用与上述相同的技术，找到最小 a 和最大 b 之间的最紧区间，使位于区间内的预测值之和至少占 B 预测值之和的 $c\%$。然后返回预测值 $f(x)$，并说明在置信水平为 $c\%$ 的情况下，它位于区间 $[a, b]$ 中。

如前所述，置信水平通常为 95% 或 99%。自举样本的数量 B 设为 100 个（或时间允许的情况下尽可能多）。

7.5 评估测试集的充分性

在传统的软件工程中，测试是用来识别软件中的缺陷。测试的集合是以这样的方式构建的：在软件进入生产环境之前，这些测试就能发现代码中的错误。同样的方法也适用于"围绕"统计模型开发的所有代码的测试：从用户那里获得输入，将其转化为特征，解释模型输出，将结果提供给用户的代码。

然而，必须对模型本身进行额外的评估。用于评估模型的测试样本也必须进行设计，以便能够在模型达到生产环境之前发现模型的缺陷行为。

7.5.1 神经元覆盖率

评估一个神经网络时（尤其是要在关键任务场景中使用的神经网络，如自动驾驶汽车或太空火箭），我们的测试集必须具有良好的覆盖率。神经网络模型的测试集的神经元覆盖率（neuron coverage）定义为：测试集中的样本所激活的单元（神经元）与总单元数的比率。一个好的测试集的神经元覆盖率接近100%。

构建这样一个测试集的技术是，从一组无标签样本开始，模型的所有单元都未被覆盖。然后，我们迭代地执行：

（1）随机选取一个无标签样本 i，对其进行标记；

（2）将特征向量 x_i 送到模型的输入端；

（3）观察模型中哪些单元被 x_i 激活；

（4）如果预测正确，就把这些单元标记为覆盖；

（5）回到步骤（1），继续迭代，直到神经元覆盖率变得接近100%。

如果一个单元的输出高于某个阈值，就认为它被激活了。对 ReLU 来说，通常是零；对逻辑斯谛 sigmoid 来说，是0.5。

7.5.2　突变测试

在软件工程中，一个被测软件（Software Under Test，SUT）的良好测试覆盖率可以用所谓的突变测试（mutation testing）的方法来确定。假设我们有一组测试设计来测试一个 SUT。我们生成几个 SUT 的"突变体"。一个突变体是 SUT 的一个版本，在这个版本中，我们随机地做了一些修改，例如在源代码中用"–"替换"+"，用">"代替"<"，删除 if-else 语句中的 else 命令，等等。然后我们将测试集应用到每个突变体上，看是否至少有一个测试在该突变体上不能通过。如果一个突变体上有一个测试不能通过，我们就说我们杀死了它。然后我们计算被杀死的突变体在整个突变体集合中的比例。一个好的测试集使得这个比例等于100%。

在机器学习中，也可以采用类似的方法。然而，要创建一个突变体统计模型，我们不是修改代码，而是修改训练数据。如果模型很深，我们还可以随机删除或增加一个层，或者删除或替换一个激活函数。训练数据可以通过以下方式进行修改。

● 增加重复的样本。

● 篡改一些样本的标签。

● 删除一些样本。

● 对一些特征的值加入随机噪声。

如果至少有一个测试样本被该突变统计模型预测错误，我们就说我们杀死了一个突变体。

7.6　模型属性的评估

如果我们根据一些表现指标（如准确率或 AUC）来衡量模型的质量，我们评估的是**正确性**（**correctness**）属性。除了这种常见的评估模型的属性外，评估模型的其他属性也是合适的，如健壮性和公平性。

7.6.1　健壮性

机器学习模型的**健壮性**（**robustness**）是指在输入数据中加入一些噪声后，模型表现的稳定性。一个健壮的模型会表现出以下行为：如果通过添加随机噪声对输入样本进行扰动，模型的表现将成比例地降低到噪声水平。

考虑一个输入特征向量 x，在将模型 f 应用于该输入样本之前，我们修改一些随机选择的特征值，将它们替换为零，得到一个修改后的输入 x'。继续随机选择和替换 x 中特征的值，只要 x 和 x' 之间的**欧氏距离**保持在某个 δ 以下。然后将模型 f 应用于 x 和 x'，得到预测 $f(x)$ 和 $f(x')$。固定 δ 和 ϵ 的值。我们说模型 f 对输入的 δ 扰动是 ϵ 健壮的（ϵ-robust），如果对于任何 x 和 x'，只要 $\|x{-}x'\| \leqslant \delta$，我们就有 $|f(x){-}f(x')| \leqslant \epsilon$。

如果你有几个根据表现指标表现相似的模型，就会倾向于在生产环境中部署一个 ϵ 健壮的模型，当该模型应用于测试数据时，ϵ 最小。然而，在实践中，并不总是清楚如何设置 δ 的合适值。在几个候选模型中确定一个健壮模型，比较实用的方法如下。

如果对某一原始测试集的所有样本应用 δ 扰动，我们就说，得到的测试集是 δ 扰动的。选取你想要测试的模型 f 进行健壮性测试。设定一个合理的 $\hat{\epsilon}$ 值，使得如果生产环境中的模型预测与正确预测的距离不超过 $\hat{\epsilon}$，你就认为可以接受。从一个小值 δ 开始，建立一个 δ 扰动的数据集。找出最小的 ϵ，使得对于每个来自原始测试集的样本 x 和 δ 扰动测试集中的对应 x'，有 $|f(x){-}f(x')| \leqslant \epsilon$。

如果 $\epsilon \geqslant \hat{\epsilon}$，说明你选择的 δ 值过高，那么设置一个较低的值，重新开始。

如果 $\epsilon < \hat{\epsilon}$，那么略微增加 δ，建立一个新的 δ 扰动测试集，为这个新的 δ 扰动测试集找到 ϵ，只要 ϵ 仍然小于 $\hat{\epsilon}$，就继续增加 δ。一旦你找到了一个 $\delta = \hat{\delta}$，其中 $\epsilon \geqslant \hat{\epsilon}$，那么请注意，你要测试稳健性的模型 f 对输入的 $\hat{\delta}$ 扰动是 $\hat{\epsilon}$ 健壮的。现在选择另一个你要测试健壮性的模型，并找到它的 $\hat{\delta}$，继续这样做，直到所有模型都测试过。

一旦你有了每个模型的 $\hat{\delta}$ 扰动值，就在生产环境中部署 $\hat{\delta}$ 最大的模型。

7.6.2　公平性

机器学习算法倾向于学习人类教导它们的东西。教导以训练样本的形式出现。人类有偏见，这可能会影响他们收集和标记数据的方式。有时，偏见存在于历史、文化或地理数据中。这一点，正如在 3.2 节中所看到的，可能会导致有偏见的模型。

敏感的、需要保护以避免不公平的属性被称为**受保护属性**（**protected attribute**）或**敏感属性**（**sensitive attribute**）。法律认可的受保护属性的例子包括种族、肤色、性别、宗教、国籍、公民身份、年龄、怀孕、家庭状况、残疾状况、退伍军人状况和遗传信息。

公平性（**fairness**）往往是针对特定领域的，每个领域可能有自己的规定。受监管的领域包括信贷、教育、就业、住房和公共住宿。

根据领域的不同，公平性的定义也大不相同。在撰写本书的时候，在科技文献中，对于什么是公平性，并没有形成确定的共识。最常被引用的概念是人口均等和机会均等。

人口均等（**demographic parity**），又称**统计均等**（**statistical parity**）或**独立均等**（**independence parity**），是指受保护属性的每个部分以同等比例从模型中得到正例预测的比例。

假定一个正例预测意味着"大学录取"或"发放贷款"。在数学上，人口均等定义如下。设 G_1 和 G_2 是属于测试数据的两个不相干的群体，由一个敏感属性 j 来划分，比如性别。如果 x 代表女性，则 $x^{(j)}=1$，否则 $x^{(j)}=0$。如果 $\Pr(f(x_i)=1 \mid x_i \in G_1) = \Pr(f(x_k)=1 \mid x_k \in G_2)$，那么被测二元模型 f 满足人口均等。也就是说，根据测试数据测算，用模型 f 预测女性为 1 的机会与预测男性为 1 的机会相同。

在训练数据中，从特征向量中排除受保护的属性并不能保证模型是人口均等的，因为剩余的一些特征可能与被排除的特征**相关**。

机会均等（**equal opportunity**）是指每个群体从模型中获得正例预测的比率相等，假设这个群体中的人有资格获得。

在数学上，如果 $\Pr(f(x_i)=1 \mid x_i \in G_1 且 y_i=1) = \Pr(f(x_k)=1 \mid x_k \in G_2 且 y_k=1)$，其中 y_i 和 y_k 分别是特征向量 x_i 和 x_k 的实际标签，则被测二元模型 f 满足机会均等。上述等式意味着，根据测试数据测算，符合该预测条件的女性通过模型 f 预测为 1 的机会与同样符合条件的男性预测为 1 的机会相同。从**混淆矩阵**（**confusion matrix**）的角度来看，机会均等要求受保护属性的每一个值的**真正例率**（**TPR**）都是相等的。

7.7 小结

所有在生产环境中运行的统计模型都必须经过仔细和持续的评估。

根据模型的适用领域和组织机构的目标与约束条件，模型评估将包括以下任务。

- 评估将模型投入生产环境的法律风险。
- 理解用于训练模型的数据分布的主要属性。
- 在部署前评估模型的表现。
- 监测部署模型的表现。

离线模型评估发生在模型训练之后。它是基于历史数据的。在线模型评估包括使用在线数据在生产环境中测试和比较模型。

在线模型评估的一种流行技术是 A/B 测试。在进行 A/B 测试时，我们将用户分为 A、B 两组，分别向两组用户提供旧模型和新模型。然后我们应用统计学意义检验，来决定新模型与旧模型是否有统计学差异。

多臂老虎机是另一种流行的在线模型评估技术。我们先将所有模型随机地暴露给用户。然后，我们逐渐减少表现最差的模型的曝光率，直到只有一个模型（即表现最好的模型）在大部分时间提供服务。

除报告训练模型的表现指标外，可能还需要提供统计界限，称为统计区间。

对分类和回归模型来说，任何指标的统计区间都可以使用一种叫作自举法的流行技术来计算。它是一个统计过程，包括建立一个数据集的 B 个样本，然后训练一个模型，并使用这 B 个样本中的每一个样本来计算一些统计量。

用于评估模型的测试样本必须能在模型到达生产环境之前发现缺陷行为。神经元覆盖率和突变测试等技术可以用来评估测试集。

当模型用于关键任务系统，或用于受监管的领域（如信贷、教育、就业、住房和公共住宿）时，可能必须评估准确率、健壮性和公平性。

第8章 模型部署

一旦模型建立并经过彻底测试，就可以进行部署。部署模型意味着让它可以接受生产系统用户产生的查询。一旦生产系统接受了查询，它就会被转化为一个特征向量。然后将该特征向量作为输入发送给模型进行评分，再将评分结果返回给用户。

模型部署是机器学习项目生命周期（如图 8.1 所示）的第六个阶段。

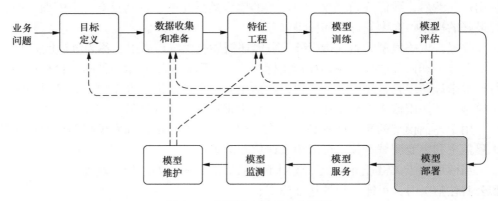

图 8.1　机器学习项目生命周期

训练好的模型可以用各种方式部署。它可以部署在服务器上，也可以部署在用户的设备上。它可以一次部署给所有用户，也可以部署给一小部分用户。下面，我们将考虑所有的选择。

一个模型可以按照以下几种**模式（pattern）**进行部署。

- 静态部署，作为可安装软件包的一部分。
- 在用户设备上动态部署。
- 在服务器上动态部署。
- 通过模型流。

8.1　静态部署

机器学习模型的静态部署与传统软件部署非常相似：你准备了整个软件的可安

装二进制包。该模型打包为运行时可用的资源。根据操作系统和运行时环境的不同，模型和特征提取器的对象可以打包为动态链接库（Windows 上的 DLL）、共享对象（Linux 上的 *.so 文件）的一部分，或者对基于虚拟机系统，序列化并保存在标准资源位置，如 Java 和 .NET。

静态部署有如下优点。

● 软件可以直接访问模型，因此用户的执行时间很快。

● 用户数据不必在预测时上传到服务器，这样既节省了时间，又保护了隐私。

● 用户离线时可以调用模型。

● 软件供应商不必关心模型的运行，这是用户的责任。

然而，静态部署也有几个缺点。首先，最重要的是，机器学习代码和应用程序代码之间的分离并不总是很明显。这使得升级模型而不需要升级整个应用程序变得更加困难。其次，如果模型对评分有一定的计算要求（如访问加速器或 GPU），对于静态部署行不行的判断，可能会增加复杂度和混乱性。

8.2 在用户设备上动态部署

设备上的动态部署与静态部署类似，这指的是用户将系统的一部分作为软件应用程序在其设备上运行。不同的是，在动态部署中，模型不是应用程序二进制代码的一部分。因此，它实现了更好的关注分离。推送模型更新时，无须更新用户设备上运行的整个应用程序。此外，动态部署可以让同一段代码根据可用的计算资源，选择合适的模型。

动态部署可以通过如下几种方式实现。

● 通过部署模型参数。

● 通过部署一个序列化对象。

● 通过部署到浏览器上。

8.2.1 模型参数的部署

在这种部署场景下，模型文件只包含学习的参数，而用户的设备已经安装了模型的运行环境。一些机器学习包，如 TensorFlow，有一个轻量级版本，可以在移动设备上运行。

另外，一些框架（如苹果公司的 **Core ML**）允许在苹果公司的设备上运行用流行软件包创建的模型，包括 **scikit-learn**、**Keras** 和 **XGBoost**。

8.2.2　序列化对象的部署

这里，模型文件是一个序列化的对象，应用程序会对它进行反序列化。这种方法的优点是，你不需要在用户的设备上为你的模型提供一个运行时环境。所有需要的依赖关系都将和模型对象一起被反序列化。

一个明显的缺点是，更新可能会相当"重"，如果你的软件系统有数百万用户，这是个问题。

8.2.3　部署到浏览器上

大多数现代设备都可以访问浏览器，无论是台式机还是移动设备。一些机器学习框架，如 **TensorFlow.js**，有允许在浏览器中训练和运行模型的版本，通过使用 JavaScript 作为运行时环境。

甚至可以在 Python 中训练一个 TensorFlow 模型，然后将它部署到浏览器的 JavaScript 运行环境中，并在其中运行。此外，如果客户端设备上有 GPU（图形处理单元），Tensorflow.js 也可以利用它。

8.2.4　优点和缺点

在用户设备上进行动态部署的主要优点在于，用户对模型的调用是快速的。它还减少了对组织机构服务器的影响，因为大多数计算都是在用户的设备上进行的。此外，如果将模型部署到浏览器上，组织的基础设施只需要服务一个包含模型参数的网页。基于浏览器的部署的一个缺点是，带宽成本和应用启动时间可能会增加。用户每次启动 Web 应用程序时必须下载模型的参数，而不是只在安装应用程序时下载一次。

另一个缺点发生在模型更新期间。回顾一下，一个序列化的对象可能相当大。一些用户可能在更新期间断线，甚至关闭所有未来的更新。在这种情况下，你可能最终会有不同的用户使用非常不同的模型版本。这样一来，升级应用的服务器端部分变得很困难。

在用户的设备上部署模型意味着模型很容易被第三方分析使用。他们可能会尝试对模型进行逆向工程，以重现其行为。他们可能会通过提供各种输入和观察输出来寻找弱点。或者，他们可能会调整数据，使模型预测出他们想要的东西。

假设移动应用允许用户阅读与他们兴趣相关的新闻。内容提供商可能会尝试对模型进行逆向工程，使它更频繁地推荐该内容提供商的新闻。

与静态部署一样，因为部署到用户的设备上，所以很难监测模型的表现。

8.3 在服务器上动态部署

由于上述的复杂度，以及表现监测的问题，最常见的部署模式是将模型放在一台（或多台）服务器上，并以 Web 服务或谷歌远程过程调用（**gRPC**）服务的形式，将它作为**表示状态转移应用编程接口**（**REST API**）提供。

8.3.1 在虚拟机上部署

在云环境中部署的典型 Web 服务架构中，预测的提供方式是响应规范格式化的 HTTP 请求。在虚拟机上运行的 Web 服务接收到包含输入数据的用户请求，对该输入数据调用机器学习系统，然后将机器学习系统的输出转化为输出的 JavaScript 对象符号（JSON）或可扩展标记语言（XML）字符串。为了应对高负载，多个相同的虚拟机并行运行。

负载均衡器（**load balancer**）根据虚拟机的可用性，将传入的请求分派到特定的虚拟机上。这些虚拟机可以手动添加和关闭，也可以成为**自动缩放组**（**autoscaling group**）的一部分，然后根据虚拟机的使用情况启动或终止虚拟机。图 8.2 说明了这种部署模式。每个实例（用橙色方块表示）都包含运行特征提取器和模型所需的所有代码。该实例还包含一个可以访问这些代码的 Web 服务。

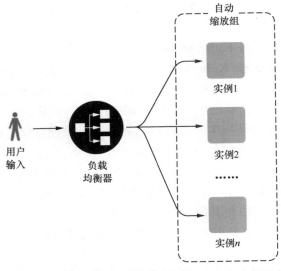

图 8.2 将机器学习模型作为网络服务部署在虚拟机上

在 Python 中，REST API Web 服务通常利用 Web 应用程序框架来实现，比如 **Flask** 或 **FastAPI**。在 R 中对应的是 **Plumber**。

TensorFlow 是一个用于训练深度模型的流行框架，自带 TensorFlow Serving，这是一个内置的 gRPC 服务。

在虚拟机上部署的优点在于，软件系统的架构的概念很简单：它是一个典型的 Web 或 gRPC 服务。缺点是需要维护服务器（物理机或虚拟机）。如果使用虚拟化，那么由于虚拟化和运行多个操作系统，会有额外的计算开销。另一个缺点是网络延迟，这可能是一个严重的问题，取决于你需要处理评分结果的速度。最后，与在容器中部署相比，或与我们下面考虑的无服务器部署相比，在虚拟机上部署的成本相对更高。

8.3.2　在容器中部署

基于容器部署是一个更现代的选择，可以替代基于虚拟机部署。与虚拟机相比，使用容器工作通常被认为更节省资源和更灵活。容器类似于虚拟机，因为它也是一个独立的运行时环境，拥有自己的文件系统、CPU、内存和进程空间。然而，主要的区别在于，所有的容器都运行在同一个虚拟机或物理机上，并共享操作系统，而每个虚拟机都运行自己的操作系统实例。

部署过程如下：机器学习系统和 Web 服务被安装在一个容器里面。通常，容器是 **Docker** 容器，但也有其他选择。然后使用容器编排系统（container-orchestration system）在物理或虚拟服务器集群上运行容器。在企业内部或云平台中运行的容器编排系统，典型的选择是 **Kubernetes**。一些云平台既提供了自己的容器编排引擎，如 **AWS Fargate** 和 **Google Kubernetes Engine**，又原生支持 Kubernetes。

图 8.3 展示了这种部署模式。在这里，虚拟机或物理机被组织成一个集群，其资源由容器编排器管理。新的虚拟机或物理机可以手动添加到集群中，或者关闭。如果你的软件部署在云环境中，集群自动缩放器可以根据集群的使用情况，启动（并添加到集群中）或终止虚拟机。

与在虚拟机上部署相比，在容器中部署的优点在于更节省资源。它提供了根据评分请求自动扩展的可能性。它还允许**缩放到零**（**scale-to-zero**）。缩放到零的想法是，当容器闲置时，可以将其减少到零个副本，如果有服务请求，则可以将其恢复。因此，与一直运行服务相比，资源消耗很低。这就减少了功耗，节省了云资源的成本。

缺点是容器化部署的过程一般被认为比较复杂，需要具备专业知识。

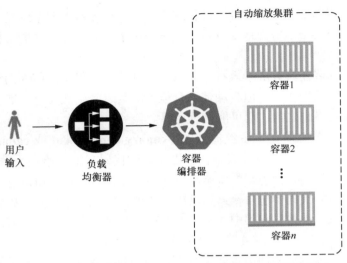

图 8.3　在集群上运行的容器中将模型作为 Web 服务部署

8.3.3　无服务器部署

包括亚马逊、谷歌和微软在内的一些云服务提供商提供所谓的**无服务器计算**（ **serverless computing** ）。在亚马逊网络服务上，它名为 Lambda-functions，在微软 Azure 和谷歌云平台上，它名为 Functions。

无服务器部署包括准备一个 zip 压缩包，其中包含运行机器学习系统所需的所有代码（模型、特征提取器和评分代码）。zip 压缩包必须包含一个具有特定名称的文件，该文件包含一个特定的函数，或具有特定签名的类－方法定义（一个入口点函数）。该压缩包上传到云平台，并以唯一的名称注册。

云平台提供了一个 API，用于向无服务器函数提交输入。这指定它的名称，提供有效载荷，并产生输出。云平台负责将代码和模型部署在足够的计算资源上，执行代码，并将输出路由回客户端。

通常，函数的执行时间、zip 文件大小和运行时可用的内存量，都受限于云服务提供商。

zip 文件大小的限制可能是一个挑战。一个典型的机器学习模型需要多个重量级的依赖关系。模型要正确执行，通常需要一些 Python 库，包括 NumPy、SciPy 和 scikit-learn。根据云平台的不同，其他支持的编程语言可以包括 Java、Go、PowerShell、Node.js、C# 和 Ruby。

依靠无服务器部署有很多优势。显而易见的优势是，你不必提供服务器或虚拟机等资源。你不必安装依赖软件、维护或升级系统。无服务器系统具有高度的可扩展性，可以轻松、毫不费力地支持每秒数千个请求。无服务器功能支持同步和异步两种运行模式。

无服务器部署还具有成本效益：你只需为计算时间付费。前面两种部署模式也可以使用自动伸缩来实现，但自动伸缩有很大的延迟。虽然需求可能会下降，但过多的虚拟机在被终止之前，仍可能继续运行。

无服务器部署也简化了**金丝雀部署（canary deployment 或 canarying）**。在软件工程中，金丝雀部署是一种策略，即更新后的代码只推送给一小部分终端用户，通常他们是不知道的。因为新的版本只发布给一小部分用户，所以它的影响相对较小，而且如果新的代码中包含错误，可以很快地撤销更改。在生产中设置两个版本的无服务器函数，开始只向其中一个版本发送低流量，在不影响很多用户的情况下进行测试，这是很容易的。8.4 节将详细探讨金丝雀部署。

在无服务器部署中，回滚也非常简单，因为只要更换一个 zip 压缩包，就可以很容易地切换到以前的函数版本。

我们已经讨论了 zip 压缩包的大小限制，以及运行时的可用内存。这些是无服务器部署的重要缺点。同样，不可用 GPU[1] 也是部署深度模型的重要限制。

当然，复杂的软件系统可能会采用组合部署模式。适合于一个模型的部署模式可能对另一个模型不那么理想。几种部署模式的组合称为**混合部署模式（hybrid deployment pattern）**。像谷歌 Home 或亚马逊 Echo 这样的个人助理可能会有一个识别激活短语（如"OK，Google"或"Alexa"）的模式部署在客户端的设备上，而更复杂的模式处理"put song X on device Y"（把歌曲 X 放在设备 Y 上）这样的请求反而会在服务器上运行。另外，在用户移动设备上的部署可能会对视频进行增强，并实时添加简单的智能效果。服务器部署将用于应用更复杂的效果，如稳定和超分辨率。

8.3.4　模型流

模型流（model streaming）是一种部署模式，可以看作 REST API 的逆向。在 REST API 中，客户端向服务器发送请求，然后等待响应（预测）。

在复杂的系统中，可以有很多模型应用于同一个输入。或者，一个模型可以输入另一个模型的预测。例如，输入可能是一篇新闻文章。第一个模型可以预测文章的主题；第二个模型可以提取命名实体；第三个模型可以生成文章的摘要，等等。

1　截至2020年7月。

按照 REST API 部署模式，每个模型需要一个 REST API。客户端通过发送一篇新闻文章作为请求的一部分来调用一个 API，并得到主题作为响应。然后客户端通过发送一篇新闻文章来调用另一个 API，并获得命名实体作为响应等。

　　模型流工作方式不同。不是每个模型都有一个 REST API，而是所有模型以及运行它们所需的代码都在**流处理引擎**（**Stream-Processing Engine，SPE**）中注册。例如，**Apache Storm**、**Apache Spark** 和 **Apache Flink**。或者，它们被打包成**基于流处理库**（**Stream-Processing Library，SPL**）的应用程序，如 **Apache Samza**、**Apache Kafka Streams** 和 **Akka Streams**。

　　这些 SPE 和 SPL 的描述超出了本书的范围，但它们都有相同的属性，让它们与基于 REST API 的应用有所不同。在每个流处理应用中，都有一个隐含或显性的**数据处理拓扑**（**data processing topology**）的概念。输入数据以客户端发送的无限数据元素流的形式流入。按照预定义的拓扑结构，数据流中的每个数据元素在拓扑结构的节点中进行转换。完成转换后，继续流向其他节点。

　　在流式处理应用中，节点以某种方式转换其输入，然后执行以下动作之一。

- 把输出发送给其他节点。
- 把输出发送给客户端。
- 将输出持久化到数据库或文件系统中。

　　一个节点可以接收一篇新闻文章，并预测其主题；另一个节点可以同时接收新闻文章和预测的主题，并生成摘要；等等。

　　基于 REST API 的应用和基于流的应用的区别如图 8.4 所示。图 8.4a 展示了一个使用 REST API 的客户端，通过发送一系列的请求来处理一个数据元素，如新闻文章。各种 REST API 逐一接收请求，并同步产生响应。不同的是，使用流的客户端（见图 8.4b）打开到流应用程序的连接，发送一个请求，并在更新事件发生时接收它们。

　　在图 8.4b 中基于流的应用程序的右侧有一个定义应用程序中数据流的拓扑结构。客户端发送的每个输入元素都会经过**拓扑图**（**topology graph**）的所有节点。节点可以向客户端发送更新的事件，并可能将数据持久化至数据库或文件系统。

　　基于 SPE 的流应用在它自己的虚拟机或物理机集群上运行，并负责在可用资源中分配数据处理负载。基于 SPL 的流应用不需要一个专门的集群来处理数据。它可以与可用资源（如虚拟机或物理机）或容器编排器（如 Kubernetes）集成。

　　通常采用 REST API，是为了让客户端发送一些临时请求，它们不遵循某种经常重复的模式。当客户端想要自由决定如何处理 API 响应时，这是最好的选择。与此不同，如果客户端的每个请求都是：

- 典型的；
- 经历了一定模式的转变，特别是多个中间转换；
- 总是导致同样的操作，例如将特定的数据元素持久化到文件系统或数据库。

那么基于流的应用就能提供更好的资源效率、更低的延迟、安全性和容错性。

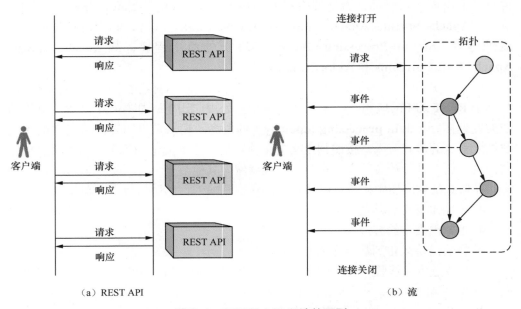

图 8.4　REST API 和流的区别

8.4　部署策略

典型的部署策略有：
- 单一部署；
- 静默部署；
- 金丝雀部署；
- 多臂老虎机。

以下我们逐一探讨。

8.4.1　单一部署

单一部署（single deployment）是最简单的一种。从概念上讲，一旦有了一个

214

新模型，你就把它序列化成一个文件，然后用新文件替换旧文件。如果需要，你还可以替换特征提取器。

要在云环境中的服务器上部署，你需要准备一个新的虚拟机，或运行新版本模型的容器。然后，你更换虚拟机镜像或容器的镜像。最后，你逐步关闭旧机器或容器，并让自动缩放器启动新机器。

要在物理服务器上部署，你向服务器上传一个新的模型文件（如果需要，加上特征提取对象）。然后用新版本替换旧文件和旧代码，并重新启动网络服务。

要在用户的设备上部署，你需要将新的模型文件以及所有需要的特征提取对象推送到用户的设备上，并重新启动软件。

如果你使用可解释的代码，那么可以将一个源代码文件替换为另一个源代码文件，从而部署特征提取器对象。为了避免在服务器或用户设备上重新部署整个软件应用程序，可以将特征提取器的对象序列化为一个文件。然后，在每次启动时，运行模型的软件将特征提取器对象反序列化。

单一部署的优点是简单，但这也是风险最大的策略。如果新模型或特征提取器包含一个缺陷，所有用户都会受到影响。

8.4.2 静默部署

与单一部署相对应的是**静默部署**（silent deployment）。它部署新的模型版本和新的特征提取器，并保留旧版本。两个版本并行运行。但是，在切换完成之前，用户不会接触到新版本。新版本所做的预测只被记录下来。一段时间后，会对它们进行分析，以检测可能的缺陷。

静默部署的好处是提供足够的时间来确保新模型按预期工作，而不会对任何用户造成不利影响。缺点是需要运行两倍的模型，这将消耗更多的资源。此外，对许多应用来说，如果不将新模型的预测暴露给用户，就不可能对它进行评估。

8.4.3 金丝雀部署

回顾一下，**金丝雀部署**将新的模型版本和代码推送给一小部分用户，同时让大多数用户保持旧版本的运行。与沉默部署不同，金丝雀部署可以验证新模型的表现，以及它的预测效果。与单一部署不同，金丝雀部署不会在可能出现缺陷的情况下影响大量用户。

选择金丝雀部署，你就接受了同时部署和维护多个版本模型的额外复杂度。

金丝雀部署有一个明显的缺点——工程师不可能发现罕见的错误。如果你将新版本部署给 5% 的用户，而一个错误影响了 2% 的用户，那么你只有 0.1% 的机会发现这个错误。

8.4.4 多臂老虎机

在 7.3 节中可以看到，**多臂老虎机（MAB）**这种方法，是在生产环境中比较模型的一个或多个版本，并选择表现最好的一个版本。MAB 有一个有趣的特性：在经过一个初始探索期之后，MAB 算法收集了足够的证据来评估每个模型（臂）的表现，最好的臂最终总是被选择。这意味着，在 MAB 算法收敛之后，大多数时候，所有用户会被路由到运行最佳模型的软件版本。

因此，MAB 算法同时解决了两个问题——在线模型评估和模型部署。

8.5 自动部署、版本管理和元数据

模型是一项重要的资产，但它绝不是单独交付的。生产环境模型测试还有一些额外的资产，以确保模型不被破坏。

8.5.1 模型附带资产

只有当一个模型伴随着以下资产时，才会在生产环境中部署它。
● 一个定义模型输入和输出的**端到端集（end-to-end set）**必须始终有效。
● 一个正确定义模型输入和输出的**置信度测试集（confidence test set）**用于计算该度量值。
● 一个**表现指标**，通过在置信度测试集上应用该模型来计算它的值。
● 该表现指标的**可接受值范围（range of acceptable value）**。

一旦使用该模型的系统最初在服务器或客户端设备的实例上被调用，一个外部进程必须在端到端测试数据上调用该模型，并验证所有预测是否正确。此外，同一外部进程必须验证，将模型应用于置信度测试集所计算的表现指标，其值在可接受的值范围内。如果两项评价中的任何一项失败，则不应向客户提供该模型。

8.5.2 版本同步

以下三个要素的版本必须始终保持同步：
● 训练数据；
● 特征提取器；

● 模型。

数据的每次更新都必须在数据存储库中产生一个新的版本。使用特定版本的数据训练的模型必须放入模型库中，其版本号与用于训练模型的数据的版本号相同。

如果特征提取器没有改变，其版本仍然必须更新，以便与数据和模型同步。如果更新了特征提取器，那么必须使用更新后的特征提取器建立一个新的模型，并且特征提取器、模型和训练数据的版本都要递增（即使后者没有改变）。

新模型版本的部署必须由脚本以事务性的方式自动完成。给定一个要部署的模型版本，部署脚本将从各自的存储库中获取模型和特征提取对象，并将它们复制到生产环境中。必须通过模拟外部的常规调用，将模型应用于端到端和置信度测试数据。如果端到端测试数据出现预测错误，或者度量值不在可接受的范围内，整个部署必须回滚。

8.5.3　模型版本元数据

每个模型版本必须附带以下代码和元数据。
● 用于训练模型的库或包的名称和版本。
● 如果用Python构建模型，那么用来构建模型的虚拟环境的requirements.txt（或者指向Docker Hub或Docker注册表中特定路径的Docker镜像名称）。
● 学习算法的名称，以及超参数的名称和值。
● 模型所需的特征列表。
● 输出的列表，它们的类型，以及如何消费这些输出。
● 用于训练模型的数据的版本和位置。
● 用于调整模型超参数的验证数据的版本和位置。
● 在新数据上运行模型并输出预测的模型评分代码。

元数据和评分代码可以保存到数据库或 JSON/XML 文本文件中。

出于审计的目的，每个部署还必须附带以下信息。
● 谁建立了模型，何时建立。
● 谁在何时做出部署该模型的决定，基于什么理由。
● 谁出于隐私和安全合规目的审查了该模型。

8.6　模型部署最佳实践

在本节中，我们将讨论在生产中部署机器学习系统的实际问题。我们还将简要介绍几个有用的和实用的模型部署技巧。

8.6.1 算法效率

大多数数据分析师用 Python 或 R 工作。虽然有一些网络框架允许用这两种语言构建网络服务，但大家并不认为它们是最高效的语言。

事实上，当你使用 Python 中的科学包时，它们的大部分代码是用高效的 C 或 C++ 编写的，然后针对你的特定操作系统编译。然而，你自己的数据预处理、特征提取和评分代码可能没有那么高效。

此外，并非所有的算法都是实用的。虽然有些算法可以快速解决问题，但有些算法太慢。对于一些问题，不可能存在快速算法。

计算机科学的子领域称为**算法分析**（**analysis of algorithm**），关注的是确定和比较算法的复杂度。**大 O 符号**（**big O notation**）对算法进行分类，其根据是随着输入大小的增长，算法的运行时间或空间要求如何增长。

例如，假设我们有这样的问题：在大小为 N 的样本集 S 中找到两个最遥远的一维样本。我们草拟的一个 Python 算法如下。

```python
def find_max_distance(S):
    result =  None
    max_distance = 0
    for x1 in S:
        for x2 in S:
            if abs(x1 - x2) >= max_distance:
                max_distance = abs(x1 - x2)
                result = (x1, x2)
    return result
```

或在 R 中进行如下操作。

```r
find_max_distance <- function(S) {
    result <- NULL
    max_distance <- 0
    for (x1 in S) {
        for (x2 in S) {
            if (abs(x1 - x2) >= max_distance) {
                max_distance <- abs(x1 - x2)
                result <- c(x1, x2)
            }
        }
    }
}
```

```
12    result
13  }
```

在上述算法中，我们对 S 中的所有值进行循环，并在第一个循环的每一次迭代中，再对 S 中的所有值进行循环。因此，上述算法对数字进行了 N^2 次比较。如果我们把比较、abs 和赋值操作所需的时间作为单位时间，那么这个算法的时间复杂度（或者简单地说，复杂度）最多为 $5N^2$。在每次迭代时，我们有一次比较、两次 abs 和两次赋值操作（1+2+2=5）。当一个算法的复杂度是在最坏的情况下衡量时，就会使用大 O 符号。对于上面的算法，使用大 O 符号，我们说算法的复杂度是 $O(N^2)$，像 5 这样的常数则被忽略。

对于同样的问题，我们编写的另一个 Python 算法如下。

```python
1   def find_max_distance(S):
2       result =  None
3       min_x  =  float("inf")
4       max_x  =  float("-inf")
5       for x in S:
6           if x < min_x:
7               min_x = x
8           if x > max_x:
9               max_x = x
10      result = (max_x, min_x)
11      return result
```

或在 R 中进行如下操作。

```r
10  find_max_distance <- function(S):
11      result <- NULL
12      min_x <- Inf
13      max_x <- -Inf
14      for (x in S) {
15          if (x < min_x) {
16              min_x <-  x
17          }
18          if (x > max_x) {
19              max_x =  x
20          }
21      result <- c(max_x, min_x)
22      result
```

在上述算法中，我们只对 $\mathcal{S}$ 中的所有值循环一次，所以算法的复杂度为 $O(N)$。在这种情况下，我们说后一种算法比前一种算法更有效率。

当一个算法的复杂度是输入大小的多项式时，就称为**高效的**（**efficient**）。因此 $O(N)$ 和 $O(N^2)$ 都是高效的，因为 N 是一次多项式，而 N^2 是一个二次多项式。然而，对于非常大的输入，$O(N^2)$ 算法仍然会很慢。在大数据时代，科学家和工程师经常会寻找 $O(\log N)$ 的算法。

从实践的角度来看，在实现算法时，你应该尽可能避免使用循环，并使用 NumPy 或类似的工具实现矢量化。例如，你应该使用对矩阵和向量的操作，而不是循环。在 Python 中，要计算 $\boldsymbol{w} \cdot \boldsymbol{x}$（两个向量的点积），你应该输入：

```
1   import numpy
2   wx = numpy.dot(w,x)
```

而不是

```
1   wx = 0
2   for i in range(N):
3       wx += w[i]*x[i]
```

类似地，在 R 中，你应该输入：

```
1   wx = w %*% x
```

而不是

```
23  wx <- 0
24  for (i in seq(N)):
25      wx <- wx + w[i]*x[i]
```

使用适当的**数据结构**（**data structure**）。如果集合中元素的顺序并不重要，就用 set 代替 list。在 Python 中，当 $\mathcal{S}$ 是一个 set 时，验证一个特定样本是否属于 $\mathcal{S}$ 的操作是很快的，而当 $\mathcal{S}$ 是一个 list 时，则很慢。

另一个让 Python 代码更高效的重要数据结构是 dict。它在其他语言中被称为**字典**（**dictionary**）或**哈希表**（**hash table**）。它允许你定义一个键值对的集合，键的查找速度非常快。

使用库通常更可靠——只有当你是研究人员，或者真正需要它的时候，才应该写自己的代码。像 NumPy、SciPy 和 scikit-learn 这样的科学 Python 包是由有经验的科学家和工程师以效率为前提构建的。它们有很多方法都是用 C 和 C++ 编译实现的，以达到最高性能。

如果你需要在一个庞大的元素集合上进行迭代，可以使用 Python **生成器**

（**generator**），或者它们在迭代器包中的 R 替代方案，这些生成器可以创建一个函数，每次返回一个元素，而不是一次返回所有元素。

使用 Python 中的 **cProfile** 包（或 R 中它对应的包 lineprof）来发现低效率代码。最后，当你的代码从算法的角度来看没有什么可以改进的时候，你可以通过以下方法进一步提高速度。

● 使用Python中的**multiprocessing**包，或者它的R对应的**parallel**，来并行运行计算；或者使用分布式处理框架，比如**Apache Spark**。
● 使用**PyPy**、**Numba** 或类似的工具，将你的 Python 代码（或 R 的**编译器**包）编译成快速、优化的机器代码。

8.6.2　深度模型的部署

有时，为了达到所需速度，可能需要在图形处理单元（GPU）上进行**评分**（**scoring**）。在云环境中，GPU 实例的成本通常比"普通"实例的成本要高得多。因此，只有模型可以部署在一个或几个 GPU 的环境中，为快速评分而优化。应用程序的其余部分可以单独部署在 CPU 环境中。这种方法可以降低成本，但同时，它可能会增加应用的两个部分之间的通信开销。

8.6.3　缓存

缓存（**caching**）是软件工程中的一种标准做法。内存缓存用于存储函数调用的结果，因此下次以相同的参数值调用该函数时，会从缓存中读取结果。

当应用程序中包含耗费资源的函数时，缓存有助于加快应用程序的速度，这些函数的处理需要时间，或者经常以相同的参数值被调用。在机器学习中，这样的资源消耗型函数就是模型，尤其是在 GPU 上运行的时候。

最简单的缓存可能在应用程序本身中实现。例如，在 Python 中，lru_cache 装饰器可以用一个**记忆**（**memoizing**）可调用对象（callable）来包装一个函数，它最多可以保存 maxsize 个最近的调用。

```
1  from functools import lru_cache
2
3  # Read the model from file
4  model  =  pickle.load(open("model_file.pkl",  "rb"))
5
6  @lru_cache(maxsize=500)
7  def  run_model(input_example):
```

```
 8        return model.predict(input_example)
 9
10    # Now you can call run_model
11    # on new data
```

第一次调用函数 run_model 时，会调用 model.predict。对于后续调用相同输入值的 run_model，输出将从缓存中读取，缓存记忆了 maxsize 次最近调用 model.predict 的结果。

在 R 中，使用 memo 函数也可以得到类似的结果。

```
 1    library(memo)
 2
 3    model <- readRDS("./model_file.rds")
 4
 5    run_model <- function(input_example) {
 6        result <- predict(model, input_example)
 7        result
 8    }
 9
10    # Create a memoized version of run_model
11    run_model_memo <- memo(run_model, cache = lru_cache(500))
12
13    # Now you can use run_model_memo
14    # instead of run_model on new data
```

尽管使用 lru_cache 和类似的方法对分析师来说非常方便，但在大规模的生产系统中，工程师们会采用通用的可扩展和可配置的缓存解决方案，如 **Redis** 或 **Memcached**。

8.6.4 模型和代码的交付格式

回顾一下，序列化是将模型和特征提取器代码交付给生产环境的最直接的方式。

每个现代编程语言都有序列化工具。在 Python 中是 **pickle**。

```
 1    import pickle
 2    from sklearn import svm, datasets
 3
 4    classifier =  svm.SVC()
 5    X,y = datasets.load_iris(return_X_y=True)
 6    classifier.fit(X, y)
 7
```

```
 8  # Save model to file
 9  with open("model.pickle","wb") as  outfile:
10      pickle.dump(classifier, outfile)
11
12  # Read model from file
13  classifier2 = None
14  with open("model.pickle","rb") as infile:
15      classifier2 = pickle.load(infile)
16  if classifier2:
17      prediction = classifier2.predict(X[0:1])
```

而在 R 中是 RDS。

```
 1  library("e1071")
 2
 3  classifier <- svm(Species ~ ., data = iris, kernel = 'linear')
 4
 5  # Save model to file
 6  saveRDS(classifier,  "./model.rds")
 7
 8  # Read model from file
 9  classifier2 <- readRDS("./model.rds")
10
11  prediction <- predict(classifier2, iris[1,])
```

在 scikit-learn 中，使用 **joblib** 对 pickle 的替换可能会更好，对于携带大 **NumPy** 数组的对象，它更有效率。

```
 1  from joblib import dump, load
 2
 3  # Save model to file
 4  dump(classifier, "model.joblib")
 5
 6  # Read model from file
 7  classifier2=load("model.joblib")
```

同样的方法可以将特征提取器的序列化对象保存到文件中，复制到生产环境中，然后从文件中读取。

对于某些应用，预测速度至关重要。在这种情况下，生产代码是用编译语言编写的，如 Java 或 C/C++。如果数据分析师使用 Python 或 R 建立了一个模型，有如下三种选择可以部署到生产中。

● 用编译的、生产环境编程语言重写代码。

- 使用模型表示标准，如PMML或PFA。
- 使用专门的执行引擎，如MLeap。

预测模型标记语言（PMML）是一种基于 XML 的预测模型交换格式，它为数据分析师提供了一种方法，在符合 PMML 的应用程序之间保存和共享模型。PMML 允许分析师在一个厂商的应用程序中开发模型，然后在其他厂商的应用程序中使用它们，因此专有问题和不兼容问题不再是应用程序之间模型交换的障碍。

例如，设想你使用 Python 建立了一个 SVM 模型，然后将模型保存为 PMML 文件。假设生产运行环境是一个 Java 虚拟机（JVM）。只要 JVM 的机器学习库支持 PMML，并且该库有 SVM 的实现，你的模型就可以直接在生产环境中使用。你不需要用 JVM 语言重写代码或重新训练模型。

可移植分析格式（Portable Format for Analytics，PFA）是一个较新的标准，用于表示统计模型和数据转换引擎。PFA 允许我们在异构系统中轻松共享模型和机器学习流水线，并提供算法的灵活性。模型、前处理和后处理转换都是一些函数，可以任意组合、链接或构成复杂工作流。PFA 的配置文件形式为 JSON（JavaScript Object Notation）或 YAML（YAML Ain't Markup Language）。

存在一些开源的通用"求值器"，针对保存为 PMML 或 PFA 格式文件的模型或流水线。JPMML（Java PMML）和 Hadrian 是两个最广泛采用的。求值器从文件中读取模型或流水线，通过将它应用于输入数据来执行，并输出预测结果。

遗憾的是，PMML 和 PFA 并没有被流行的机器学习库和框架广泛支持[1]。例如，scikit-learn 并不支持这些标准，尽管有像 **SkLearn2PMML** 这样的副项目，可以将 scikit-learn 对象转换为 PMML。

另外，**MLeap** 这样的执行引擎可以在 JVM 环境下快速执行机器学习模型和流水线。在编写本书时，MLeap 可以执行在 Apache Spark 和 scikit-learn 中创建的模型和流水线。

现在，我们简单介绍一下模型部署的几个有用且实用的技巧。

8.6.5　从一个简单的模型开始

在生产环境中部署和应用模型可能比看起来更复杂。一旦服务于简单模型的基础设施稳固，就可以训练和部署更复杂的模型。

一个简单的可解释的模型更容易调试，特别是对于特征提取器和整个机器学习流水线。复杂的模型和流水线有很多依赖关系和大量的超参数需要调整，更容易出

1　截至2020年7月。

现实施和部署错误。

8.6.6 对外测试

在将模型投入生产之前，请在外部人员身上测试你的模型，而不仅仅是测试数据。外部人员可以是其他团队成员或公司员工。另外，你也可以使用众包或同意参与新产品功能实验的真实客户子集。

在外部人员身上进行测试有助于你避免个人偏见，因为你作为模型的创建者，是有感情的。这也会让你的模型接触到不同的用户。

8.7 小结

一个模型可以按照以下几种模式进行部署：作为可安装软件的一部分静态部署；在用户设备上、服务器上或通过模型流动态部署。

静态部署有很多优点，比如执行时间快、保护用户隐私、当用户离线时可以调用模型。同时也有一个缺点：升级模型而不升级整个应用，这比较困难。

在用户的设备上进行动态部署的主要优点是，用户对模型的调用会很快。它还可以减少对组织机构服务器的收费。缺点是难以向所有用户提供更新，以及模型对第三方分析的可用性。

与静态部署一样，将模型部署在用户的设备上，很难监测模型的表现。

在服务器上的动态部署可以有以下形式之一：在虚拟机上部署、在容器中部署，以及无服务器部署。

最流行的部署模式是将模型部署在服务器上，让它能够以 Web 或 gRPC 服务的形式作为 REST API 使用。这种情况下，客户端向服务器发送一个请求，然后等待响应，再发送另一个请求。

模型流则不同。所有的模型都是在流处理引擎中注册的，或者被打包成一个基于流处理库的应用程序。这种情况下，客户端发送一个请求，并在更新发生时接收它们。

典型的部署策略有单一部署、静默部署、金丝雀部署和多臂老虎机。

在单一部署中，你将新模型序列化到一个文件中，然后替换旧模型。

静默部署包括部署新旧版本，并以并行的方式运行它们。在切换完成之前，用户不会接触到新版本。由新版本所做的预测只是被记录和分析。因此，有足够的时间来确保新模型按预期工作，而不影响任何用户。缺点是需要运行更多的模型，这将会消耗更多的资源。

金丝雀部署包括将新版本推送给一小部分用户，同时保持旧版本对大多数用户的运行。金丝雀部署可以进行模型表现验证，并评估用户的体验。在可能出现缺陷的情况下，不会影响很多用户。

多臂老虎机允许我们部署新模型，同时保留旧模型。只有在确定新模型表现更好时，算法才会用新模型替换旧模型。

新模型版本的部署必须由脚本以事务性的方式自动完成。给定一个要部署的模型版本，部署脚本将从各自的存储库中获取模型和特征提取对象，并将它们复制到生产环境中。必须通过模拟外部的常规调用，将模型应用到端到端测试数据和置信度测试数据中。如果端到端测试数据出现预测错误，或者指标值不在可接受的范围内，整个部署必须回滚。

训练数据、特征提取器和模型的版本必须始终保持同步。

算法效率是模型部署的重要考虑因素。有经验的科学家和工程师建立了一些 Python 包（如 NumPy、SciPy 和 scikit-learn），考虑到了效率。你自己的代码可能不那么可靠或有效。你应该只在绝对必要的时候写自己的代码。

如果你实现了自己的算法代码，要避免循环。用 NumPy 或类似的工具实现向量化。使用适当的数据结构。如果集合中元素的顺序并不重要，就使用 set 而不是 list。使用字典（或哈希表）可以让你定义一个键值对的集合，并对键进行非常快速的查找。

如果应用程序包含一些资源消耗型函数，经常以相同的参数值调用，那么缓存可以加快应用程序的速度。在机器学习中，这样的资源消耗型函数就是模型，特别是当它们在 GPU 上运行时。

第 9 章　模型服务、监测和维护

本章探讨在生产环境中服务、监测和维护模型的最佳实践。这些是机器学习项目生命周期（如图 9.1 所示）的最后三个阶段。

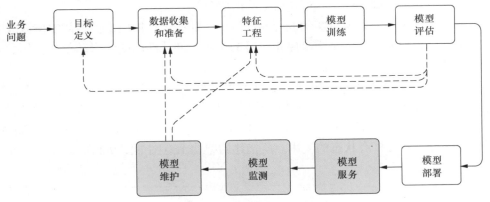

图 9.1　机器学习项目生命周期

特别是，我们将描述机器学习运行时的特性，输入数据应用于模型的环境，以及模型服务的模式，如批量和按需。此外，我们将探讨在现实世界中为模型服务的三大挑战：错误、变化和人性。我们描述了在生产环境中应该监测的内容，何时以及如何更新模型。

9.1　模型服务运行时的属性

模型服务运行时（runtime）是模型应用于输入数据的环境。运行时的属性是由模型**部署模式**（**deployment pattern**）决定的。然而，一个有效的运行时将具有几个附加属性，我们在下面讨论。

9.1.1　安全性和正确性

运行时负责验证用户的身份，并授权用户的请求。

需要检查的内容有：

- 某一特定用户是否拥有授权访问他要运行的模型；
- 传递的参数名称和值是否符合模型的规范；
- 这些参数和它们的值当前是否对用户可用。

9.1.2 部署的方便性

运行时必须允许以最小的工作量更新模型，最好是不影响整个应用程序。如果模型是作为网络服务部署在物理服务器上的，那么模型更新必须简单到用一个模型文件替换另一个模型文件，并重新启动网络服务。

如果模型是作为虚拟机实例或容器部署的，那么运行旧版本模型的实例或容器应该是可以替换的，方法是逐步停止运行的实例，并从新的映像启动新的实例。同样的原则也适用于编排的容器。

通常，基于模型流的应用程序通过流到模型的新版本来更新。为了实现这一点，流应用必须是有状态的。一旦新版本和相关组件（如特征提取器和评分代码）被流到应用程序中，应用程序的状态就会改变，它现在就包含这些资产的新版本。现代流处理引擎支持有状态的应用。所描述的架构示意图如图 9.2 所示。

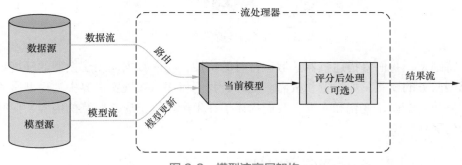

图 9.2　模型流高层架构

9.1.3 模型有效性的保证

一个有效的运行时将自动确保它执行的模型是有效的。此外，它还能确保模型、特征提取器和其他组件是同步的。它必须在每次启动 Web 服务或流应用时进行验证，并在运行时定期进行验证。正如 8.5 节所讨论的那样，每个模型的部署都应该包括 4 个资产：一个端到端集、一个置信度测试集、一个表现指标及其可接受值范围。

在以下两种情况下，模型不应该在生产环境中服务（如果正在运行，必须立即停止）：

- 至少有一个端到端测试的样本没有得到正确的评分；
- 根据置信度测试集样本计算的度量值不在可接受范围内。

9.1.4 易于恢复

有效的运行时可以回滚到以前的版本，从而轻松恢复错误。

从不成功的部署中恢复，应该和部署一个更新模型的方式相同，并且一样简单。唯一不同的是，部署的不是新模型，而是以前的工作版本。

9.1.5 避免训练/服务偏离

强烈建议避免使用两个不同的代码库，一个用于训练模型，一个用于生产环境中的评分。当涉及**特征提取**时，即使是两个版本的特征提取器代码之间的微小差异，也可能导致模型表现不理想或不正确。

工程团队可能出于许多原因而重新实现生产中的特征提取器代码。最常见的是，数据分析师的代码效率低下或与生产生态系统不兼容。

因此，运行时应该允许轻松访问特征提取代码，以满足各种需求，包括模型再训练、临时模型调用和生产。一种实现方式是将特征提取对象包装成一个独立的Web服务。

如果你无法避免使用两个不同的代码库来生成训练和生产环境的特征，那么运行时应该允许记录生产环境中生成的特征值。然后，这些值应该被用作训练值。

9.1.6 避免隐藏反馈环路

4.12节中介绍了一个**隐藏反馈环路**（**hidden feedback loop**）的例子。模型 m_B 将模型 m_A 的输出作为其特征，而不知道模型 m_A 也将模型 m_B 的输出作为其特征。

另一种隐藏反馈环路只涉及一个模型。假设我们有一个模型，可以将收到的邮件信息分类为垃圾邮件或非垃圾邮件。假设用户界面允许用户将邮件标记为垃圾邮件或非垃圾邮件。显然，我们希望使用这些标记的邮件来改进我们的模型。但这样做，我们有可能会创建一个隐藏反馈环路，这是为什么呢？

在我们的应用中，用户只有在看到一封邮件时才会将其标记为垃圾邮件。然而，用户只看到我们的模型分类为非垃圾邮件的消息。而且，用户也不可能定期查看垃圾邮件文件夹，将一些邮件标记为非垃圾邮件。所以，用户的行动受到我们模型的显著影响，这使得我们从用户那里得到的数据是偏离的：我们影响了我们学习的现象。

为了避免偏离，将一小部分样本标记为"留出"，在不预先应用模型的情况下，将所有的样本展示给用户。然后只用这些"留出"的样本作为额外的训练样本，包括那些用户没有反应的样本。

在更普遍的情况下，一个模型可以间接影响用于训练另一个模型的数据。假设一个模型决定显示书籍的顺序，而另一个模型决定在每本书附近显示哪些评论。如果第一个模型将某本书的评论放在列表底部，那么用户对第二个模型的评论没有反应可能是由于它在页面上的位置较低，而不是评论的质量造成的。

9.2 模型服务模式

机器学习模型是以批量模式或按需模式提供服务的。按需模式下，一个模型可以提供给人类客户或机器。

9.2.1 批量模式服务

当一个模型应用于大量输入数据时，通常是以批量模式提供服务。例如，模型被用来彻底处理一个产品或服务的所有用户的数据。或者，当它系统地应用于所有传入的事件时，如推文，或在线出版物的评论。与按需模式相比，批量模式更节省资源，如果可以容忍一些延迟，就会采用批量模式。

在批量模式下服务时，模型通常一次接受 100 ~ 1 000 个特征向量。为了速度，请通过实验来找到最佳批量大小。典型的大小是 2 的幂，如 32、64、128 等。

批量的输出通常保存到数据库中，而不是将它们发送给特定的消费者。你可以使用批量模式：

- 生成每周向音乐流媒体服务的所有用户推荐新歌的列表；
- 将网上新闻文章和博客文章的新增评论分为垃圾帖和非垃圾帖；
- 从搜索引擎索引的文档中提取命名实体，等等。

9.2.2 对人按需服务

模型对人**按需服务**（**on demand**）的 6 个步骤如下。

（1）验证请求。

（2）收集上下文。

（3）将上下文转化为模型输入。

（4）将模型应用于输入，并得到输出。

（5）确保输出有意义。

（6）将输出呈现给用户。

在生产环境中，针对用户的请求运行一个模型之前，可能需要验证该用户是否拥有这个模型的正确权限。

上下文（**context**）代表了向机器学习系统发送请求时用户的情况，并且用户收到的系统响应也在这个上下文中。

用户可以显式或隐式地向机器学习系统发送请求。显式请求的例子是，一个音乐流媒体服务的用户请求推荐与某首歌曲相似的歌曲。与之不同，隐式请求是由一个直接的消息应用程序发送的，要求对用户最近收到的消息进行建议性回复。

好的上下文可能是在实时或接近实时的时间内收集的。它将包含特征提取器所需的信息，用于生成模型所期望的所有特征值。它还包含足够的信息用于调试，它也足够紧凑以便保存在日志中，并且包含一些信息，用于随着时间的推移来改进模型。

我们来看看几个问题的好上下文的例子。

设备故障

在检测设备故障时，好上下文包含振动和噪声水平、设备执行的任务、用户ID、固件版本、自从制造和最后一次维护以来经过的时间、自从制造和最后一次维护以来的使用次数。

急诊室住院

要决定新病人是否应该住进重症监护室，好上下文包括年龄、血压、体温、心率、血氧饱和度、全血细胞计数、化学检查、动脉血气检测、血液酒精含量、病史和妊娠。

信用风险评估

要对信用卡申请做出批准或拒绝的决定，好上下文包括年龄、教育程度、就业状况、国家居住状况、年薪、家庭状况、未偿还的债务、是否有其他信用卡、是否是房主或租户、是否宣布破产，以及是否和多少次错过了过去的信用付款。即使某些信息不需要用于特征提取，但对日志和调试来说，这些信息仍然是相关的：客户的 ID、日期和时间。

广告展示

为了决定是否应该向网站用户显示特定的广告，好上下文将包括网页标题、用户在网页上的位置、屏幕分辨率、网页上的文本和用户可见的文本、用户如何到达网页以及在网页上花费的时间。为了记录和调试的目的，上下文可能包括浏览器版本、操作系统版本、连接信息以及日期和时间。

特征提取器将上下文转化为模型输入。有时，特征提取器是机器学习**流水线**的一部分，正如在 5.4 节中讨论的那样。然而，通常将特征提取器作为一个单独的对象来构建。

当评分的结果要提供给人类客户时，它很少直接呈现。通常情况下，评分代码会将模型的预测转化为一种更容易解释的形式，从而为客户提供增值服务。

在将模型提供给人类客户之前，通常要测量预测的置信度分数。如果置信度很低，你可以决定不呈现任何东西：用户往往对他们没有看到的错误不那么在意。或者，如果用户期待一个输出，就告知他们置信度很低。然后提示："你确定吗？"

如果系统可能会根据预测启动一个动作，提示就显得尤为重要。如果你能够估计出错误可能的成本，若预测置信度的边界是（0，1），那么用成本乘以（1−置信度），就可以看到做出错误动作可能带来的影响。例如，假设估算出犯错成本为 1 000 美元，模型输出的置信度分数等于 0.95，那么**预期错误成本（expected error cost）**值是（1 − 0.95）×1 000=50 美元。对于模型建议的不同操作，你可以给预期成本设置一个阈值，如果预期成本高于阈值，就提示用户。

除了测量模型的置信度外，还要计算预测值是否合理。在 9.3 节将进一步详细说明如果输出无意义，应该检查什么，以及系统的反应是什么。

记录模型的上下文以及用户的反应是很方便的。这既可以帮助调试最终的问题，也可以通过创建新的训练样本来改进模型。

9.2.3 对机器按需服务

虽然构建一个 REST API 适用于许多情况，但我们经常用流来对机器服务。事实上，一台机器的数据需求通常是标准的、预先确定的。一个设计良好、固定拓扑的流式应用可以有效地利用可用资源。

　　按需服务，无论是对机器还是对人，都可能很棘手。需求可能变化很大，白天很高，而晚上很低。如果你在云中使用虚拟资源，**自动缩放**可以帮助你在需要时添加更多资源，然后在需求减少时释放它们。然而，自动缩放不够灵活，无法应对意外的峰值。

　　为了应对这种情况，按需架构包括一个**消息代理**（message broker），如**RabbitMQ** 或 **Apache Kafka**。消息代理允许一个进程在队列中写入消息，另一个进程从该队列中读取消息。按需请求被放在输入队列中。模型运行时进程定期连接到消息代理。它从输入队列中读取一批输入数据元素，并以批量模式为每个元素生成预测。然后，它将预测写到输出队列中。另一个进程周期性地连接到消息代理，从输出队列中读取预测，并将它们推送给发送请求的用户（见图9.3）。除了让我们能够应对需求高峰之外，这样的方法也更节省资源。

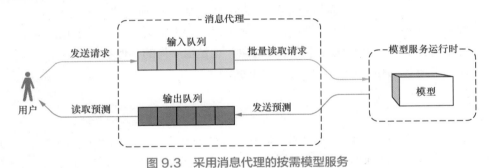

图 9.3　采用消息代理的按需模型服务

9.3　现实世界中的模型服务

　　当真实的人在现实世界中与软件系统交互时，提供模型服务会变得复杂。通常不可能预测所有用户的行动和反应。面向真实世界的软件系统的架构必须为三种现象做好准备：错误、变化和人性。

9.3.1　为错误做好准备

　　在任何软件中，错误都是不可避免的。在基于机器学习的软件中，错误是解决方案的一个组成部分：没有一个模型是完美的。因为我们无法修复所有的错误，唯一的选择就是拥抱错误。

　　拥抱错误意味着以这样的方式设计软件系统：当错误发生时，系统继续正常运行。

如下 3 个"不能"是我们必须接受和拥抱的。

- 我们不能每次都找到发生错误的原因。
- 我们不能可靠地预测它何时发生，即使是高置信度的预测也可能是错误的。
- 我们不能每次都知道如何修复一个特定的错误。如果可以修复，需要什么样的训练数据？需要多少？

此外，当错误发生时，我们不能总是期望错误的预测至少会与正确的预测接近或相似。错误可能任意"狂野"。例如，一个自动驾驶汽车的模型，在没有障碍物、以 120km/h 的速度行驶时，可能会预测最好的行动是停止并向后开。

上下文的微小变化可能会导致意想不到的错误模式。例如，识别工厂车间危险情况的模型可能会在更换摄像头附近的灯泡后开始出错。之前的灯泡是白炽灯，而新灯泡是荧光灯。

如果用户数量很大，即使是罕见的错误也可能影响到用户。假设模型有 99% 的准确率。如果你有 100 万用户，1% 的预测错误会影响到成千上万的用户。

修复模型中的一个错误会导致新的错误，这是很罕见的，但不能保证不会发生。

在不可避免的错误面前，如何设计系统？

9.3.2　处理错误

首先，要有一个策略，至少部分地减轻你的系统看起来或表现得"愚蠢"的情况。例如，如果你的系统与用户对话，就像个人助理或聊天机器人一样，说"我不知道"比随意说一些话要好。如果错误会被用户直接看到，就像上面讨论的那样，**计算**错误的预期成本（**expected cost of the error**），如果成本高于阈值，就不要向用户显示预测结果。

另外，训练第二个模型 m_B 来预测，第一个模型 m_A 可能在某个输入上出错。如果模型 m_A 用于关键任务系统中，那么"保障"模型 m_B 的存在就显得尤为重要。

错误的可见性是决定是否隐藏错误以及如何隐藏的一个重要因素。例如，考虑一个从互联网上下载网页并从中提取一些实体的系统。假定用户有兴趣在检测到某种实体时得到提醒。该模型可能犯两种错误：①提取了一个实体，即使文档中不包含它（假正例，FP）；②没提取文档中存在的实体（假负例，FN）。当前一种错误发生时，用户会收到一个不相关的警告，并感到沮丧。如果是后一种错误，用户不会收到任何警报，并不知道错误，避免了挫折感。在这种情况下，你可能更倾向于通过保持合理的高**查全率**来优化模型的**查准率**。

训练一个模型时，决定你最想避免哪种错误，然后相应地优化超参数，包括预测阈值。

如果对最佳预测的信心很低，你可以考虑呈现几个选项。这就是谷歌一次呈现 10 个搜索结果的原因。在这 10 个搜索结果中，最相关的链接出现在这 10 个搜索结果中的概率要比出现在第一个位置的概率高得多。

另一个避免用户对模型错误产生挫败感的方法是，增加用户接触模型的机会。测量你的模型所犯的错误数量，并估计用户可以容忍每分钟（每天、每周或每月）有多少错误。然后限制用户与模型的交互，以保持感知错误的数量低于该水平。

对于发生了错误并且可能已经被感知到的情况，请添加让用户报告错误的可能性。收到报告后，记录模型使用的上下文，以及模型的预测。向用户解释会采取什么行动来防止未来发生类似错误。

合适的做法是测量用户对系统的参与度，记录所有的交互，然后对可疑的交互进行离线分析。这包括：

● 用户与系统的互动是否比以前少；
● 用户是否忽略了某些建议；
● 用户在各种设置中是否花了足够的时间。

为了进一步减少错误的负面影响，如果系统允许，给用户提供一个选项，撤销系统建议的操作。如果可能，将这个选项扩展到系统代表用户执行的所有自动操作。

代表用户行动的软件应用程序必须特别限制其可能的行动。回想一下，机器学习模型的错误可能是任意"狂野"的，就像自动驾驶汽车的例子，它可以突然决定向后开。在其他涉及健康、安全或金钱的关键场景中，如在拍卖中竞价或开药，必须谨慎行事。如果模型预测买入或卖出的股票数量超过了移动平均线加一个标准差，那么最好发出警报，并将原本"自动"的行动暂停。如果模型预测给病人提供不合理的高剂量药物，或者将车速改变为大大高于或低于平时的数值，同样的逻辑也应该适用。

如果你的系统可以自动拒绝模型预测，除了通知用户失败外，最好还能实施一些后备策略（见图 9.4）。一个不那么复杂的模型或一个手工打造的启发式方法可以作为后备策略。当然，后备策略的输出也应该经过验证，如果看起来不合理，也应该被拒绝。在这种情况下，应该向用户发送一条错误信息。

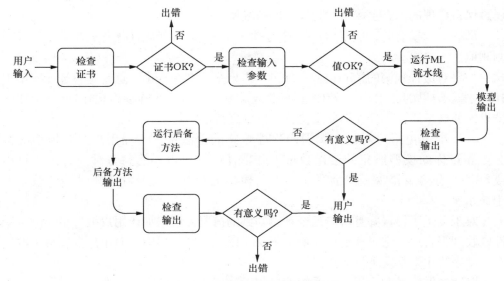

图 9.4　真实世界模型服务流程图

9.3.3　做好准备，应对变化

基于机器学习的系统，其表现通常会随着时间的推移而变化。在某些应用中，它可以近乎实时地变化。

模型变化的类型有如下两种。

- 其质量可能变得更好或更差。
- 对一些输入的预测可能变得不同。

模型表现随着时间的推移而下降的一个典型原因是**概念漂移**，这在 3.2.6 节中已探讨过。什么是正确预测的概念可能会因为用户的喜好和兴趣而改变。这就需要重新训练模型，使用最近标注的数据。

有些变化可能被用户认为是积极的。有时，从工程的角度来看，即使系统的表现得到了改善，这种变化也可能被看成是负面的。你可能已经添加了训练样本，重新训练了模型，并观察到了一个更好的表现指标值。然而，通过添加新的数据，你不自觉地诱发了数据不平衡。一些类现在代表性不足。对这些类的预测感兴趣的用户看到表现下降，并抱怨甚至放弃你的系统。

用户变得习惯某些行为。他们可能知道向搜索引擎提交怎样的查询才能得到一个经常使用的文档或一个网络应用。对目的来说，那个查询不一定是最优化，但它是有效的。假设你改进了搜索结果排名算法的相关性。现在那个查询没有返回那个特定的文档或应用，或者把它放在搜索结果的第二页。用户无法再轻松找到曾经找到的资源，并感到沮丧。

如果你预计用户可能会对这种变化产生负面的看法，请给他们时间去适应。教育用户了解变化以及对新模式的期望。或者，可以通过逐步引入变化来完成。你可以将旧模型和新模型的预测混合起来，慢慢降低旧模型的比例。或者，你可以同时运行新模型和旧模型，在一段时间内允许用户切换到旧模型，然后再撤掉它。

9.3.4　做好准备，应对人性

人性是使有效的系统工程成为一项艰难的工作的原因。人是不可预测的，往往是非理性的，不一致的，并且有不明确的期望。一个可靠的软件系统必须预见到这一点。

避免困惑

系统的设计必须让用户在与系统交互时不会感到困惑。一个模型的输出必须以直观的方式提供，而不假设用户对机器学习和人工智能有任何了解。事实上，许多用户会假设他们使用典型的软件工作，并在看到错误时很惊讶。

管理预期

另外，有些用户会有过高的期望。一个主要原因是广告。为了吸引眼球，基于机器学习的产品或系统往往会在广告中被展示为"智能"。例如，苹果 Siri、谷歌 Home 和亚马逊 Alexa 等个人助理经常在广告中被展示为具有人类智能。事实上，任何基于机器学习的系统在仔细选择输入时，都可能看起来非常智能。用户可以看到这样的广告，并将他们所看到的外推到一些情况，而系统的设计在这些情况下不能有效运作。

另一个常见的原因是，用户期待一些精彩的东西（即使没有得到承诺），因为他们曾使用过一个类似的（在他们的理解中）系统，这个系统在他们看来"非常智能"。这样的用户会期望你的系统具有同样的"智能"水平。

获得信任

有些用户，特别是有经验的用户，如果知道任何系统包含一些"智能"，就会不信任它。这种不信任的主要原因是过去的经验。大多数所谓的智能系统都无法交付，正因为如此，一些用户在第一次接触你的系统时，就会预期失败。

因此，你的系统必须获得每个用户的信任，而这一点必须尽早完成。

一个有"智能"系统经验的用户，很可能会对系统的能力进行几次简单的测试。

如果系统出现故障，用户就不会信任它。例如，如果你的系统是一个搜索引擎，那么用户会查询自己的名字或者自己撰写的文档来测试你的系统。或者，如果你的系统为企业客户提供关于组织机构的情报，用户会检查你的系统对他们的组织机构了解多少，以及这些情报是否有意义。自动驾驶汽车的司机很可能会测试"启动引擎""跟随那辆车""保持当前速度"或"停在那条街上"等命令。根据服务的性质，你应该预见到这种简单的测试，并确保你的系统能通过这些测试。

管理用户疲劳

用户疲劳（user fatigue）可能是你看到用户对系统兴趣下降的另一个原因。要确保系统不会因为推荐或请求批准而过度打断用户体验。避免一次性展示所有你要展示的东西。只要有可能，就让用户明确表达他们的兴趣。

此外，并不是所有系统可以自动处理的动作都要这样处理。例如，如果系统自动处理用户与其他人的互动，它可能会将私人或受限制的数据以电子邮件回复的方式发送，或将其发布到开放论坛。在代表用户进行分享之前，评估信息的敏感性是有意义的。请使用一个经过训练的模型来检测这种潜在的敏感文本和图像。另一个极端是，系统可能过于保守，自动过滤掉相关信息，或者要求用户确认太多决定，这可能会导致用户疲劳。

小心潜变因子

当用户与机器学习系统交互时，有一种现象被称为潜变因子（creep factor）。这是指用户认为模型的预测能力太高。用户会感到不舒服，特别是当预测涉及他们非常隐私的细节时。确保系统不会让人觉得是"老大哥"，也不会承担太多责任。

9.4　模型监测

已部署的模型必须不断受到监测。监测有助于确保：
- 模型是正确服务的；
- 模型的表现保持在可接受的范围内。

9.4.1　什么会出问题

监测的目的应该是对生产环境中模型的问题提供早期预警。更具体地说，这包括：
- 用于更新模型的新的训练数据使模型表现更差；
- 生产环境中的实时数据发生了变化，但模型没有变化；

- 特征提取代码大幅更新，但模型没有相应调整；
- 生成特征所需的资源发生了变化或变得不可用；
- 模型被滥用或受到对手攻击。

额外的训练数据并非总是好的。**贴标员**可能错误地解释了标注指令。或者，一个贴标员的决定可能与另一个贴标员相矛盾。为改进模型而自动收集的数据可能有偏差。例如，原因可能是 9.1.6 节中探讨的隐藏反馈环路或 3.2 节中讨论的**系统值失真**（systematic value distortion）。

有时，生产环境中数据的属性逐渐发生变化，但模型并没有相应调整。它仍然基于旧的数据，而旧的数据已经没有代表性。其中一个原因就是 9.3 节中讨论的**概念漂移**。

软件工程师可能修复了特征提取代码中的一个错误，并在生产环境中更新了特征提取器。但如果工程师没有同时更新生产模型，其表现可能会发生不可预知的变化。

即使特征提取和模型是同步的，但某些资源（数据库连接、数据库表或外部API）的消失或改变，也可能影响该特征提取器生成的一些特征。

一些模型，尤其是部署在电商和媒体平台的模型，经常会成为对抗性攻击的目标。不良行为者，如不公平的竞争对手、欺诈者、犯罪分子和外国政府，可能会主动寻找模型中的弱点，并据此调整他们的攻击。如果你的机器学习系统从用户的行为中学习，那么一些人可能会采取行动改变模型行为以获利。

此外，攻击者可能想通过研究训练过的模型，以便获得关于模型训练数据的信息。这些训练数据可能包含了个人和组织的机密信息。

另一种形式的滥用可能是最难预防的，那就是模型的**双重用途**（dual use）。与任何软件一样，机器学习模型可以用于好的方面（如你所愿），也可以用于坏的方面（通常未经你同意）。例如，你可能创建并公开发布一个模型，使一个人的声音听起来像卡通人物。欺诈者可能会改编你的结果，伪造银行客户的声音，并代表他们执行电话交易。另外，你也可以创建一个能识别街上行人的模型。一个自动武器制造商可能会用你的模型来检测战场上的人。

9.4.2 监测的内容和方法

监测必须使我们能够确保模型在应用于**置信度测试集**时产生合理的表现指标。该集应定期用新数据更新，以避免可能的**分布偏移**。此外，必须定期对**端到端集**的样本进行模型测试。

尽管很明显，准确率、查准率和查全率是监测的好候选指标，但有一个指标对于测量随时间的变化特别有用：预测偏差（prediction bias）。

在一个没有任何变化的静态世界中，预测类的分布将大致等于观察类的分布。如果模型是良好校准的，这一点尤其正确。如果你观察到的情况不是这样，那么模型就会表现出预测偏差。后者可能意味着训练数据标签的分布和生产环境的当前类分布现在是不同的。你必须调查这种变化的原因，并进行必要的调整。

监测可以让我们对废弃或重新使用的数据源保持警惕。一些数据库列可能会停止被填充。一些列中数据的定义或格式可能会发生变化，而未相应调整的模型仍然假设以前的定义和格式。为了避免这种情况，必须监测从数据库表中提取的每个特征值的分布是否有明显的偏移。特征值和预测值的分布的偏移可以通过应用统计检验来检测，如卡方独立性检验（Chi-square independence test）和柯尔莫诺夫-斯米尔诺夫检验（Kolmogorov-Smirnov test）。如果检测到显著的分布偏移，必须向利益相关者发出警报。

还应监测模型的数值稳定性（numerical stability）。如果观察到 NaN（非数字）或无穷大，应触发警报。

监测机器学习系统的计算性能很重要。剧烈的和缓慢泄露的回归应该被检测到，并且必须发出警报。

如果使用量波动看起来很可疑，要监测并发送警报。特别是如下这些情况。

- 监测一小时内的模型服务数量，并与一天前计算的相关值进行比较。如果数量变化了30%或更多，则向利益相关者发送警告警报。这个阈值必须根据你的使用场景进行调整，以避免产生过多的警告。
- 监测每天的模型服务数量，并将它与一周前计算的相应的值进行比较。如果数字变化了15%或更多，则向利益相关者发出警告警报。根据你的使用场景调整数值。

监测这些数字有助于检测不希望的变化：

- 最小和最大预测值；
- 在给定的时间范围内，中位数、平均值和标准差预测值；
- 调用模型API时的延迟；
- 在进行预测时，内存消耗和CPU使用情况。

此外，为了防止分布偏移，监测自动化必须：

（1）在一定时间段内随机将一些输入保存在一边，进行积累；

（2）将这些输入送去贴标签；

（3）运行模型，计算表现指标值；

（4）如果表现严重下降，提醒利益相关者。

推荐系统（recommender system）需要额外的监测。这些模型向网站或应用程序用户提供推荐。监测点击率（CTR）可能很有用，即点击推荐的用户与接受该模型推荐的总用户数之比。如果 CTR 在下降，必须更新模型。

需要注意，对于指标的微小变化，是过于保守还是频繁提醒利益相关者，这是较为棘手的折中。如果你过于频繁地提醒，人们可能会厌倦收到提醒，最终会开始忽略它们。在无关任务成败的情况下，允许利益相关者定义自己的阈值来触发警报，这是合适的。

要记录监测事件，使整个过程可追溯。为了进行可视化的模型表现分析，监测工具的用户界面应该提供趋势图，显示模型退化如何随时间演变。

监测工具的属性之一应该是能够计算和可视化数据切片的指标。切片是数据的一个子集，它只包括特定属性具有特定值的样本。例如，一个切片可以只包含州属性为佛罗里达的样本；另一个切片可能只包含女性的数据，等等。模型的退化可能只在一些切片中观察到，但在其他切片中仍然不明显。

除了实时监测，还必须记录这样的数据，它们：

- 可能有助于找到问题的根源；
- 不可能实时分析；
- 有助于改进现有模型或训练新模型。

9.4.3　记录什么日志

重要的是记录足够的信息，以便在未来的分析中重现任何不稳定的系统行为。如果模型是提供给前端用户的，比如网站访问者或移动应用用户，那么值得保存用户在模型服务时的上下文。如 9.2 节所述，上下文可能包括：网页的内容（或应用程序的状态）、用户在网页上的位置、时间、用户来自哪里，以及他们在模型预测服务之前点击了什么。

此外，在日志中包括模型输入，即从上下文中提取的特征，以及生成这些特征所花费的时间，这也是有用的。

日志还可以包括：

- 模型的输出，以及生成它所花的时间；
- 当用户观察到模型的输出后，他们的新上下文；
- 用户对输出的反应。

用户的反应是在观察到模型输出后紧接着的行动：点击了什么，以及在输出服务后多少时间。

在有数千名用户的大型系统中，模型每天要为每个用户提供数百次服务，记录每一个事件可能会让人望而却步。进行**分层采样**会更实用。首先决定要记录哪些事件组，然后只记录每组中一定比例的事件。这些组可以是用户组，也可以是上下文组。用户可以按年龄、性别或服务的级别（新客户与长期客户）进行分组。上下文的分组可以是清晨、工作日和深夜的交互。

当你在日志中存储用户的活动数据时，用户应该知道数据存储的内容、时间和方式，以及存储多久。如果可能，应在不损失效用的情况下对数据进行匿名化或汇总。对敏感数据的访问必须仅限于在特定时间段内被指派解决特定问题的人员。避免让任意分析师访问敏感数据来解决不相关的业务问题。这可能导致法律问题。

确保用户可以选择取消对其活动数据的记录和分析。不同的数据保留政策将适用于不同的国家。关于公民的信息哪些可以存储，哪些可以用于分析，每个国家都有自己的限制。

9.4.4　监测滥用情况

有些人或组织机构可能会将你的模式用于自己的业务。这样的用户可能每天会发送数百万个请求，而一个典型的用户只会发送十几个请求。另外，有些用户可能想对训练数据进行逆向工程，或者学习如何让模型产生他们希望的输出。

防止这种滥用的方法包括：

- 让用户按请求付费；
- 在响应请求之前，产生越来越长的停顿；
- 甚至屏蔽一些用户。

为了达到自己的商业目标，一些攻击者可能会试图操纵你的模型。攻击者可能会提交改变模型的数据，而这些数据只对攻击者有利。因此，模型的整体质量可能会降低。

防止这种滥用的方法包括：

- 不信任一个用户的数据，除非类似数据来自多个用户；
- 给每个用户分配一个信誉分，不相信从低信誉的用户那里获得的数据；
- 将用户行为分为正常或异常，不接受来自表现出异常行为的用户的数据。

攻击者会试图通过调整他们的行为来绕过你的防御。为了有效地防御你的系统，要定期更新你的模型。添加新的数据和新的特征，以检测欺诈性交易。

9.5 模型维护

大多数生产环境的模型必须定期更新。更新速度取决于如下几个因素。

- 它出错的频率以及错误的严重程度。
- 模型应该有多"新鲜"才有用。
- 新的训练数据多快可以获得。
- 重新训练一个模型需要多少时间。
- 部署模型的成本有多高。
- 模型更新对产品和用户目标的实现有多大贡献。

在本节中，我们将讨论模型维护：在模型部署到生产环境中后，何时以及如何更新模型。

9.5.1 何时更新

模型第一次部署到生产环境中时，它往往远非完美。不可避免，模型会出现预测错误。其中一些错误可能非常关键，所以模型需要更新。随着时间的推移，一个模型可能会变得更加稳固，需要更新的次数也会减少。但是，有些模型应该不断地更新，可以说，永远是"新鲜"的。

模型新鲜度（model freshness）取决于业务需求和用户的需求。电子商务网站上的推荐人模型必须在每次购买后更新。如果用户利用模型来获取新闻网站上的推荐内容，模型可能需要每周更新一次。与之不同，语音识别或合成、机器翻译等模型的更新频率可以低一些。

新训练数据的提供速度也会影响模型的更新速度。即使新数据来得很快，比如热门网站上的评论流，也可能需要时间，需要大量的投资才能得到有标签数据。有时，标记是自动的，但会延迟，比如在**客户流失预测**中，用户继续使用或离开服务的决定发生在很久以后。

一些模型的建立需要大量的时间，尤其是需要**超参数搜索**（hyperparameter search）的时候。等待几天甚至几周才能得到新版本的模型是很常见的。使用可并行化的机器学习算法和图形处理单元（GPU）来加快训练速度。现代的库，如 **thundersvm** 和 **cuML**，允许分析师在 GPU 上运行浅层学习算法，并在训练时间上有显著的提升。如果你无法承受等待数天或数周的时间来获得更新的模型，使用一个不太复杂（因此不太准确）的模型可能是你唯一的选择。

如果更新的成本很高，你可能会决定减少更新模型的频率。例如，在医疗保健领域，由于法规、隐私关注和昂贵的医学专家，获得有标签样本是复杂而昂贵的。

不是所有的模型都值得部署。有时，与用户可能的挫折感相比，潜在的表现提升并不值得。然而，如果用户的干扰是可控的，而且部署成本不高，从长远来看，即使是很小的改进也可能会带来显著的业务成果。

9.5.2 如何更新

如上所述，软件最好支持在不停止整个系统的情况下部署新的模型版本。在虚拟或容器化的基础架构中，可以通过替换存储库中的虚拟机（VM）或容器的映像，逐步关闭 VM 或容器，并让自动缩放器从更新的映像中实例化一个 VM 或容器，从而实现这一点。

机器学习部署和维护自动化的架构如图 9.5 所示。在这里，我们有三个存储库：数据、代码和模型，这三个存储库都是有版本的。我们还有两个运行时：模型训练和生产环境。模型在生产环境运行时中运行，该运行时是负载均衡和自动缩放的。当需要更新模型时，模型训练运行时分别从数据库和代码库中提取训练数据以及模型训练代码。然后，它训练新的模型，并将它保存在模型库中。

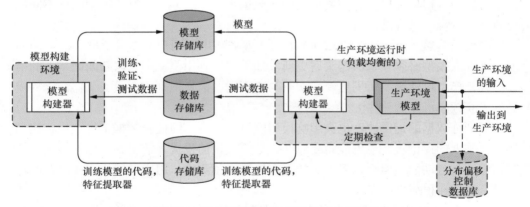

图 9.5 机器学习部署和维护自动化的架构

一旦新版本的模型放入库中，生产环境的运行时就会拉：

● 新模型，来自模型库；

● 测试数据，来自数据存储库；

● 将模型应用到测试数据的代码，从代码库中取出。

如果新模型通过了测试，旧模型就会从生产中撤出。如 8.4 节中所讨论的那样，它将被新的模型所取代，并采用适当的部署策略。**A/B 测试（A/B testing）** 或多臂老虎机算法可以帮助做出替换决策。

分布偏移控制数据库积累了模型收到的输入，以及它们的评分结果。一旦积累了足够多的样本，这些数据就会被送给人类进行验证[1]，目的是检测分布偏移。

在**模型流**方案中，模型更新发生在流处理器的状态更新时（见 9.1.2 节和图 9.2）。

在采用**消息代理**架构的**按需模型服务**中，模型更新与模型流的更新类似（见 9.2.3 节和图 9.3）。

图 9.6 展示了一个基于消息代理的架构，它不仅可以为模型服务并更新模型，而且在循环中包含了一个人类**贴标员**。贴标员接收无标签样本，对其中的一些样本进行采样，为采样的样本分配标签，并将注释的样本发回给消息代理。模型训练模块从队列中读取有标签样本。当它们的数量足以明显更新模型时，就会训练一个新的模型，将它保存在模型库中，并将"模型准备好了"的消息发送给代理。一个模型服务过程会从存储库中提取新的模型版本，并舍弃当前模型。

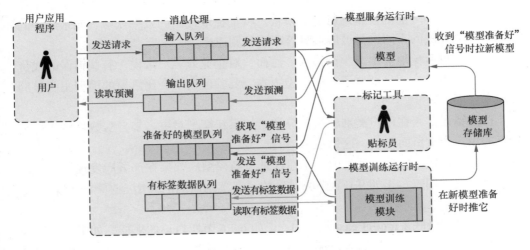

图 9.6 采用消息代理的按需模型服务和更新

让我们概述一下成功的模型维护的一些额外的注意事项。

许多公司使用持续集成工作流，一旦有新的训练数据，就会自动训练模型。建议使用整个训练数据从头开始重新训练模型，而不是只在新的样本上对现有模型进行微调。

1　或交给比模型更精确的自动化工具，但该工具不能在生产中部署（如太脆弱、成本高或速度慢）。

对于每个训练样本，建议存储贴标员的身份。此外，将用于在生产数据库中生成特定值的模型版本，附加到该值上。如果发现版本模型有问题，知道它生成了哪些数据库值，就可以只对这些特定值进行重新处理。

如果一个模型经常被重新训练，那么在配置系统中保存工作流的超参数是很方便的。对于一个好的配置系统，谷歌有以下几个建议[1]。

- 应该很容易指定一个配置是对以前配置的改变。
- 应该很难出现人工错误、遗漏或疏忽。
- 应该很容易直观地看到两个模型之间的配置差异。
- 应该很容易自动断定和验证配置的基本事实：使用的特征数量、数据依赖性等。
- 应能检测出未使用或多余的设置。
- 配置应该经过全面的代码审查，并检入一个存储库中。

确保运行时环境有足够的硬盘空间和内存来更新模型。不要指望旧模型和新模型只在表现上有差别。要准备好新模型比以前的模型大得多的情况。同样，也不要指望新模型会和之前的模型运行得一样快。特征提取代码的效率低下、流水线中的额外阶段或算法的不同选择可能会显著影响预测速度。

模型不可避免地会出现预测错误。然而，对企业或客户来说，有些错误的代价比其他错误更大。一旦部署了新的模型版本，要验证它不会比之前的模型犯明显的高成本错误。

检查错误是否在用户类别中均匀分布。如果新模型对更多来自少数群体或特定地点的用户产生负面影响，这是不希望的。

如果上述任何一项验证失败，不建议部署新模型。如果在部署后发现失败，请回滚，并启动调查。正如 9.1 节中所讨论的，回滚到以前的模型必须和部署新模型一样简单。

小心模型级联（**model cascading**）。正如 6.7.6 节所讨论的那样，如果一个模型的输出成为另一个模型的输入，那么改变一个模型将影响另一个模型的表现。如果你的系统使用了模型级联，请务必更新级联中的所有模型。

9.6　小结

一个有效的运行时具有以下特性。它是安全和正确的，确保了部署和恢复的方便性，并提供模型有效性的保证。此外，它还能避免训练/服务偏离和隐藏反馈

1　"Hidden Technical Debt in Machine Learning Systems" by Sculley et al (2015)。

环路。

机器学习模型的服务方式有批量模式和按需模式两种。在按需模式下，模型可以服务人类客户或机器。如果一个模型应用于大数据，并且可以容忍一些延迟，它通常以批量模式服务。

当对人按需服务时，模型通常被包装成一个 REST API。机器的数据需求通常是标准的、预设的，所以我们经常采用流式服务。

一个旨在为现实世界服务的软件系统的架构，必须为三种现象做好准备：错误、变化和人性。

部署在生产环境中的模型必须不断监测。监测的目标是确保模型的服务正确，模型的表现保持在可接受的范围内。

生产中的模型可能会出现各种各样的问题，特别是：

● 额外的训练数据使模型表现变差；
● 生产数据的属性发生了变化，但模型并没有改变；
● 特征提取代码被大幅更新，但模型没有相应调整；
● 生成特征所需的资源发生了变化，或变得不可用；
● 模型被滥用或受到对手攻击。

自动化必须计算对业务至关重要的表现指标值，如果这些指标值发生重大变化或低于阈值，则向相应的利益相关者发出警报。此外，监测必须揭示分布偏移、数值不稳定和计算性能下降的情况。

重要的是要记录足够的信息，以便在未来的分析中重现任何不稳定的系统行为。如果模型是服务于前端用户的，那么记录用户在模型服务时的上下文是很重要的。此外，日志包含模型的输入，也就是从上下文中提取的特征，以及生成这些特征所花费的时间，这也很有用。日志还可以包含从模型中获得的输出，以及生成输出所花费的时间，用户观察到模型的输出后的新上下文，以及用户对输出的反应。

有些用户可以利用你的模型作为自己业务的基础。他们可能会对训练数据进行逆向工程，或者学习如何"欺骗"你的模型。为了防止滥用：

● 不信任一个用户的数据，除非类似数据来自多个用户；
● 给每个用户分配一个信誉分，不相信从低信誉的用户那里获得的数据；
● 将用户行为分为正常或异常；
● 让用户按请求付费；
● 逐步延长停顿时间；
● 屏蔽一些用户。

大多数机器学习模型必须定期更新或偶尔更新。更新的速度取决于几个因素：

- 它出错的频率以及错误的严重程度；
- 模型应该有多"新鲜"才有用；
- 新的训练数据多快可以获得；
- 重新训练一个模型需要多少时间；
- 训练和部署模型的成本有多高；
- 模型更新对实现用户目标的贡献有多大。

在模型更新后，一个好做法是根据端到端测试集和置信度测试集中的样本来运行模型。重要的是要确保输出与之前相同，或者变化与预期相同。同样重要的是要验证新的模型不会比以前的模型产生明显更多的高代价错误。

还要检查错误是否均匀地分布在用户类别中。如果新模型对少数人或特定地点的用户产生了负面影响，那就不可取了。

第10章　结论

2020 年，机器学习已经成为解决业务问题的一个成熟和流行的工具。以前只有少数组织机构可以使用，被其他组织机构认为是"魔法"的东西，今天可以由一个典型的组织机构创建和使用。

得益于开源代码、众包、易于获取的书籍、在线课程和公开可用的数据集，许多科学家、工程师甚至居家爱好者现在都可以训练机器学习模型。如果走运，你的问题可以通过编写几行代码来解决，正如许多在线教程所演示的那样。

然而，在机器学习项目中，很多事情都可能出错。大多数无关于技术的成熟度或分析师对机器学习算法的理解。

机器学习教科书、在线教程和课程都致力于解释机器学习算法如何工作，以及如何将其应用于数据集。你的成功可能取决于其他因素。你能得到什么数据，是否能得到足够的数据，如何为学习做准备，设计了什么特征，解决方案是否可扩展、可维护，是否不能被攻击者操纵，是否不会犯代价高昂的错误——这些因素对一个应用机器学习项目来说要重要得多。

然而，尽管这些因素非常重要，但大多数现代机器学习书籍和课程往往将这些方面留给大家自学。有些只提供介绍了一部分，只是应用于解决一个具体的说明性问题。

这是一个重大的知识空白，我试图通过本书来填补这个空白。

10.1　学习收获

我希望读者读完这本书后有何收获？

首先，深刻理解所有机器学习项目都是独一无二的。没有任何一个配方是永远有效的。大多数时候，最大的挑战必须在你输入 `from sklearn.linear_model import LogisticRegression` 之前解决：你必须定义你的目标，选择基线，收集相关数据，给它贴上高质量的标签，并将标签数据转化为训练、验证和测试集。剩下的问题在你输入 `model.fit(X, y)` 后，通过应用误差分析，评估模型，验证它是否解决了问题，并且比现有的解决方案更好用。

经验丰富的分析师或机器学习工程师明白，并不是所有的问题（不论是业务问题还是其他问题）都可以用机器学习来解决。事实上，通过启发式方法、数据库中的查询或传统的软件开发，许多问题可以更容易解决。如果系统的每一个动作、决策或行为都必须提供解释，你可能不应该使用机器学习。除了极少数例外，机器学习模型都是黑盒子。它们不会告诉你为什么它们会做出这样的预测，也不会告诉你为什么它们今天没有预测到昨天预测的东西，也不会告诉你如何解决这些问题。

一方面，除非你能找到一个公共数据集和一个开源的解决方案刚好提供你所需要的东西，否则机器学习并不是最短时间内上市的正确方法。有时，训练和维护模型所需的数据太难获得甚至无法获得。

另一方面，训练数据可以通过使用过采样和数据增强来综合生成。当数据表现出不平衡时，这些技术经常被应用。

在你开始收集数据之前，请问这些问题：数据是否可访问、可相当大、可使用、可理解和可靠？好的数据包含足够的信息用于建模，对生产环境场景有很好的覆盖率和很少的偏差，足够大从而允许泛化，并且不是模型本身的结果。

或者你的数据是否包含高成本、偏差、不平衡、缺失属性及有噪声标签？在用于训练之前，必须保证数据质量。

机器学习项目的生命周期包括以下阶段：目标定义、数据收集和准备、特征工程、模型训练、评估、部署、服务、监测和维护。在大多数阶段，可能会出现数据泄露。分析师必须能够预测并防止它。

在数据准备好之后，特征工程是第二个最重要的阶段。对于一些数据，如自然语言文本，可以通过使用词袋等技术批量生成特征。然而，最有用的特征往往是利用分析师的领域知识手工打造的。设想你自己就是模型，让自己和模型融为一体。

好的特征具有很高的预测能力，可以快速计算，可靠且无修正。它们具有单元性，易于理解和维护。特征提取代码是机器学习系统中最重要的部分之一。它必须经过广泛和系统的测试。

最佳实践是扩展特征，将它们存储和记录在模式文件或特征商店中，并保持代码、模型和训练数据的同步。

你可以通过对现有的特征进行离散化，对训练样本进行聚类，对现有的特征进行简单的变换，或者将它们组合成对，来合成新的特征。

在开始研究一个模型之前，确保数据符合模式，然后将其分成三组：训练、验证和测试。定义一个可实现的表现水平，并选择一个表现指标。它应该将模型的表现归结为一个数字。

大多数机器学习算法、模型和流水线都有超参数。它们可以显著影响学习的结果。然而，这些不是从数据中学习的。分析师在超参数调整期间设置它们的值。特别是，调整这些值可以控制两个重要的折中：查准率-查全率和偏差-方差。通过改变模型的复杂度，你可以达到所谓的"解的区域"，即偏差和方差都相对较低的情况。优化表现指标的解通常是在解的区域附近找到的。网格搜索是最简单也是应用最广泛的超参数调整技术。

与其从头开始训练一个深度模型，不如从一个预训练的模型开始。使用预训练的模型来构建自己的模型被称为迁移学习。事实上，深度模型允许迁移学习是其最重要的特性之一。

训练深度模型可能很棘手。从数据准备，到定义神经网络拓扑结构，很多阶段都可能发生实现错误。建议从小开始。例如，使用高级库实现一个简单的模型。将默认的超参数值应用于放入内存的小型标准化数据集。一旦你有了第一个简单化模型架构和数据集，就暂时将训练数据集进一步缩小，缩小到一个小批次的大小。然后开始训练。确保你的简单模型能够过拟合这个训练小批次。

你的机器学习系统的表现可能会从模型堆叠中受益。理想情况下，用于堆叠的基础模型是从不同性质的算法或模型中获得的，例如随机森林、梯度提升、支持向量机和深度模型。许多现实世界的生产系统都是基于堆叠模型的。

机器学习模型的错误可以是均匀的，以相同的比例适用于所有使用场景，也可以是聚焦的，更高频地适用于某些使用场景。通过修复聚焦错误，你可以针对许多样本一次修复。

可以利用一个简单的迭代过程来完善模型。

（1）使用到目前为止确定的超参数的最佳值来训练模型。

（2）将模型应用于验证集的一个小子集来测试模型。

（3）在这个小的验证集上找到最频繁的误差模式。

（4）生成新的特征，或者添加更多的训练数据来修正观察到的误差模式。

（5）重复以上步骤，直到没有观察到频繁的误差模式。

在部署前必须仔细评估模型，并在部署后持续评估。当模型最初训练时，基于历史数据来执行离线模型评估。在线模型评估包括在生产环境中使用在线数据对模型进行测试和比较。两个流行的在线模型评估技术是 A/B 测试和多臂老虎机。它们允许我们确定新模型是否比旧模型更好。

一个模型可以按照以下几种模式部署：静态部署（作为可安装软件包的一部分），在用户的设备或服务器上动态部署，或者通过模型流。此外，还可以选择单一部署、静默部署、金丝雀部署和多臂老虎机等策略。每种模式和策略都有其优缺点，应该根据你的业务应用来选择。

算法效率也是模型部署的一个重要考虑因素。像 NumPy、SciPy 和 scikit-learn 这样的 Python 科学软件包是由有经验的科学家和工程师以效率为前提构建的。它们有很多方法是用 C 语言实现的，以达到最高效率。如果可以复用一个流行和成熟的库或包，就要避免编写自己的生产代码。为了提高效率，要选择合适的数据结构和缓存。

对于某些应用，预测速度至关重要。在这种情况下，生产代码用编译语言编写，如 Java 或 C/C++。如果数据分析师用 Python 或 R 建立了一个模型，那么生产部署有几种选择：用生产环境的编译编程语言重写代码，使用 PMML 或 PFA 等模型表示标准，或者使用 MLeap 等专门的执行引擎。

机器学习模型以批量或按需模式提供。在按需服务时，一个模型通常被包装成一个 REST API。服务机器通常是通过使用流式架构来完成的。

当一个软件系统暴露在现实世界中时，其架构必须准备好对错误、变化和人性做出有效的反应。一个模型必须不断监控。监控必须让我们能够确保模型被正确地服务，并且其表现保持在可接受的范围内。

记录足够的信息，以便在未来的分析中重现任何不稳定的系统行为，这是很重要的。如果模型是提供给前端用户的，那么在模型服务时保存用户的上下文是很重要的。

有些用户可能会试图滥用你的模型来达到自己的商业目的。为了防止滥用，不要相信来自一个用户的数据，除非类似的数据来自多个用户。给每个用户分配一个声誉分数，不要相信从声誉低的用户那里获得的数据。将用户的行为分为正常或异常，必要时对用户的行为实行逐步延长的暂停，或屏蔽一些用户。

通过分析用户的行为和输入数据，定期更新你的模型，使它更加健壮。之后，根据端到端测试集和置信度测试集运行新模型。确保输出与之前一样，或者变化与预期一样。验证新模型不会产生明显的更高成本的错误。确保错误均匀分布在各个用户类别中。如果新模型对来自少数群体或特定地点的大多数用户产生了负面影响，这是不可取的。

* * *

本书到此为止，但你的学习不会停止。机器学习工程是一个相对较新的软件工程领域。感谢在线出版物和开源，我相信在接下来的几年里，新的最佳实践、库和框架会出现，它们将 简化或巩固数据准备、模型评估、部署、服务和监控等阶段。

10.2 后续阅读

关于机器学习和人工智能的书籍有很多。在这里，我只给大家推荐几本。

如果你想在 Python 中获得实用机器学习的实践经验，有两本书：

- Aurélien Géron的*Hands-On Machine Learning with Scikit-Learn, Keras, and TensorFlow* (第2版) (O'Reilly Media, 2019)。
- Sebastian Raschka的*Python Machine Learning* (第3版) (Packt Publishing, 2019)。

对 R 来说，最好的选择是 Brett Lantz 的 *Machine Learning with R*（Packt Publishing, 2019）。如果想深入了解各种机器学习算法背后的底层数学，我推荐：

- Christopher Bishop的*Pattern Recognition and Machine Learning* (Springer, 2006)。
- Gareth James等人的*An Introduction to Statistical Learning* (Springer, 2013)。

要想更详细地了解深度学习，我推荐：

- Michael Nielsen的*Neural Networks and Deep Learning* (online, 2005)。
- David Foster的*Generative Deep Learning* (O'Reilly Media, 2019)。

如果你的雄心远超机器学习，想横扫整个人工智能领域，那么 Stuart Russell 和 Peter Norvig 编写的 *Artificial Intelligence: A Modern Approach*（第 4 版），（Pearson, 2020），也就是 AIMA，是你最好的选择。

10.3 致谢

如果没有编辑志愿者的工作，本书的高质量是不可能的。我特别感谢以下读者作出的贡献：Alexander Sack、Ana Fotina、Francesco Rinarelli、Yonas Mitike Kassa、Kelvin Sundli、Idris Aleem 和 Tim Flocke。

感谢科学顾问 Veronique Tremblay 和 Maximilian Hudlberger 对模型评估章节的审查和修正。感谢 Cassie Kozyrkov，感谢她的细心和批判性的眼光，使统计测试部分得以加强。

感谢其他出色的人的帮助：Jean Santos、Carlos Azevedo、Zakarie Hashi、Tridib Dutta、Zakariya Abu-Grin、Suhel Khan、Brad Ezard、Cole Holcomb、Oliver Proud、Michael Schock、Fernando Hannaka、Ayla Khan、Varuna Eswer、Stephen Fox、Brad Klassen、Felipe Duque、Alexandre Mundim、John Hill、Ryan Volpi、Gaurish Katlana、Harsha Srivatsa、Agrita Garnizone、Shyambhu Mukherjee、Christopher

Thompson、Sylvain Truong、Niklas Hansson、Zhihao Wu、Max Schumacher、Piers Casimir、Harry Ritchie、Marko Peltojoki、Gregory V.、Win Pet、Yihwa Kim、Timothée Bernard、Marwen Sallem、Daniel Bourguet、Aliza Rubenstein、Alice O.、Juan Carlo Rebanal、Haider Al-Tahan、Josh Cooper、Venkata Yerubandi、Mahendren S.、Abhijit Kumar、Mathieu Bouchard、Yacin Bahi、Samir Char、Luis Leopoldo Perez、Mitchell DeHaven、Martin Gubri、Guillermo Santamaría、Mustafa Murat Arat、Rex Donahey、Nathaniel Netirungroj、Aliza Rubenstein、Rahima Karimova、Darwin Brochero、Vaheid Wallets、Bharat Raghunathan、Carlos Salas、Ji Hui Yang、Jonas Atarust、Siddarth Sampangi、Utkarsh Mittal、Felipe Antunes、Larysa Visengeriyeva、Sorin Gatea、Mattia Pancerasa、Victor Zabalza、Dibyendu Mandal 和 James Hoover。